普通高等教育"十三五"规划教材（软件工程专业）

数据结构（C 语言版）

主　编　李根强　刘　浩　谢月娥

中国水利水电出版社

www.waterpub.com.cn

·北京·

内 容 提 要

本书从软件开发设计的角度出发，按照结构化程序设计的思想，详细介绍了线性表、栈和队列、串、多维数组和广义表、树和二叉树、图等不同的数据结构，以及这些数据结构在计算机中的存储表示和不同存储表示的算法实现。每个算法都用 C 语言进行描述，并全部上机在 VC++ 6.0 环境下运行通过。第 8、9、10 三章介绍了计算机中常用的两种运算——查找和排序，详细介绍了不同的查找、排序运算的实现，并对各种算法进行了效率分析。最后一章介绍了文件的基本概念和文件的组织形式。本书是在 2009 年出版的《数据结构（C++版）》（第二版）的基础上，将全部算法修改成 C 语言描述和实现，涵盖了硕士研究生数据结构考试大纲所规定的考试内容。

本书可以作为计算机类或信息类相关专业的本科或专科教材及硕士研究生考试的参考资料，也可以作为自学人员的参考资料，还可供从事计算机工程与应用工作的科技人员参考。

本书配有电子教案、源程序，读者可以从中国水利水电出版社网站（www.waterpub.com.cn）或万水书苑网站（www.wsbookshow.com）免费下载。

图书在版编目（ＣＩＰ）数据

数据结构 ：C语言版 / 李根强，刘浩，谢月娥主编
. -- 北京 ：中国水利水电出版社，2017.3（2024.9 重印）
普通高等教育"十三五"规划教材. 软件工程专业
ISBN 978-7-5170-5241-8

Ⅰ. ①数… Ⅱ. ①李… ②刘… ③谢… Ⅲ. ①数据结构－高等学校－教材②C语言－程序设计－高等学校－教材 Ⅳ. ①TP311.12②TP312.8

中国版本图书馆CIP数据核字(2017)第055564号

策划编辑：周益丹　　责任编辑：张玉玲　　封面设计：梁　燕

书　　名	普通高等教育"十三五"规划教材（软件工程专业） **数据结构（Ｃ语言版）　SHUJU JIEGOU（C YUYAN BAN）**
作　　者	主　编　李根强　刘　浩　谢月娥
出版发行	中国水利水电出版社 （北京市海淀区玉渊潭南路 1 号 D 座　　100038） 网址：www.waterpub.com.cn E-mail：mchannel@263.net（答疑） 　　　　　sales@mwr.gov.cn 电话：（010）68545888（营销中心）、82562819（组稿）
经　　售	北京科水图书销售有限公司 电话：（010）68545874、63202643 全国各地新华书店和相关出版物销售网点
排　　版	北京万水电子信息有限公司
印　　刷	北京中献拓方科技发展有限公司
规　　格	184mm×260mm　　16 开本　　16.25 印张　　400 千字
版　　次	2017 年 4 月第 1 版　　2024 年 9 月第 2 次印刷
定　　价	34.00 元

前　　言

　　"数据结构"是计算机专业及其相关专业的一门重要专业基础课，也是一门必修的核心课程，并且已成为其他理工专业的热门选修课。

　　在计算机科学的各领域中，都要使用到各种不同的数据结构，如编译系统中要使用栈、散列表、语法树等，操作系统中要使用队列、存储管理表、目录树等，数据库系统中要使用线性表、链表、索引树等；人工智能中要使用广义表、检索树、有向图等；同样在面向对象的程序设计、计算机图形学、软件工程、多媒体技术、计算机辅助设计等领域，也都会用到各种不同的数据结构。因此，学好数据结构，对从事计算机技术及相关领域的工作人员来说，是非常重要的，用户可掌握各种常用的数据结构及算法实现，以及每一种算法的时间复杂度分析和空间复杂度分析，知道在什么情况下，使用什么样的数据结构最方便，为以后研究和开发大型程序打下基础。

　　学习数据结构的主要任务是：讨论现实世界中的各种数据（数字、字符、字符串、声音、图形、图像等）的逻辑结构、其在计算机中的各种存储结构（存储表示）以及对各种非数值运算的算法实现；分析各种不同算法的好坏及其在什么地方应用比较合适。通过"数据结构"课程的学习，学生应具备使用所学的数据结构知识来解决实际问题及评价算法优劣的能力，为以后学习后续计算机专业课程及走上工作岗位从事计算机大型软件开发工作铺平道路。

　　本书内容共 11 章，第 1 章介绍了数据结构与算法等一些基本术语，并对算法描述及算法分析作了简单说明，介绍了衡量算法优劣的主要因素，即时间复杂度和空间复杂度的求法；第 2 章到第 4 章介绍了线性结构（线性表、栈、队列、串）的逻辑特征，及一些常用算法的实现及基本应用；第 5 章到第 7 章介绍了非线性结构（多维数组、广义表、树、二叉树、图）的逻辑特征，及其在计算机中的存储表示和一些常用算法实现及基本应用；第 8 章到第 10 章介绍了在计算机中使用得非常广泛的两种运算，即查找和排序（排序又可以分为内排序和外排序），对一些常用的查找、排序方法进行了详细说明，并给出了实现的算法及时间复杂度和空间复杂度分析；第 11 章介绍了外存的文件的几种存储形式及组织方式。各章内容有相对独立的部分，可便于不同院校不同专业按需要组织教学。全书侧重于数据结构的应用，力求讲授内容与具体的计算机应用实例相结合，以便于学生加深对各章内容的理解和掌握。

　　本书采用结构化的程序设计语言（C 语言）作为算法的描述语言，所有算法都已经上机调试通过。但是，由于篇幅所限，大部分算法都是以单独的函数形式给出，若读者要运行这些算法，还必须给出一些变量的说明及主函数来调用所给的函数。因此，本书中的算法描述比用类 Pascal 语言或类 C 语言描述的算法更直观，更易于学生理解和接受。作者在十几年的"数据结构"课程教学中，对数据结构中的各种算法进行了认真的研究和分析，积累了丰富的经验，因此，书中所选的例题和习题都具有一定的针对性，都是针对特定的数据结构来描述的，能为复杂的数据结构算法描述架桥铺路。

　　本书中所有算法都在 VC++ 6.0 环境下运行通过，由于篇幅所限，书中仅给出了实现某功能算法的函数。为了方便教学，本书免费为授课教师提供用 PowerPoint 制作的电子教案，教师在使用时可以根据需要进行必要的修改。

　　本书可以作为高等院校计算机类或信息类相关专业"数据结构"课程教材，建议讲授课时为 50 至 60 学时，上机实践课时为 20 至 30 学时。各院校教师可根据自己学校的专业特点和学生的实际情况适当增删。

　　本书由李根强、刘浩、谢月娥担任主编，李根强负责全书的统稿、修改、定稿工作。

　　由于编者水平有限，书中难免存在不妥或错误之处，恳请专家和广大读者批评指正。

编　者
2017 年 1 月

目　　录

第 1 章　绪论

本章学习目标

本章主要介绍数据结构中的一些常用术语以及集合、线性结构、树形结构和图形结构等常用数据结构的表示，用 C 语言实现算法描述的一般规则，算法的时间复杂度和空间复杂度分析与评价。通过本章的学习，读者应掌握如下内容：

- 数据结构中的常用基本术语
- 集合、线性结构、树形结构和图形结构等每一种常用数据结构的逻辑特点
- 抽象数据类型的定义、使用，算法的定义、特性及用 C 语言描述算法的规则
- 评价算法优劣的规则，算法的时间复杂度、空间复杂度的定义及数量级的表示
- 复习 C 语言中的有关语法规则，以便满足"数据结构"课程中进行算法描述的需要

1.1　什么是数据结构

1.1.1　数据结构示例

为了使大家对数据结构有感性认识，先举出几个例子来说明数据结构。

【例 1-1】给出一张学生数据表，如表 1-1 所示。

在学生数据表中，一行为一个学生信息，代表一个学生数据，一列为一个属性，整个二维表格形成学生数据的一个线性序列，每个学生排列的位置有先后次序，它们之间形成一种线性关系，这就是一种典型的数据结构（线性结构），我们将它称为线性表。

表 1-1　学生数据表

学号	姓名	性别	籍贯	电话	通讯地址
01	张三	男	长沙	88639000	麓山路 327 号
02	李四	男	北京	23456789	学院路 435 号
03	王五	女	广州	30472589	天河路 478 号
04	赵六	男	上海	41237568	南京路 1563 号
05	钱七	女	南京	50134712	南京大学
06	刘八	女	武汉	61543726	武汉大学
07	朱九	男	昆明	4089651	云南大学
08	孙十	女	杭州	6154372	西湖路 635 号

【例 1-2】描述一个磁盘的目录及文件结构，包含一个根目录、若干个一级子目录（文件

夹），每个一级子目录中又包含若干个二级子目录（子文件夹），如图 1-1 所示。

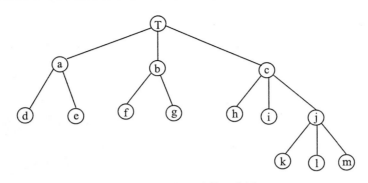

图 1-1　树形结构示意图

在此种结构中，数据之间呈现一对多的非线性关系，这也是我们常用的一种数据结构（非线性结构），我们将它称为树形结构。

【例 1-3】描述一个大学的校园网（圆圈代表站点，边表示网线），如图 1-2 所示。

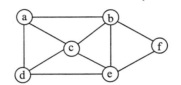

图 1-2　图形结构示意图

在此种结构中，数据之间呈现多对多的非线性关系，这也是我们常用的一种数据结构（非线性结构），我们将它称为图形结构。

综合上述三个例题，我们将对数据结构及一些基本术语作进一步说明。

1.1.2　基本术语

1. 数据（data）

数据是指能够输入到计算机中，并被计算机识别和处理的符号的集合。

例如：数字、字母、汉字、图形、图像、声音都称为数据。

2. 数据元素（data element）

数据元素是组成数据的基本单位。

数据元素是一个数据整体中相对独立的单位，但它还可以分割成若干个具有不同属性的项（字段），故其不是组成数据的最小单位。

3. 数据对象（data object）

数据对象是性质相同的数据元素组成的集合，是数据的一个子集。

例如，整数数据对象的集合可表示为 N={0,±1,±2,…}，大写字母字符数据对象的集合可表示为 C={'A', 'B',…,'Z'}。

4. 数据类型（data type）

数据类型是一组性质相同的值的集合以及定义于这个集合上的一组操作的总称。

例如，高级语言中用到的整数数据类型，是指由-32768～32767 中的整数数值构成的集合及一组操作（加、减、乘、除、乘方等）的总称。

5．抽象数据类型（abstract data types）

抽象数据类型通常是指由用户定义，用以表示应用问题的数据模型，抽象数据类型由基本数据类型组成，并包括一组相关的操作。抽象数据类型有些类似于 C 语言中的 struct 类型和 Pascal 语言中的 record 类型，但它增加了相关的操作。

【例 1-4】给出自然数（natural number）的抽象数据类型定义。

```
ADT   natural   number   is
Data:
一个整数的有序子集合，它开始于 0，终止于机器能表示的最大整数（maxint）。
Operation:
对于所有 x,y∈natural number，定义如下操作：
add(x,y)                  求 X＋Y
sub(x,y)                  求 X－Y
mul(x,y)                  求 X×Y
div(x,y)                  求 X÷Y
equal(x,y)                判断 X、Y 是否相等
End
```

在本书中，描述一种抽象数据类型将采用如下书写格式：

```
ADT <抽象数据类型名> is
Data: <数据描述>
Operation: <操作声明>
End
```

1.1.3　数据结构

1．数据结构（data structure）

数据结构是指相互之间存在一种或多种特定关系的数据元素所组成的集合。具体来说，数据结构包含三个方面的内容，即数据的逻辑结构、数据的存储结构和对数据所施加的运算。这三个方面的关系为：

（1）数据的逻辑结构独立于计算机，是数据本身所固有的。

（2）存储结构是逻辑结构在计算机存储器中的映像，必须依赖于计算机。

（3）运算是指所施加的一组操作总称。运算的定义直接依赖于逻辑结构，但运算的实现必依赖于存储结构。

比如，例 1-1 提到的学生数据表，除了有 8 个学生的数据外，还存在着一对一的线性关系，例 1-2 提到的磁盘目录及文件结构，除包含文件数据外，还存在着目录之间一对多的非线性关系，例 1-3 提到的大学校园网，除包含站点数据外，还存在着站点间的多对多的非线性关系。

2．从逻辑结构划分数据结构

数据结构从逻辑结构划分为：

（1）线性结构

元素之间为一对一的线性关系，第一个元素无直接前驱，最后一个元素无直接后继，其余元素都有一个直接前驱和直接后继。

（2）非线性结构

元素之间为一对多或多对多的非线性关系，每个元素都有多个直接前驱或多个直接后继。

（3）集合结构

元素之间无任何关系，元素的排列无任何顺序。

3．从存储结构划分数据结构

数据结构从存储结构划分为：

（1）顺序存储（向量存储）

所有元素都存放在一片连续的存储单元中，逻辑上相邻的元素存放到计算机内存中仍然相邻。

（2）链式存储

所有元素存放在可以不连续的存储单元中，但元素之间的关系可以通过地址确定，逻辑上相邻的元素存放到计算机内存后不一定是相邻的。

（3）索引存储

使用该方法存放元素的同时，还要建立附加的索引表，索引表中的每一项称为索引项，索引项的一般形式是：（关键字，地址），其中的关键字能唯一标识一个结点的数据项。

（4）散列存储

通过构造散列函数，用函数的值来确定元素存放的地址。

4．数据结构的抽象描述

数据结构可用二元组 D=(K,R) 的形式来描述。其中，K=$\{a_1,a_2,\cdots,a_n\}$ 为元素集合，R=$\{r_1,r_2,\cdots,r_m\}$ 为关系的集合。

【例1-5】设有一个线性表（a_1,a_2,a_3,a_4,a_5），它的抽象描述可表示为 D=(K,R)，其中 K=$\{a_1,a_2,a_3,a_4,a_5\}$，R=$\{<a_1,a_2>,<a_2,a_3>,<a_3,a_4>,<a_4,a_5>\}$，则它的逻辑结构的图形描述见图1-3。

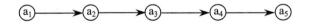

图1-3　线性表结构抽象描述示意图

【例1-6】设一个数据结构的抽象描述为 D=(K,R)，其中 K=$\{a,b,c,d,e,f,g,h\}$，R=$\{<a,b>,<a,c>,<a,d>,<b,e>,<c,f>,<c,g>,<d,h>\}$，则它的逻辑结构的图形描述见图1-4。

【例1-7】设一个数据结构的抽象描述为 D=(K,R)，其中 K=$\{1,2,3,4\}$，而 R=$\{(1,2),(1,3),(1,4),(2,3),(2,4),(3,4)\}$，则它的逻辑结构的图形描述见图1-5。

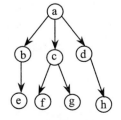

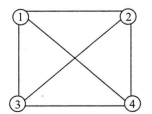

图1-4　树形结构抽象描述示意图　　　　图1-5　图形结构抽象描述示意图

1.2　算法描述

1.2.1　基本概念

1．算法（algorithm）

通俗地讲，算法就是一种解题的方法。更严格地说，算法是由若干条指令组成的有穷序列，它必须满足下述条件（也称为算法的五大特性）：

（1）输入：具有 0 个或多个输入的外界量（算法开始前的初始量）。

（2）输出：至少产生一个输出，它们是算法执行完后的结果。

（3）有穷性：每条指令的执行次数必须是有限的。

（4）确定性：每条指令的含义都必须明确，无二义性。

（5）可行性：每条指令的执行时间都是有限的。

2．算法和程序的关系

算法的含义与程序十分相似，但二者是有区别的。一个程序不一定满足有穷性（死循环），另外，程序中的指令必须是机器可执行的，而算法中的指令则无此限制。一个算法若用计算机语言来书写，则它就可以是一个程序。

1.2.2　算法描述

1．用流程图描述算法

一个算法可以用流程图的方式来描述，输入、输出、判断、处理分别用不同的框图表示，用箭头表示流程的流向。这是一种描述算法的较好方法，目前在一些高级语言程序设计中仍然采用。

2．用自然语言描述算法

用我们日常生活中的自然语言（可以是中文形式，也可以是英文形式）也可以描述算法。

例如，某同志某天做的工作可以描述为一个算法形式：若今天我有空并且天不下雨，则我上街购物，否则待在家里看书。

3．用其他方式描述算法

我们还可以用数学语言或约定的符号语言来描述算法。

4．用 C 语言描述算法

在本书中，我们将采用 C 语言或类 C 语言来描述算法。用 C 语言描述算法遵循如下规则：

（1）所有算法的描述都用 C 语言中的函数形式。

```
函数类型  函数名(形参及类型说明)
{函数语句部分
   return(表达式值);
}
```

（2）函数中的形式参数有两种传值方式。

若形式参数为一般变量名，则为单向传值参数，若在变量前面增加 "&" 符号，则为双向传地址参数。

例如有一个函数为 void swap(&i, &j,k)，则 i、j 为双向传地址参数，k 为单向传值参数。

（3）输入函数。

C 语言中的输入函数调用为：scanf("格式控制",地址列表)。

（4）输出函数

C 语言中的输出函数调用为：printf("格式控制",变量列表)。

（5）C 语言的作用域。

在 C 语言中，每个变量都有一个作用域。在函数内声明的变量，仅能在该函数内部有效，在类中声明的变量，可以在该类内部有效。在整个程序中都能使用的变量为全局变量，否则称为局部变量。若一个全局变量与一个局部变量同名，则该范围内全局变量不起作用。

1.3 算法分析

求解同一个问题，可以有许多不同的算法，那么怎样来衡量这些算法的优劣呢？首要的条件是选用的算法必须是正确的，其次，考虑如下三点：

（1）执行算法所耗费的时间。

（2）执行算法所占用的内存开销（主要考虑占用的辅助存储空间）。

（3）算法应易于理解，易于编码，易于调试等。

1.3.1 时间复杂度

1. 时间频度

一个算法执行时所耗费的时间，从理论上说是不能算出来的，必须上机运行测试才能知道。但我们不可能也没有必要对每个算法都上机测试（因为，计算机的运行速度与 CPU 等因素有关。同一算法在不同的计算机上运行的时间是不同的），只需知道在相同的条件下，哪个算法花费的时间多，哪个算法花费的时间少就可以了。并且一个算法花费的时间与算法中语句的执行次数成正比，哪个算法中语句执行次数多，它花费的时间就多。一个算法中的语句执行次数称为语句频度或时间频度，记为 T(n)。

【例 1-8】求下列算法段的语句频度。

```
for(i=1; i<=n; i++)
    for(j =1; j<=i; j++)
        x=x+1;
```

分析：该算法为一个二重循环，执行次数为内、外循环次数相乘，但内循环次数不固定，与外循环有关，因此，时间频度 $T(n)=1+2+3+\cdots+n=\dfrac{n(n+1)}{2}$。

2. 时间复杂度

在刚才提到的时间频度中，n 称为问题的规模，当 n 不断变化时，时间频度 T(n)也会不断变化。但有时我们想知道它变化时呈现什么规律，为此，引入时间复杂度概念。

设 T(n)的一个辅助函数为 g(n)，定义当 n 大于或等于某一足够大的正整数 n_0 时，存在两个正的常数 A 和 B（其中 A≤B），使得 $A \leqslant \dfrac{T(n)}{g(n)} \leqslant B$ 均成立，或有 $\lim\limits_{n \to \infty} \dfrac{T(n)}{g(n)} = A$（其中 A 为

常数），则称 g(n)是 T(n)的同数量级函数。把 T(n)表示成数量级的形式为：T(n)=O(g(n))，其中大写字母 O 为英文 Order（即数量级）一词的第一个字母。

例如，若 T(n)=$\dfrac{n(n+1)}{2}$，则有 $\lim\limits_{n\to+\infty}\dfrac{T(n)}{n^2}=\dfrac{1}{2}$，故它的时间复杂度为 O(n²)，即 T(n)与 n² 数量级相同。

【例 1-9】分析下列算法段的时间频度及时间复杂度。

```
for (i=1;i<=n;i++)
    for (j=1;j<=i;j++)
        for ( k=1;k<=j;k++)
    x=i+j-k;
```

分析算法规律可知时间频度 T(n)=1+(1+2)+(1+2+3)+⋯+(1+2+3+⋯+n)

$$=\sum_{k=1}^{n}(1+2+3+\cdots+k)$$

$$=\sum_{k=1}^{n}\frac{k(k+1)}{2}$$

$$=\sum_{k=1}^{n}\frac{k^2}{2}+\sum_{k=1}^{n}\frac{k}{2}$$

$$=\frac{1}{2}\left[\frac{n(n+1)(2n+1)}{6}+\frac{n(n+1)}{2}\right]$$

由于有 $\lim\limits_{n\to+\infty}\dfrac{T(n)}{n^3}=\dfrac{1}{6}$，故时间复杂度为 O(n³)。

在各种不同算法中，若算法中语句执行次数为一个常数，则时间复杂度为 O(1)，另外，在时间频度不相同时，时间复杂度有可能相同，如 T(n)=n²+3n+4 与 T(n)=4n²+2n+1，它们的时间频度不同，但时间复杂度相同，都为 O(n²)。

按数量级递增排列，常见的时间复杂度有：常数阶 O(1)，对数阶 O(log₂n)，线性阶 O(n)，线性对数阶 O(nlog₂n)，平方阶 O(n²)，立方阶 O(n³)，k 次方阶 O(n^k)，指数阶 O(2^n)，O(3^n)，⋯，O(k^n)，阶乘阶 O(n!)等。

随着问题规模 n 的不断增大，上述时间复杂度不断增大，算法的执行效率降低。

1.3.2　空间复杂度

1. 空间频度

一个算法在执行时所占有的内存开销，称为空间频度，但我们一般是讨论算法占用的辅助存储空间。讨论方法与时间频度类似，此处不再赘述。

2. 空间复杂度

与时间复杂度类似，空间复杂度是指算法在计算机内执行时所占用的内存开销规模。我们一般所讨论的是除正常占用内存开销外的辅助存储单元规模。讨论方法与时间复杂度类似，此处不再赘述。

本章小结

1. 数据结构研究的是数据的表示形式及数据之间的相互关系，从逻辑结构来看，有线性结构、树形结构、图形结构和集合四种。从存储结构看，有顺序存储、链式存储、索引存储和散列存储四种。

2. 线性结构的数据之间存在一对一的线性关系，树形结构的数据之间存在一对多的非线性关系，图形结构的数据之间存在多对多的非线性关系，集合中不存在数据之间的关系。

3. 顺序存储相当于 C 语言中一维数组存储；链式存储相当于 C 语言中的链表存储；索引存储也称为索引查找，是关键字、记录的一个有序对，包含主表和索引表；散列存储也称为散列查找，是用构造函数的方法得到关键字的地址。

4. 算法的评价指标主要为正确性、健壮性、可读性和有效性四个方面，有效性又包括时间复杂度和空间复杂度两方面。

5. 算法的时间复杂度和空间复杂度，通常采用数量级的形式来表示，而数量级的形式有常量阶、对数阶、线性阶、线性对数阶、平方阶、立方阶、指数阶、阶乘阶等。若一个算法的时间复杂度和空间复杂度越好，则算法的执行效率越高。

习题一

1-1 对下列用二元组表示的数据结构，画出它们的逻辑结构图，并指出它们属于何种结构。

（1）A=(K,R)，其中
$K=\{a_1,a_2,a_3,\cdots,a_n\}$
$R=\{<a_i,a_{i+1}>,i=1,2,\cdots,n-1\}$

（2）B=(K,R)，其中
K={a,b,c,d,e,f}
R={<a,b>,<b,c>,<c,a>,<a,d>,<d,e>,<e,f>,<c,f>}

（3）C=(K,R)，其中
K={1,2,3,4,5,6}
R={(1,2),(2,3),(2,4),(3,4),(3,5),(3,6),(4,5),(4,6)}

（4）D=(K,R)，其中
K={48,25,64,57,82,36,75,43}
R={r1,r2,r3}
r1={<48,25>,<25,64>,<64,57>,<57,82>,<82,36>,<36,75>,<75,43>}
r2={<48,25>,<48,64>,<64,57>,<64,82>,<25,36>,<82,75>,<36,43>}
r3={<25,36>,<36,43>,<43,48>,<48,57>,<57,64>,<64,75>,<75,82>}

1-2 简述概念：数据、数据元素、数据结构、逻辑结构、存储结构、线性结构、非线性结构。

1-3 试举日常生活中的一个例子来说明数据结构三个方面的内容。

1-4 什么是算法？它的五个特性是什么？

1-5 设 n 为整数，分析下列程序中用#标明的语句的语句频度及时间复杂度。

（1）for (i=1; i<=n; i++)

```
                for (j=1; j<=n; j++)
                  { c[i][j]=0;
                      for (k=1; k<=n; k++)
                      # c[i][j]=c[i][j]+a[i][k]*b[k][j];
                  }
   （2）int i=1, j=1;
           while (i<=n&&j<=n)    {# i=i+1; j=j+i; };
   （3）int i=1;
           do {for (j=1; j<=n; j++)    # i=i+j
           } while (i<100+n);
   （4）for (i=1; i<=n; i++)
                for (j=i; j>=1; j--)
                    for (k=1; k<=j; k++)    # x=x+1;
```

1-6　设计出一个算法，将 n 个元素按升序排列，并分析出它的时间频度及时间复杂度。

1-7　计算 $\sum_{i=0}^{n}\dfrac{x^i}{i+1}$ 之值，用 C 函数写出算法，并求出它的时间复杂度。

1-8　用 C 函数描述如何将一维数组中的元素逆置，并分析出时间频度及时间复杂度。

1-9　将三个元素 X、Y、Z 按从小到大排列，用 C 函数描述算法，要求所用的比较和移动元素次数最少。

1-10　用 C 语言中冒泡排序和选择排序两种方法，分别描述出 n 个元素 $a_1,a_2,a_3,\cdots,a_n$ 的升序排列算法，并分析两种方法的平均比较和移动元素次数。

1-11　设计一个二次多项式 ax^2+bx+c 的抽象数据类型，假定起名为 AX2BXC，该类型的数据部分分为三个系数 a、b 和 c，操作部分为：

（1）初始化成员 a、b 和 c（假定用结构体 D 来定义 a、b、c）。
```
AX2BXC initAX2BXC(x,y,z);
```
（2）做两个多项式的加法运算，即使它们的系数相加，并返回相加的结果。
```
AX2BXC add(AX2BXC f1, AX2BXC f2);
```
（3）根据给定的 x 值，求多项式的值。
```
float value(AX2BXC f,float x);
```
（4）计算方程 $ax^2+bx+c=0$ 的两个实根，要求分有实根、无实根和不是二次方程这三种情况讨论，并返回不同的值，以便调用时做不同的处理。
```
int root(AX2BXC f, float &r1,float &r2);
```
（5）按照 ax**2+bx+c 的格式（x^2 用 x**2 表示）输出二次多项式，在输出时必须注意去掉系数为 0 的项，并且当 b 和 c 的值为负时，其前面不能出现加号。
```
void print(AX2BXC f);
```
请写出上面每一个操作的具体实现。

1-12　指出下列各算法的功能并求出其时间复杂度。

（1）int prime(int n)
```
        {
        int i=2;
        int x=(int)sqrt(n);
        while(i<=x)
```

```
    { if(n%i==0) break;
        i++;
    }
    if(i>x) return 1;
    else return 0;
    }
（2）int sum1(int n)
    { int p=1,s=0;
      for(int i=1;i<=n;i++)
      { p*=i;
        s+=p;}
      return s;
    }
（3）int sum2(int n)
    { int s=0;
      for(int i=1;i<=n;i++)
      { int p=1;
        for(int j=1;j<=i;j++)
        p*=j;
        s+=p;}
      return s;
    }
（4）void print(int n)
    { int i;
      for(i=1;i<=n;i++)
      {
        if(i%2) printf("*");
        else continue;
        printf("#");
      }
    printf("$\n");}
（5）void print1(int n)
    { int i,k;
      long j;
      for(i=1;i<=n;i++)
      { j=i*i;
        if(j<10)
        {if(j==i)printf("%d %d\n",i,j);}
        else if(j<100)
        {if(j%10==i) printf("%d %d\n",i,j);}
        else if(j<1000)
        {if(j%100==i) printf("%d %d\n",i,j);}
        else if(j<10000)
        {if(j%1000==i) printf("%d %d\n",i,j);}
        else if(j<100000)
        {if(j%10000==i) printf("%d %d\n",i,j);}
```

```
        else
            {if(j%100000==i) printf("%d %d\n",i,j);}
        }
    }
```

（6）

```
void matrix(int a[m][n],int b[n][l],int c[m][l])
{ int i,j,k;
    for(i=0;i<m;i++)
    for(j=0;j<l;j++)
    { c[i][j]=0;
        for(k=0;k<n;k++)
        c[i][j]+=a[i][k]*b[k][j];
    }
}
```

（7）

```
void xyx(int n)          //n<1000
{ int i,j,k,l;
    for (l=100;l<=n;l++)
    {
        i=l/100;
        j=l/10%10;
        k=l%10;
        if(k*100+j*10+i==l)
        printf("%d\n",l);
    }
}
```

（8）

```
int sum3(int n)
{ int i,s=0;
    for(i=1;i<=n;i++)
    if(i%2==1)
        s+=i;
    else s+=i*i;
    return s;
}
```

第 2 章　线性表

本章学习目标

本章主要介绍线性表的逻辑结构定义、线性表的抽象数据类型描述、线性表的存储结构、在顺序和链式存储结构上用 C 语言实现算法的描述及算法的时间复杂度、空间复杂度分析。通过本章的学习，读者应掌握如下内容：

- 线性表的逻辑结构特征
- 线性表的顺序存储结构及其算法描述，时间、空间复杂度分析
- 线性链表的描述及算法实现，时间、空间复杂度分析
- 循环链表、双向链表的描述及基本算法实现，时间、空间复杂度分析
- 顺序存储和链式存储的比较及在不同应用场合的选取

2.1　线性表的定义及运算

2.1.1　线性表的定义

在实际应用中，线性表是最常用且最简单的一种数据结构。例如，一副扑克牌的点数是一个线性表，可表示为（2,3,4,5,6,7,8,9,10,J,Q,K,A）；一些城市的名字是一个线性表，可表示为（Changsha,Beijing,Shanghai,Guangzhou,Wuhan）。

1. 线性表的定义

线性表（linear list）是 n（n≥0）个数据元素 $a_1,a_2,\cdots,a_n$ 组成的有限序列。其中 n 称为数据元素的个数或线性表的长度，当 n=0 时称为空表，当 n>0 时称为非空表。通常将非空的线性表记为（$a_1,a_2,\cdots,a_n$），其中的数据元素 a_i（1≤i≤n）是一个抽象的符号，其具体含义在不同情况下是不同的，即它的数据类型可以根据具体情况而定，本书中，我们将它的类型设定为elemtype，表示某一种具体的已知数据类型。

2. 线性表的特征

从线性表的定义可以看出线性表的特征：

（1）有且仅有一个开始结点（表头结点）a_1，它没有直接前驱，只有一个直接后继。

（2）有且仅有一个终端结点（表尾结点）a_n，它没有直接后继，只有一个直接前驱。

（3）其他结点都有一个直接前驱和一个直接后继。

（4）元素之间为一对一的线性关系。

因此，线性表是一种典型的线性结构，用二元组表示为：

　　　linear_list=(A,R)

其中

A={a_i ∣ 1≤i≤n,n≥0,a_i∈elemtype}
R={r}
r={<a_i,a_{i+1}> ∣ 1≤i≤n-1}

对应的逻辑结构图如图 2-1 所示。

图 2-1　线性表的逻辑结构示意图

2.1.2　线性表的运算

给出了线性表的逻辑结构后，就可以直接定义它的一些基本运算，但这些运算要实现还必须依赖于具体的存储结构。

常见线性表的运算有：

（1）置空表　setnull(&L)：将线性表 L 置成空表。

（2）求长度　Length(L)：求给定线性表 L 的长度。

（3）取元素　Get(L,i)：若 1≤i≤Length(L)，则取第 i 个位置上的元素，否则取得的元素为 NULL。

（4）求直接前驱　Prior(L,x)：求线性表 L 中元素值为 x 的直接前驱，若 x 为第一个元素，则前驱为 NULL。

（5）求直接后继　Next(L,x)：求线性表 L 中元素值为 x 的直接后继，若 x 为最后一个元素，则后继为 NULL。

（6）定位函数　Locate(L,x)：在线性表 L 中查找值为 x 的元素位置，若有多个值为 x，则以第一个为准，若没有，位置为 0。

（7）插入　Insert(&L,x,i)：在线性表 L 中第 i 个位置上插入值为 x 的元素。

（8）删除　Dele(&L,i)：删除线性表 L 中第 i 个位置上的元素。

2.1.3　线性表的抽象数据类型描述

上述线性表的运算可用抽象数据类型描述为：

```
ADT Linearlist is
Data:
一个线性表 L 定义为 L=(a_1,a_2,…,a_n)，当 L=()时定义为一个空表。
Operation:
void      setnull(&L)      //将线性表 L 置成空表
int       Length(L)        //求给定线性表 L 的长度
elemtype  Get(L,i)         //取线性表 L 第 i 个位置上的元素
elemtype  Prior(L,x)       //求线性表 L 中元素值为 x 的直接前驱
elemtype  Next(L,x)        //求线性表 L 中元素值为 x 的直接后继
int       Locate(L,x)      //在线性表 L 中查找值为 x 的元素位置
void      Insert(&L,x,i)   //在线性表 L 中第 i 个位置上插入值为 x 的元素
void      Dele(&L,i)       //删除线性表 L 中第 i 个位置上的元素
End    Linearlist
```

【例 2-1】假设线性表 L=(23,56,89,76,18)，i=3，x=56，y=88，则对 L 的一组操作及结果

如下：

Length(L)	//所得结果为 5
Get(L,i)	//所得结果为 89
Prior(L,x)	//所得结果为 23
Next(L,x)	//所得结果为 89
Locate(L,x)	//所得结果为 2
Insert(&L,y,i)	//所得结果为(23,56,88,89,76,18)
Dele(&L,i+1)	//所得结果为(23,56,88,76,18)

2.2 线性表的顺序存储结构

2.2.1 顺序表结构

线性表的顺序存储结构，也称为顺序表。其存储方式为：在内存中开辟一片连续存储空间，但该连续存储空间的大小要大于或等于顺序表的长度，然后让线性表中第一个元素存放在连续存储空间的第一个位置，第二个元素紧跟在第一个之后，其余依此类推。

显然，利用顺序表来存储线性表，表中相邻的元素存储在计算机内的位置也相邻，故可以借助数据元素在计算机内的物理位置相邻关系来表示线性表中数据元素之间的线性逻辑关系（如图 2-2 所示）。

存储地址	内存排列	位置序号
	x	0
b	a_1	1
b+d	a_2	2
…	…	…
b+(i-1)×d	a_i	i
	…	…
b+(n-1)×d	a_n	n
	…	
		maxlen-1

图 2-2 顺序存储结构示意图

假设线性表中元素为$(a_1,a_2,\cdots,a_n)$，设第一个元素 a_1 的内存地址为 $LOC(a_1)$（在图 2-2 中表示为 b），而每个元素在计算机内占 d 个存储单元，则第 i 个元素 a_i 的地址为 $LOC(a_i)=LOC(a_1)+(i-1)\times d$（其中 $1\leqslant i\leqslant n$）。

从上面的公式可知，该存储结构类似于高级语言中的一维数组存储结构（即向量结构），适合于随机访问，于是可用 C 语言描述为：

```
#define maxsize Maxlen          //Maxlen 表示线性表允许的最大长度
struct sequenlist
{
    elemtype a[maxsize];        //表示线性表(a₁,a₂,…,aₙ,a_Maxlen), elemtype 表示某种具体数据类型
```

```
        int len;                        //len 表示线性表的实际长度
    };
```
所定义的运算函数如下：
```
    int Length(struct sequenlist L);                        //求顺序表 L 的长度
    void Insert(struct sequenlist &L, elemtype x, int i);   //将元素 x 插入顺序表 L 第 i 个位置
    void Dele(struct sequenlist &L, int i);                 //删除顺序表 L 第 i 个位置的元素
    void setnull(struct sequenlist &L);                     //顺序表 L 置空表
    int Locate(struct sequenlist L, elemtype x);            //定位，顺序表 L 中查找元素 x 的位置
    elemtype Get(struct sequenlist L, int i);               //取顺序表 L 中第 i 个位置的元素
    elemtype Prior(struct sequenlist L, elemtype x);        //顺序表 L 中求元素 x 的前驱
    elemtype Next(struct sequenlist L, elemtype x);         //顺序表 L 中求元素 x 的后继
```

在上述描述中，a 为一个数组类型，第一个元素为 a[0]而非 a[1]，因为 C 语言中数组的下标是从 0 开始而非 1 开始。存储空间从 a[0]～a[maxsize-1]，而不是从 a[1]～a[maxsize]，不能使用 a[maxsize]。为了与我们的 a_1 对应，建议从 a[1]开始使用元素，将 a[0]存储单元浪费掉，这样给我们的操作带来较大方便（以后使用不再声明），当然，一般情形下，不应该浪费 a[0]存储单元，这可根据具体情形来定。

2.2.2　顺序表运算

实现顺序表上的基本运算，我们都将以函数的形式描述。

下面仅讨论求长度、插入、删除、置空表、定位算法、取元素等，其他算法读者自己可类似分析。

1. 求顺序表的长度 Length(L)

算法的语句如下：
```
    int Length(struct sequenlist L)
    {
        return L.len;
    }
```
该算法的语句频度为 1，时间复杂度为 O(1)。

2. 插入运算 Insert(&L,x,i)

要将 x 插入到顺序表 L 的第 i 个位置，可分三种情形考虑：

（1）i 位置超过表长，发生溢出，不能插入。

（2）i 值非法，不能插入。

（3）i 值合法，进行插入。

插入过程如图 2-3 所示。

算法描述为：
```
    void Insert(struct sequenlist &L, elemtype x, int i)
    {
        int j;
        if(L.len>=maxsize-1)
            printf("overflow\n");
        else if ((i<1)||(i>L.len+1))
            printf("position is not correct!\n");
```

```
    else
    {
      for(j=L.len;j>=i;j--)
      L.a[j+1]=L.a[j];                    //元素后移
      L.a[i]=x;                           //插入元素
      L.len++;                            //表长度增加 1
    }
}
```

序号	内容
0	
1	a_1
2	a_2
3	a_3
…	…
i-1	a_{i-1}
i	a_i
i+1	a_{i+1}
…	…
n	a_n
…	…
maxsize-1	

插入前

序号	内容
0	
1	a_1
2	a_2
3	a_3
…	…
i-1	a_{i-1}
i	x
i+1	a_i
…	…
n	a_{n-1}
…	a_n
maxsize-1	

插入后

图 2-3 顺序表中插入元素前后状态

分析该算法的执行效率：

该算法花费的时间，主要在于循环中元素的后移（其他语句花费的时间可以忽略），即从插入位置到最后位置的所有元素都要后移一位，使空出的位置插入元素值 x。但是，插入的位置是不固定的，当插入位置 i=1 时，全部元素都得移动，需 n 次移动，当 i=n+1 时，不需移动元素，故在 i 位置插入时移动次数为 n-i+1。假设在每个位置插入的概率相等，为 $\frac{1}{n+1}$，则平均移动元素的次数为 $\sum_{i=1}^{n+1}\left[\frac{1}{n+1}(n-i+1)\right]=\frac{n}{2}$，故时间复杂度为 O(n)。

从上面的分析可知，顺序表的插入算法平均要移动一半元素，故当 n 较大时，算法的效率相当低。

3. 删除运算 Dele(&L,i)

删除过程如图 2-4 所示，算法描述为：

```
void Dele(struct sequenlist &L, int i)
{ int j;
        if((i<1)||(i>L.len))
          printf("position is not correct!\n");
        else {
            for(j=i+1;j<=L.len;j++)
            L.a[j-1]=L.a[j];              //元素前移
            L.len--;                      //表长度减 1
        }
}
```

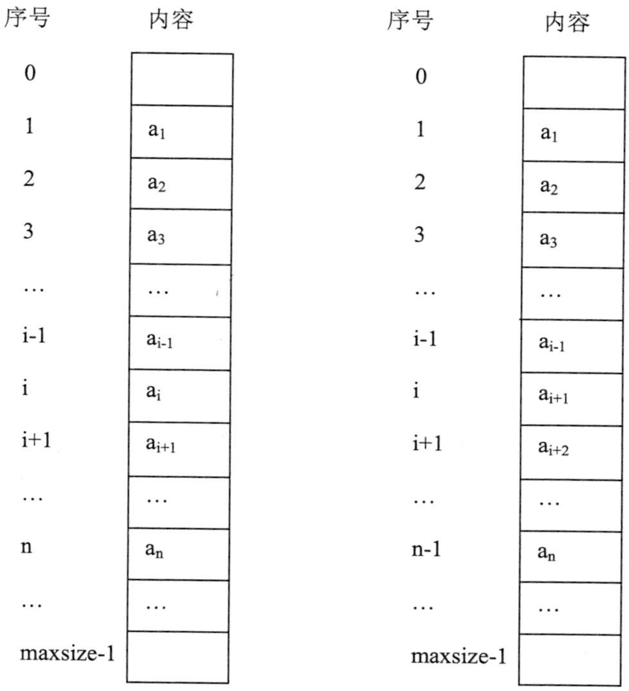

序号　　内容　　　　　　序号　　内容

序号	内容	序号	内容
0		0	
1	a_1	1	a_1
2	a_2	2	a_2
3	a_3	3	a_3
…	…	…	…
i-1	a_{i-1}	i-1	a_{i-1}
i	a_i	i	a_{i+1}
i+1	a_{i+1}	i+1	a_{i+2}
…	…	…	…
n	a_n	n-1	a_n
…		…	
maxsize-1		maxsize-1	

图 2-4　顺序表中删除元素前后状态

该算法的运行时间主要花费在元素前移上，和刚才的插入算法类似，平均移动次数为
$\sum_{i=1}^{n}\left[\frac{1}{n}(n-i)\right]=\frac{n-1}{2}$，故时间复杂度为 O(n)。顺序表的删除运算平均移动元素次数也将近为表长的一半，当 n 较大时，算法的效率相当低。

从顺序表的插入、删除运算可知，当 n 较大时，算法效率都相当低。若有大量插入运算、删除运算，则不宜选用顺序表，必须选用另外的存储结构。

4. 置空表 setnull(&L)

算法如下：

```
void setnull(struct sequenlist &L)
{
    L.len=0;
}
```

该算法的时间复杂度为 O(1)。

5. 定位算法 Locate(L,x)

算法如下：

```
int Locate(struct sequenlist L, elemtype x)
{ int j=0;
    while((j<L.len)&&(L.a[j]!=x))
    j++;
    if(j<L.len) return j;
    else return -1;
}
```

该算法的时间复杂度为 O(n)。

6. 取元素 Get(L,i)

算法如下：

```
elemtype Get(struct sequenlist L, int i)
{
    if((i<0)||(i>=L.len)) return NULL;
    else return L.a[i];
}
```

该算法的时间复杂度为 O(1)。

2.2.3 顺序表存储空间的动态分配

上面介绍的线性表顺序存储，是预先给定大小为 maxsize 的存储空间，程序在编译阶段就会知道该类型变量的大小，在程序开始运行前，就会为它分配好存储空间，故是一种存储空间的静态分配。而动态分配是在定义线性表的存储类型时，不会定义好一个数组空间，而是只定义一个指针，待程序运行后再申请一个用于存储线性表的空间，并把该空间的首地址赋给这个指针。访问动态存储分配的线性表中的元素和访问静态存储分配的线性表中的元素的情况完全相同，既可以采用指针方式，也可以采用数组下标方式。

若将前面线性表的顺序存储结构类型中的数组形式改为指针形式，则得到动态分配形式如下：

```
struct sequenlist
{
    elemtype *a;
    int len;
        ……
};
```

此时，只有线性表置空表算法需要修改，其他算法都与静态分配相同。这时的置空表算法应改为：

```
void setnull(struct sequenlist &L)
{ L.a=malloc(sizeof(elemtype)*maxsize));    //动态申请存储单元
    if(L.a==NULL)    exit(1);                //申请不成功
    L.len=0;
}
```

2.3　线性表的链式存储结构

线性表的链式存储结构，也称为链表。其存储方式是：在内存中利用存储单元（可以不连续）来存放元素值及它在内存中的地址，各个元素的存放顺序及位置都可以以任意顺序进行，原来相邻的元素存放到计算机内存中后不一定相邻，从一个元素找下一个元素必须通过地址（指针）才能实现，故不能像顺序表一样可随机访问，而只能按顺序访问。常用的链表有单链表、循环链表和双向链表、多重链表等。

2.3.1　单链表结构

在定义的链表中，若只含有一个指针域来存放下一个元素地址，则称这样的链表为单链表或线性链表。

线性链表中的结点结构可描述为 | data | next |。

其中 data 域用来存放结点本身的信息，类型由具体问题而定，本书中，我们将其设定为 elemtype 类型，表示某一种具体的已知类型，next 域用来存放下一个元素地址。

【例 2-2】设有一个线性表$(a_1,a_2,a_3,a_4,a_5,a_6)$，其在内存中的存放形式见图 2-5。首先用头指针存放第一个元素的地址，然后每个结点的指针域存放下一个元素地址，最后一个结点的指针域为空，表示没有后继元素，设为 NULL 或^。

头指针	地址	data 域	next 域
head　150	110	a_2	180
	120		
	130	a_4	170
	140	a_6	NULL
	150	a_1	110
	160		
	170	a_5	140
	180	a_3	130

图 2-5　单链表示意图

我们用图 2-5 来描述单链表在内存中的存放形式，但看起来不太直观，如果用逻辑结构图来表示（见图 2-6），则看起来直观得多。

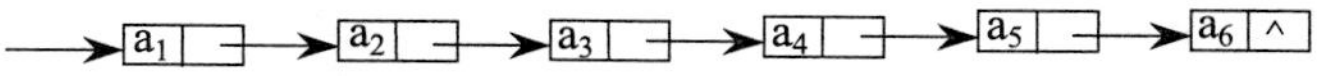

图 2-6　单链表的逻辑表示

单链表可用 C 语言描述为：

```
struct link
{
    elemtype data;                    //元素类型
    struct link *next;                //指针类型，存放下一个元素的地址
};
```

所定义的运算函数如下：

```
int Length( );                        //求链表的长度
void Insert(elemtype x,int i);        //将元素 x 插入到第 i 个位置
void Dele(int i);                     //删除第 i 个位置的元素
void setnull( );                      //置空表
int Locate(elemtype x);               //定位，查找元素 x 的位置
elemtype Get(int i);                  //取第 i 个位置的元素
elemtype Prior(elemtype x);           //求元素 x 的前驱
elemtype Succ(elemtype x);            //求元素 x 的后继
struct link *hcreat( )                //头插法建立单链表
struct link *rcreat( )                //尾插法建立单链表
```

2.3.2 单链表运算

在此仅介绍单链表建立、查找、插入、删除、输出等运算，其他算法可类似分析。

1. 头插法建立单链表（从左边插入结点）

算法描述如下：

```
struct link *hcreat(int n)            //n 表示结点的个数
{   struct link *s,*p;
    int i;
    p=NULL;
    for(i=1;i<=n;i++)
    {   s=(struct link *)malloc(sizeof(struct link));
        scanf("%d",&s->data);         //输入结点的数据值
        s->next=p;
        p=s;
    }
    return p;
}
```

为了便于实现各种运算，通常在单链表的第一个结点之前增设一个附加结点，称为头结点，其他结点称为表结点。

头结点结构与表结点结构相同，其数据域为空，也可以存放表长等附加信息。不带头结点的单链表和带头结点的单链表见图 2-7。

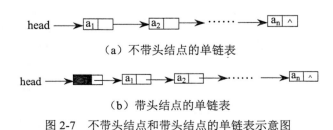

（a）不带头结点的单链表

（b）带头结点的单链表

图 2-7 不带头结点和带头结点的单链表示意图

用刚才的算法建立的链表为不带头结点的链表，若改为带头结点的链表，算法比较简单，算法改为：

```
struct link *hcreat(int n)
{
    struct link *s,*p;
    int i;
    p=(struct link *)malloc(sizeof(struct link));
    p->next=NULL;
    for(i=1;i<=n;i++)
    {   s=(struct link *)malloc(sizeof(struct link));
        scanf("%d",&s->data);
        s->next=p->next;
        p->next=s;
    }
    return p;
}
```

若假设链表中元素个数为 n，则两种算法的时间复杂度都为 O(n)。

2. 尾插法建立单链表（从右边插入结点）

（1）不带头结点的算法

```
struct link *rcreat(int n)
{   struct link *s,*r,*p;
    int i;
    p=NULL;
    for(i=1;i<=n;i++)
    {
        s=(struct link *)malloc(sizeof(struct link));
        scanf("%d",&s->data);
        if(p==NULL) p=s;
        else r->next=s;
        r=s;
    }
    r->next=NULL;
    return p;
}
```

（2）带头结点的算法

```
struct link *rcreat(int n)
{
    struct link *s,*r,*p;
    int i;
    p=(struct link *)malloc(sizeof(struct link));r=p;
    p->next=NULL;
    for(i=1;i<=n;i++)
    {
        s=(struct link *)malloc(sizeof(struct link));
        scanf("%d",&s->data);
```

```
            r->next=s;
            r=s;
        }
        r->next=NULL;
        return p;
    }
```

比较算法（1）和（2）可以发现，建立不带头结点的单链表，必须进行空表与非空表两种情形的区分（循环中用 if 语句），而建立带头结点的单链表，则可省去这种判断。所以，引入头结点可以带来以下好处：第一，由于开始结点的存储地址存放在头结点的指针域中，所以对链表的第一个结点和其他结点的处理一致，无须特殊处理；第二，不管链表是否为空，其头指针都是指向头结点的非空指针，因此，可不必区分空表与非空表，即可使空表与非空表的处理统一起来；第三，头结点的信息域 data 一般没有存放什么信息，故可以用来存放一些辅助信息，如链表长度等。因此，若无特别声明，以后建立的链表都为带头结点的链表。

同样，（1）和（2）两种算法的时间复杂度都为 O(n)。

3. 单链表上的查找运算

单链表上的查找运算与顺序表不一样，不能实现随机查找，要找某一个元素，只能从头开始查找，故属于顺序查找。

（1）按值查找 Locate(head,x)

在带头结点的单链表 head 中，查找值为 x 的结点，若找到，则返回它的地址，否则返回 NULL。

```
        struct link *Locate(struct link *head, elemtype x)
        {
            struct link *p;
            p=head->next;
            while((p!=NULL)&&(p->data!=x))
            p=p->next;
            return p;
        }
```

（2）按序号查找 Get(head,i)

在带头结点的单链表 head 中查找第 i 个位置上的元素，若找到，则返回它的地址，否则返回 NULL。

```
        struct link *Get(struct link *head, int i)
        {
            int j;
            struct link *p;
            j=1;
            p=head->next;
            while((j<i)&&(p!=NULL))
            {
                j++;
                p=p->next;
            }
            return p;
        }
```

上述两种查找算法的时间复杂度都为 O(n)。

4．单链表上的插入运算

在顺序表中，插入元素时，将会有大量元素向后移动，而在单链表中，插入一个结点不需要移动元素，只需修改指针指向即可。

若将 x 插入 a 和 b 之间，插入结点的指针变化如图 2-8 所示。

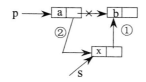

图 2-8　插入结点时的指针修改

从图 2-8 可见，指针修改操作为（不能颠倒次序）：

1）s->next=p->next;

2）p->next=s;

算法描述为：

```
void Insert(struct link *head, elemtype x, elemtype y)
//在头指针 head 所指带头结点的单链表中，在值为 y 的结点之后插入值为 x 的结点
{
    struct link *p,*s;
    s=(struct link *)malloc(sizeof(struct link));
    s->data=x;
    if(head->next==NULL)          //链表为空
    {
        head->next=s;
        s->next=NULL;
    }
    p=Locate(head,y)              //调用查找算法
    if(p==NULL)
        printf("插入位置非法\n");
    else
    {   s->next=p->next;
        p->next=s;
    }
}
```

该算法花费的时间主要耗费在查找上，故时间复杂度为 O(n)，若调用另一种查找算法，程序需作适当修改，可作类似分析。

5．单链表上的删除运算

若将 x 删除，删除结点的指针变化如图 2-9 所示。

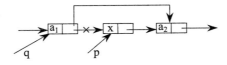

图 2-9 删除结点的指针修改

由图 2-9 可见，要删除 x，需先找到它的前驱及它本身（用 q 和 p 指针表示），然后指针修改为：

1）q->next=p->next   //删除结点

2）delete (p)   //回收结点空间

算法描述为：

```
void Dele(struct link *head, elemtype x)
//在 head 为头指针的带头结点的单链表中，删除值为 x 的结点
{
    struct link *p,*q;
    q=head;
    p=head->next;
    while(p!=NULL)&&(p->data!=x)
    {
        q=p;
        p=p->next;
    }
    if(p==NULL)    printf("要删除的结点不存在\n");
    else
    {
        q->next=p->next;
        free(p);
    }
}
```

该算法花费的时间主要耗费在查找上，故时间复杂度为 O(n)。若要删除链表中第 i 个结点，将上述删除算法作适当修改即可。

6. 输出单链表

若需将单链表按逻辑顺序输出（见图 2-10），则必须从头到尾访问单链表中的每一个结点，算法描述如下：

```
void print(struct link *head)
{
    struct link *p;
    p=head->next;
    while(p->next!=NULL)
    {
        printf("%d->",p->data);          //输出表中非最后一个元素
        p=p->next;
    }
    printf("%d\n",p->data);              //输出表中最后一个元素
}
```

该算法必须对链表从头到尾访问一次，假设链表长度为 n，因此，该算法时间复杂度为 O(n)。

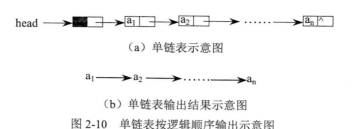

（a）单链表示意图

（b）单链表输出结果示意图

图 2-10 单链表按逻辑顺序输出示意图

2.3.3 循环链表结构

单链表上的访问是一种顺序访问，从其中某一个结点出发，可以找到它的直接后继，但无法找到它的直接前驱。因此，我们可以考虑建立这样的链表——具有单链表的特征，但又不需要增加额外的存储空间，仅对表的链接方式稍作改变，使得对表的处理更加方便灵活。从单链表可知，最后一个结点的指针域为 NULL 表示单链表已经结束。如果将单链表最后一个结点的指针域改为存放链表中头结点（或第一个结点）的地址，就使得整个链表构成一个环，又没有增加额外的存储空间，这样的链表称为单循环链表，在不引起混淆时称为循环表（后面还要提到双向循环链表），如图 2-11 所示。

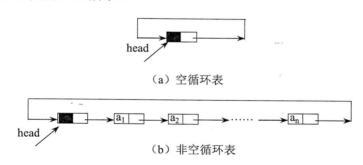

（a）空循环表

（b）非空循环表

图 2-11 带头结点的单循环链表示意图

循环链表上的运算与单链表上的运算基本一致，区别只在于最后一个结点的判断（即循环的条件不同），但利用循环链表实现某些运算较单链表方便（从某个结点出发能求出它的直接前驱，而单链表是不行的，只能从头出发）。

【例 2-3】在如图 2-12 所示的单循环链表中，求 p 的直接前驱（从 p 出发，而不从 head 出发），算法如下：

```
struct link *prior(struct link *head,struct link *p)
{
    struct link *q;
    q=p->next;
    while(q->next!=p)
    q=q->next;
    return q;
}
```

显然该算法的时间复杂度为 O(n)。

上述算法在单链表中是不能实现的（但从 head 出发可以实现）。既然是循环链表，head 指针就可以指向任意结点，若将 head 指向末尾，有时操作会比 head 指向开头的操作更方便，下面将举例说明。

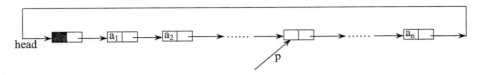

图 2-12　在单循环链表中求 P 的直接前驱

【例 2-4】将两个链表合并成一个链表（第一个表的尾接第二个表的头），要求用 head 指向头和 head 指向尾两种循环链表实现，分别如图 2-13 和图 2-14 所示。

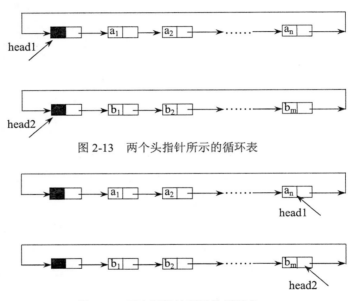

图 2-13　两个头指针所示的循环表

图 2-14　两个尾指针所示的循环表

两种合并算法的要点及步骤如下：

对于第一种合并算法，可以分三步走：

第一步，先找到 head1 中最后一个结点 a_n，语句描述为：

```
p=head1->next;
while(p->next!=head1)
p=p->next;
```

第二步，找到 head2 中最后一个结点 b_m，语句描述为：

```
q=head2->next;
while(q->next!=head2)
q=q->next;
```

第三步，合并，语句描述为：

```
p->next=head2->next;
```

　　　　q->next=head1;

　　具体算法请读者自己完成。

　　对于第二种合并算法，仅用三条语句就能实现，具体为：

　　　　t=head1->next;

　　　　head1->next=head2->next->next;

　　　　head2->next=t;

　　显然，第一种合并算法的时间复杂度为 O(n+m)，第二种合并算法的时间复杂度为 O(1)。因此，用尾指针所示循环表较头指针所示循环表操作更方便。

2.3.4　双向链表结构

1. 双向链表的基本概念

　　在单链表中，从某个结点出发可以直接找到它的直接后继，时间复杂度为 O(1)，但无法直接找到它的直接前驱；在单循环链表中，从某个结点出发可以直接找到它的直接后继，时间复杂度仍为 O(1)，也可直接找到它的直接前驱，时间复杂度为 O(n)。有时，希望能快速找到一个结点的直接前驱，这时，可以在单链表的结点中增加一个指针域指向它的直接前驱，这样的链表就称为双向链表（一个结点中含有两个指针）。如果每条链构成一个循环链表，则会得到双向循环链表。

　　双向链表可用 C 语言描述如下：

```
struct dblink
{
    elemtype data;              //结点的数据域，类型设定为 elemtype
    struct dblink  *next, *prior;  //定义指向直接后继和直接前驱的指针
};
```

　　所定义的运算函数如下：

```
void dbinsert(struct dblink *head, elemtype x, elemtype y);    //插入函数
……                        //其他成员函数定义及实现省略
```

　　在双向链表中，若涉及的运算仅用到一个方向的指针，则双向链表中的运算与单链表中算法一致，例如查找、输出等运算，与单链表中运算一致。若运算涉及两个方向的指针，则与单链表中的算法不同，例如插入、删除运算。下面仅讨论插入、删除运算。由于双向链表是一种对称的结构，因此比起单链表来，求某个结点的直接前驱和直接后继都相当方便，时间复杂度为 O(1)，并且还有一个很重要的性质：

　　若 P 为指向某个结点的指针，则有：

　　　　p->next->prior=p=p->prior->next

　　双向链表的形式见图 2-15（a），双向循环链表的形式见图 2-15（b）。同样，双向链表和双向循环链表与单链表一样，都可以带头结点。

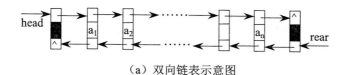

（a）双向链表示意图

图 2-15　双向链表及双向循环链表示意图

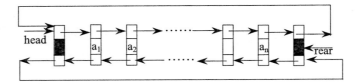

（b）双向循环链表示意图

图 2-15　双向链表及双向循环链表示意图（续图）

2. 双向链表插入运算 dbinsert (head,x,y)

在 head 为头指针的双向链表中，在值为 y 的结点之后插入值为 x 的结点，插入结点的指针变化见图 2-16（若改为在值为 y 的结点之前插入值为 x 的结点，可以作类似分析）。

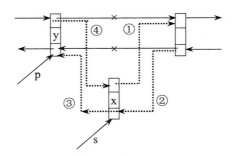

图 2-16　s 插到 p 之后的指针变化示意图

插入算法描述为：

```
void dbinsert(struct dblink *head, elemtype x, elemtype y)
{
    struct dblink *p,*s;
    s=(struct dblink *)malloc(sizeof(struct dblink));        //申请待插入的结点
    s->data=x;
    p=head;
    while(p!=NULL)&&(p->data!=y)                             //用循环查找值为 y 的结点
    p=p->next;
    if (p!=NULL)                                            //已找到插入位置
    {
        s->next=p->next;
        p->next->prior=s;
        s->prior=p;
        p->next=s;
    }
    else printf("插入位置不存在\n");
}
```

因为双向链表有两个方向的指针，故查找也可以从后往前进行，请读者自己修改算法中查找部分程序，使之从后往前查找。无论是哪种查找，时间复杂度都为 O(n)，而该算法花费的时间主要是在查找方面，故该算法的时间复杂度为 O(n)。

3. 双向链表删除运算 dbdelete(head,x)

在以 head 为头的双向链表中删除值为 x 的结点，删除算法的指针变化见图 2-17。

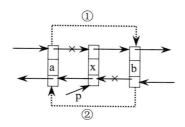

图 2-17　删除 p 指针所指结点示意图

删除算法描述为：

```
void dbdelete(struct dblink *head, int x)
{
    struct dblink *p;
    p=head;
    while(p!=NULL)&&(p->data!=x)         //用循环查找值为 x 的结点
    p=p->next;
    if(p!=NULL)                          //已找到该结点
    {
        p->prior->next=p->next;
        p->next->prior=p->prior;
        delete p;                        //删除后的结点空间回收
    }
    else printf("没找到，不能删除\n");
}
```

该算法花费的时间主要是在查找结点上，故时间复杂度仍为 O(n)。

2.4　一元多项式的表示及相加

2.4.1　一元多项式的表示

1. 顺序表表示

设有一个一元多项式 $f_n(x)=a_0+a_1x+a_2x^2+\cdots+a_nx^n$，若只存储它的系数 $a_0,a_1,a_2,\cdots,a_n$，则可以用一个一维数组表示，占用的存储单元有 n+1 个。但若有很多系数为 0 时，将会浪费很多存储单元。例如对于一元多项式 $f(x)=1+3x^5+9x^{1000}$，用顺序表来存储系数时，需要 1001 个存储单元，但实际只要存储三项就可以了，浪费的存储单元有 998 个。若只存储非 0 的系数，虽然可以节省存储单元，但又不知道是对应哪一项指数，操作起来不方便。因此，可以考虑使用另一种存储结构。

2. 链表表示

对于一元多项式 $f_n(x)=a_0+a_1x+a_2x^2+\cdots+a_nx^n$，若有很多系数为 0 时，可以只存储非 0 的系数及对应的指数，这时，用单链表表示比较方便。

例如，f(x)=2+5x^7+11x^{25}+8x^{30}，可用单链表表示，如图 2-18 所示。

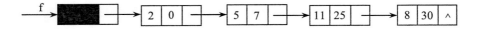

图 2-18　一元多项式的单链表表示

2.4.2　一元多项式的相加

1. 基本思想

对 A(x)和 B(x)两个一元多项式相加时，需要对两个单链表从头向尾进行扫描。具体实现方法为：取 A 或 B 表中任意一个表头作相加后的链表表头，不妨取 A 链表的表头作相加后的链表表头，新表指针 pc=A，前驱指针 pre=A，然后设置两个搜索指针 p=A->next; q=B->next;。

当 pa 和 pb 都不为空时，反复执行下面的语句（循环）：

（1）若 p 的指数<q 的指数

将 p 插入新表中，p 指针后移；

（2）若 p 的指数>q 的指数

将 q 插入新表中，q 指针后移；

（3）若 p 的指数=q 的指数

若相加的系数等于 0，删除 p、q 两个结点，然后 p、q 后移；若相加的系数不为 0，则将结果放入 p 中，并将 p 插入新表中，p 指针后移，删除 q 结点，q 后移。

最后，当循环结束后，若 q 非空，则 pre->next=q;算法结束。

两个链表 A(x)=7+3x+9x^8+5x^{17} 和 B(x)=8x+22x^7-9x^8 相加的过程见图 2-19。

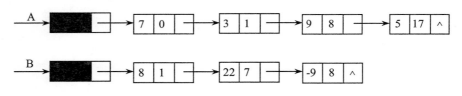

（a）相加前的两个链表

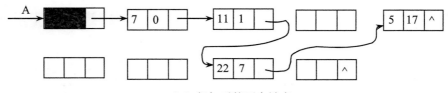

（b）相加后的两个链表

图 2-19　两个链表相加的过程

2. 算法实现

```
#include<stdio.h>
struct poly
{
    int coef;                    //系数
```

```
        int exp;                          //指数
        struct poly *next;                //指针类型，存放下一个元素的地址
    };

    //头插法建立带头结点的单链表
    struct poly *hcreat( )
    {   struct poly *s,*p;
        int i,j;
        printf("输入结点数值，为 0 时算法结束");
        scanf("%d %d",&i,&j);
        p=(struct poly *)malloc(sizeof(struct poly));
        p->next=NULL;
        while(i!=0)
        {   s=(struct poly *)malloc(sizeof(struct poly));
            s->coef=i;s->exp=j;
            s->next=p->next;
            p->next=s;
            scanf("%d %d",&i,&j);        }
        return p;
    }
    struct poly *add(struct poly *A,struct poly *B)        //多项式相加
    {   struct poly *p,*q,*pre,*C,*u;
        p=A->next;q=B->next;
        pre=A;C=A;
        while(p!=NULL&&q!=NULL)
        {   if(p->exp<q->exp)
            {pre=p;p=p->next;}
            else if(p->exp==q->exp)
            { int x=p->coef+q->coef;
              if(x!=0) { p->coef=x;pre=p;}
              else {pre->next=p->next;delete p;}
              p=pre->next;u=q;
              q=q->next;delete u;
            }
            else
            { u=q->next;   q->next=p;pre->next=q;pre=q;q=u;}
        }
        if(q!=NULL) pre->next=q;
        return C;
    }
    void main()
    {   struct poly *A,*B,*C, a;
        A=a.hcreat();                      //头插法建立第一个多项式链表
        B=a.hcreat();                      //头插法建立第二个多项式链表
        C=a.add(A,B);                      //多项式相加
    }
```

2.5　顺序表与链表的比较

上面已经讨论了线性表的两种存储结构：顺序表和链表。在实际应用中，两种方法各有特色，我们究竟选用哪一种作为存储结构呢？这要根据具体问题的要求和性质来决定，一般可以从以下几个方面考虑。

1. 基于存储空间的考虑

顺序表的存储空间是静态分配的，程序执行之前必须预先分配。若线性表的长度 n 变化较大，存储空间难以事先确定，估计过大，将造成大量存储单元的浪费，估计过小时又不能临时扩充存储单元，将使空间溢出机会增多。链表的存储空间是动态分配的，只要内存空间尚有空闲，就不会发生溢出。对于存储空间的考虑，可以用存储密度的大小来衡量。存储密度为结点应占用的存储量除以结点实际占用的存储量。存储密度越大，存储空间利用率越高，反之利用率越低。例如，顺序表的存储密度为 100%，单链表为 50%（假设指针所占空间与数据域所占空间相同），双向链表的存储密度为 33%。

由此可知，当线性表的长度变化不大，存储空间可以事先估计时，采用顺序表作存储结构比较方便；当线性表长度变化较大，存储空间难以事先估计时，采用链表作存储结构比较方便。

2. 基于时间的考虑

顺序表是一种随机访问的表，而链表是一种顺序访问的表，因此顺序表的访问较链表方便。若线性表中运算主要为存取、查找运算，采用时间复杂度为 O(1) 的顺序表比较方便；若线性表中的运算大部分为插入、删除运算，采用时间复杂度为 O(1) 的链表比较方便；若链表中操作运算都在表尾进行，应采用尾指针所示的单循环链表。

3. 基于语言的考虑

有的高级语言无指针数据类型，因此，若用链表作存储结构，则只能用整数代替指针，称这样的链表为静态链表，而一般的链表则称为动态链表（我们所用的链表都为动态链表）。

2.6　算法应用举例

【例 2-5】实现一个单链表的就地逆置（所谓就地逆置就是不另外增加多余的辅助空间）。

分析：要将一个单链表逆置，即将 $(a_1, a_2, \cdots, a_n)$ 变成 $(a_n, a_{n-1}, \cdots, a_2, a_1)$。但链表已存在，故不需要另外申请存储空间，只需改变链表的链接关系即可。可以借助单链表的头插法来实现题目要求，改变单链表的链接关系。

算法描述如下：

```
void swaplink(struct link *head)
{
    struct link *p,*s;
    p=head->next;
    head->next=NULL;
    while(p!=NULL)
    {
        s=p->next;
```

```
            p->next=head->next;
            head->next=p;
            p=s;
        }
    }
```

该算法的时间复杂度为 O(n)。

【例 2-6】用顺序表解决约瑟夫（Josephus）问题。约瑟夫问题为：n 个人围成一圈，从第 s 个人开始报数 1,2,…,m，数到 m 的人出圈，然后从出圈的下一个人开始重复此过程，直到全部人出圈。要求在给出 m、n、s 后，能输出出圈序列。

分析：n 个人可以用 1,2,…,n 进行编号，然后存入一个一维数组中，若某个人出圈，则将后面的人往前移一个数组位置，最后面的位置被空出，可以存放出圈人的编号，再对前面 n-1 个人重复此过程，直到剩下一个人为止，则此时数组中存放的值为出圈人的反序。

算法描述如下：

```
#define n    人数
#define m    报数上界
#define s    报数开始位置
void josephus(int a[n+1], int m, int s)
{ int i,j,k,w,s1;
    for(i=1;i<=n;i++)
    a[i]=i;                              //存入 n 个人的编号
    s1=s;
    for(i=n;i>=2;i--)
    {
        s1=(s1+m-1)%i;                   //求得出圈人的位置
        if(s1==0) s1=i;
        w=a[s1];                         //w 用于存放出圈人的位置
        for(j=s1;j<=i-1;j++)
        a[j]=a[j+1];                     //一人出圈后，后面的元素前移
        a[i]=w;                          //出圈人的位置存入后面
    }
    for(k=n;k>=1;k--)
    printf("%d",a[k]);                   //输出出圈的顺序
    printf("\n");
}
```

该算法的时间复杂度为 $O(n^2)$。

【例 2-7】将两个升序排列的单链表合并，使合并后仍然为升序排列。

分析：两个链表中有两个头结点，合并后可选任一个作为合并表的头结点，由于合并前两个表都为升序排列，因此，可以用建链表的尾插法思想来合并两个链表。

算法描述如下：

```
void sum(struct link *la, struct link *lb,struct link *lc)
//将两个升序排列的单链表 la 和 lb 合并成一个升序排列的单链表 lc
{
    struct link *pa,*pb,*r;
    pa=la->next;
```

```
        pb=lb->next;
        lc=la;
        lc->next=NULL;
        r=lc;
        while(pa!=NULL)&&(pb!=NULL)
          if(pa->data<pb->data)
          {  r->next=pa;
             r=pa;
             pa=pa->next;
          }
          else
          {  r->next=pb;
             r=pb;
             pb=pb->next;
          }
        if(pa==NULL) r->next=pb;
        else r->next=pa;
    }
```

假设 la 表长度为 n，lb 表长度为 m，则该算法的时间复杂度为 O(n×m)。

【例 2-8】假设有一个顺序表 a，类型为 sequenlist，表中有 n 个元素，表中的元素全部为整型，即 elemtype=int，现要求将该表分解为两个顺序表 b、c，使 b 中的元素全部是偶数，c 中的元素全部是奇数。

算法描述如下：

```
        #include<stdio.h>
        #define maxsize 100            //线性表的最大长度
        struct sequenlist
        {
          int a[maxsize];
          int len;
        };
        struct sequenlist a,b,c;
        void div(struct sequenlist a, int n)
        { b.len=0;
          c.len=0;
          for(int i=1;i<=n;i++)
              if(a.a[i]%2==0)
              {b.len++;
               b.a[b.len]=a.a[i];
              }
              else
              {c.len++;
               c.a[c.len]=a.a[i];
              }
        }
        void print(struct sequenlist x)
```

```
{    for(int i=1;i<=x.len;i++)
        printf("%d ",x.a[i]);
        printf("\n");
}
void main()
{
    int n;
    printf("请指定表中元素个数");
    scanf("%d",&n);
    printf("请输入表中元素：\n");
    for(int i=1;i<=n;i++)
        scanf("%d",&a.a[i];
    a.len=n;
    print(a);                        //输出线性表 a
    div(a,n);                        //分解线性表 a 为 b 和 c
    print(b);                        //输出线性表 b
    print(c);                        //输出线性表 c
}
```

本章小结

1. 线性表是一种具有一对一的线性关系的特殊数据结构，通常采用顺序存储结构和链式存储结构进行存储。

2. 线性表的顺序存储结构采用结构体形式，含有两个域：一个为数据域，存放线性表中的元素；另一个为尺寸域，存放线性表中的实际元素个数。

3. 线性表的链式存储结构，是通过结点之间的链接而得到的，具体有：单链表、循环链表、双向链表等。

4. 单链表结点至少含有两个域（仅有一个指针域）：一个为 data 域，存放结点本身的信息；另一个为 next 域，存放下一个元素的地址（指针）。

5. 循环链表中不存在空指针，使最后一个结点的指针指向开头，形成一个首尾相接的环。

6. 双向链表结点至少含有三个域（只能有两个指针域）：一个 data 域，存放结点本身的信息，另两个指针域 prior 和 next，分别指向前一个结点的地址、后一个结点的地址。

7. 链表中增加一个头结点（附加结点），是为了处理问题的方便。

8. 顺序存储可以提高存储单元的利用率，但有时会增加算法执行时间，而链式存储将占用较多的额外存储空间，但能使用不连续的存储单元，且有时会提高程序的运行效率。

习题二

2-1　试设计一个算法，实现顺序表$(a_1,a_2,a_3,\cdots,a_n)$的就地逆置，所谓就地逆置就是以最少的辅助存储空间来实现。

2-2　试设计一个算法，将两个升序排列的单链表合并成一个降序排列的单链表。

2-3　已知单链表的 data 域为字符型，且该单链表中含有三类字符（数字、字母、其他），要求设计一个算法，将该单链表分解成三个循环链表，使每个循环链表中都只含有同一类字符（三个循环链表的头结点可以另外申请）。

2-4　修改双向链表的插入算法，将 s 插入到 p 之前（见图 2-16 中 s 插入到 p 之后）。

2-5　假设有一个循环链表的长度大于 1，且表中既无头结点也无头指针，已知 S 为指向链表中某结点的指针，试设计算法，在链表中删除指针 S 所指结点的前驱结点。

2-6　设计一个算法，删除顺序表中值相同的结点。

2-7　设计一个算法，删除链表中值相同的结点。

2-8　用循环链表形式解决约瑟夫问题。

2-9　写一个算法，求出循环链表中的结点个数（不包括头结点）。

2-10　将两个升序排列的顺序表合并成一个有序的顺序表（升序和降序各写成一个算法）。

2-11　用整数代替指针，描述建立链表的算法（静态链表）。

2-12　写出建立双向循环链表的算法（不带头结点）。

2-13　在双向链表中，查找值为 x 的结点，要求用从前往后和从后往前两种方法来实现，若找不到，给出错误提示。

2-14　对于顺序表，写出下面的每一个算法。

（1）从表中删除具有最小值的元素并由函数返回，空出的位置由最后一个元素填补，若表为空则显示错误信息并退出运行。

（2）删除表中值为 x 的结点并由函数返回。

（3）向表中第 i 个元素之后插入一个值为 x 的元素。

（4）从表中删除值在 x 到 y 之间的所有元素。

（5）将表中元素排成一个有序序列。

（6）从有序表中删除值在 x 到 y 之间的所有元素。

2-15　对于单链表，写出下面的算法。

（1）根据一维数组 a[n]建立一个单链表，使单链表中的元素顺序与数组 a[n]的元素顺序相同，要求该算法的时间复杂度为 O(n)。

（2）统计单链表中值在 x 到 y 之间的结点有多少个。

（3）将该单链表分解为两个单链表，使一个单链表中仅含有奇数，另一个中仅含有偶数。

（4）删除单链表中从第 k 个结点开始的连续 j 个结点。

（5）将另外一个已经存在的单链表插入到该链表的第 k 个结点之后。

（6）将单链表中的元素排成一个有序序列。

2-16　用 C 语言写出一个完整的算法，实现顺序表上的初始化、插入、删除、查找、更新、输出、取某一元素等操作，要求每一种操作设定为一个函数，然后用主函数调用。

2-17　试编写算法，将一个用循环链表表示的一元多项式分解为两个多项式，使这两个多项式中各自仅含奇次项或偶次项，并要求利用原链表中的结点空间构成这两个循环链表。

第 3 章　栈和队列

本章学习目标

本章主要介绍栈和队列的逻辑特征、在计算机中的存储表示、基本运算的实现以及栈和队列在计算机中的应用。通过本章的学习，读者应掌握如下内容：

- 栈的逻辑特征及五种基本运算
- 栈的五种基本运算在顺序、链式两种不同存储结构上的实现
- 栈在计算机中的应用
- 队列的逻辑特征及五种基本运算
- 队列的五种基本运算在循环队列、链队列上的实现
- 队列在计算机中的应用
- 栈、队列上运算和线性表上运算的时间、空间复杂度的比较

3.1　栈

3.1.1　栈的定义

栈（stack）是限制线性表中元素的插入和删除只能在线性表的同一端进行的一种特殊线性表。允许插入和删除的一端，为变化的一端，称为栈顶（top），另一端为固定的一端，称为栈底（bottom）。

根据栈的定义可知，最先放入栈中的元素在栈底，最后放入的元素在栈顶，而删除元素刚好相反，最后放入的元素最先删除，最先放入的元素最后删除。在如图 3-1 所示的栈中，元素以 $a_1, a_2, a_3, \cdots, a_n$ 的顺序进入栈中，而出来则按照 $a_n, a_{n-1}, \cdots, a_2, a_1$ 的顺序。也就是说，栈是一种后进先出（Last In First Out）的线性表，简称为 LIFO 表。

栈在日常生活中随处可见，如仓库货物的存放，先从底层往上面堆，再从上往下拿，这是一种典型的栈。而乘客乘车（假设只有一个车门在前面），上车的人按从后往前的顺序坐，下车时则按从前往后的顺序下来，这也是一种典型的栈。

3.1.2　栈的运算

1. 初始化栈：inistack(&s)

将栈 s 置为一个空栈（不含任何元素）。

2. 进栈：push(&s,x)

将元素 x 插入到栈 s 中，也称为入栈、插入、压入。

3. 出栈：pop(&s)

删除栈 s 中的栈顶元素，也称为退栈、删除、弹出。

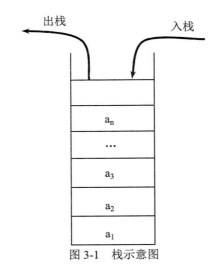

图 3-1　栈示意图

4. 取栈顶元素：gettop(s)

取栈 s 中的栈顶元素。

5. 判栈空：empty(s)

判断栈 s 是否为空，若为空，返回值为 true 或 1，否则返回值为 false 或 0。

3.1.3　栈的抽象数据类型描述

栈的抽象数据类型可描述为：

```
ADT Stack is
Data:
含有 n 个元素 a₁,a₂,a₃,…,aₙ，按 LIFO 规则存放，每个元素的类型都为 elemtype。
Operation:
void   inistack(&s)   //将栈 s 置为一个空栈（不含任何元素）
void   push(&s,x)     //将元素 x 插入到栈 s 中，也称为入栈、插入、压入
void   pop(&s)        //删除栈 s 中的栈顶元素，也称为退栈、删除、弹出
elemtype gettop(s)    //取栈 s 中的栈顶元素
int    empty(s)       //判断栈 s 是否为空，若为空，返回值为 true 或 1，否则返回值为 false 或 0
End stack
```

【例 3-1】栈的五种操作示例（设元素类型 elemtype 为 int 型）。

（1）inistack(s) 　　　表示设置一个空栈 s，栈中无任何元素。

（2）push(s,36) 　　　表示将元素 36 插进栈 s，栈 s 中仅有一个元素 36。

（3）x=88,push(s,x) 　表示将元素 88 插进栈 s，栈 s 中已有两个元素 36 和 88。

（4）y=gettop(s) 　　表示取出栈顶元素 88 给 y 变量，即 y=88。

（5）pop(s) 　　　　表示退出栈顶元素，即删除元素 88。

（6）z=empty(s) 　　表示判断栈 s 是否为空，因栈中有一个元素 36，故栈非空，因此

有 z=0 或 false。

3.1.4 顺序栈

1. 顺序栈的数据类型

栈的顺序存储结构，也称为顺序栈，与顺序表的数据类型描述类似，描述如下：

```
#define maxsize maxlen;        //定义栈的最大容量为 maxlen
struct seqstack
{
  elemtype stack[maxsize];     //将栈中元素定义为 elemtype 类型
  int top;                     //指向栈顶位置的指针
};
```

栈的五种运算函数定义如下：

```
void inistack(struct seqstack &s);            //将栈 s 置为一个空栈（不含任何元素）
void push(struct seqstack &s, elemtype x);    //将 x 插入栈 s 中，也称入栈、插入、压入
void pop(struct seqstack &s);                 //删除栈 s 中的栈顶元素，也称为退栈、删除、弹出
elemtype gettop(struct seqstack s);           //取栈 s 中栈的顶元素
bool empty(struct seqstack s);                //判栈 s 是否为空
```

在顺序栈中，栈的存储空间为从 stack[0]到 stack[maxsize-1]，则栈为空的条件是 top= -1，进栈一个元素，top 的值增 1，退栈一个元素，top 的值减 1。为了与我们的线性表从 a_1 开始相符，建议栈的存储空间从 stack[1]到 stack[maxsize-1]，这时，浪费一个存储单元 stack[0]，但给我们的操作带来方便，这时的栈空条件变为 top=0。

设有一个顺序栈 s，通过 5 次进栈后，栈中已经有 5 个元素，设为(a,b,c,d,e)，对应的顺序栈存储结构如图 3-2（a）所示，此时 top=5；若继续向栈中插入一个新的元素 f（进栈），见图 3-2（b），此时 top=6；若连续删除三个元素（退栈）f、e、d，见图 3-2（c），此时 top=3；若依次删除栈中剩下的所有元素 c、b、a，则顺序栈变成了一个空栈，见图 3-2（d），此时栈顶指针 top=0。

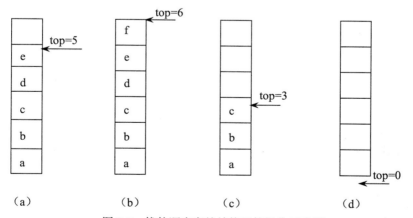

（a）   （b）   （c）   （d）

图 3-2 栈的顺序存储结构及栈操作示意图

2. 栈的五种运算

栈的五种运算实现过程如下：规定栈中空间为 1～maxsize-1，浪费存储位置 0，是为了与线性表数组存储对应。

（1）初始化栈

```
void inistack(struct seqstack &s)
{
    s.top=0;
}
```

（2）进栈

```
void push(struct seqstack &s, elemtype x)
{
    if (s.top==maxsize-1) printf("overflow\n");
    else
    {
        s.top++;
        s.stack[s.top]=x;
    }
}
```

（3）退栈

```
void pop(struct seqstack &s)
{
    if (s.top==0) printf("underflow\n");
    else s.top--;
}
```

（4）取栈顶元素

```
elemtype gettop(struct seqstack s)
{
    if (s.top==0) {printf("underflow\n");return 0;}
    else return s.stack[s.top];
}
```

（5）判栈空否

```
int empty(struct seqstack s)
{
    if (s.top==0) return 1;
    else return 0;
}
```

从上面栈的五种运算可以知道，栈运算的时间复杂度为 O(1)，比起线性表中顺序表运算的时间复杂度 O(n)要好，但这种"好"是以限制运算位置来实现的。

3. 栈的共享存储单元

有时，一个程序设计中，需要使用多个同一类型的栈，这时，可能会产生一个栈空间过小，容量发生溢出，而另一个栈空间过大，造成大量存储单元浪费的现象。为了充分利用各个栈的存储空间，可以采用多个栈共享存储单元，即给多个栈分配一个足够大的存储空间，让多个栈实现存储空间优势互补。

下面以两个栈为例来说明栈共享存储单元示意图（见图 3-3）。

栈 1 底　　　　　　　　　　　　　　　　　　　　　　栈 2 底

栈 1 顶　　　　　　　　　　　栈 2 顶

图 3-3　两个栈共享存储单元示意图

设两个栈共享一段内存单元（一维数组），两个栈的栈底分别设在一维数组的两端，这时，若第一个栈发生溢出，而且第二个栈中还有多余空间，则可将第一个栈的进栈元素放入第二个栈中；反之，若第二个栈发生溢出，而第一个栈中还有多余空间，则可将第二个栈的进栈元素放入第一个栈中。这样就可以实现两个栈的优势互补，只有当两个栈的栈顶相遇时，这时进栈才会发生溢出，这比两个栈单独使用进栈发生溢出的可能性小得多。

两个栈共享存储单元可用如下 C 语句描述：

```
#define maxsize maxlen;              //maxlen 为共享单元的最大长度
struct dbseqstack
{
elemtype stack[maxsize];
int top[2];                         //两个栈的栈顶指针
};
```

定义的运算函数如下：

```
void dbinistack(struct dbseqstack &s, int k);              //将第 k 个栈置为一个空栈（不含任何元素）
void dbpush(struct dbseqstack &s, elemtype x, int k);      //将元素 x 插入到第 k 个栈中
void dbpop(struct dbseqstack &s, int k);                   //删除第 k 个栈中的栈顶元素
elemtype dbgettop(struct dbseqstack s, int k);             //取第 k 个栈中的栈顶元素
int dbempty(struct dbseqstack s, int k);                   //判第 k 个栈是否为空
```

对于上述形式的栈共享存储单元，栈的五种运算可类似描述，现仅描述进栈、退栈算法。

（1）两个栈共享存储单元的进栈算法

```
void dbpush(struct dbseqstack &s,elemtype x,int k)
             //将元素 x 压入到第 k 个栈中
{   if (s.top[0]+1==s.top[1]) printf("overflow\n");
    else if (k==0) {s.top[0]++; s.stack[s.top[0]]=x;}
    else {s.top[1]--; s.stack[s.top[1]]=x;}
}
```

（2）两个栈共享存储单元的退栈算法

```
void dbpop(struct dbseqstack &s,int k)     //以 s 为栈空间的栈中，对第 k 个栈进行退栈
{   if ((k==0)&&(s.top[0]==0)) printf("underflow\n");
    else if ((k==1)&&(s.top[1]==maxsize)
       printf("underflow\n");
    else if(k==0) s.top[0]--;
    else s.top[1]++;
}
```

【例 3-2】如图 3-4 所示的铁路调度站，在其入口处有 n 节硬席车厢和软席车厢（分别用 1 和 2 表示）等待调度，试设计一个算法，输出对这 n 节车厢进行调度的操作序列，以使所有的软席车厢都被调整到硬席车厢之前。

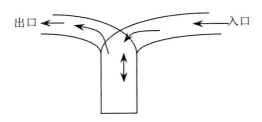

图 3-4　铁路调度站

分析：在入口处的车厢是随机排列的（软硬车厢交错在一起），为了使在出口处软席车厢排列到硬席车厢之前，可以利用栈的原理，即若为软席车厢，则直接推出来（输出），若为硬席车厢，则进栈，当入口处没有车厢时，出口处全部为软席车厢，而栈中全部为硬席车厢，然后将硬席车厢从栈中退栈输出即可（调度站中箭头表示列车的运动方向）。

算法描述如下（利用前面介绍的栈类型及五种运算，但 elemtype 类型用 int 类型代替）：

```
void train(int a[ ], int n)
//a 为一维数组，有 n 个元素，存放入口处的 n 节软、硬席车厢，1 代表硬席车厢，2 代表软席车厢
{
int i,j;
struct seqstack s;          //s 为前面介绍的顺序栈
s.inistack(s);              //s 栈初始化
for(i=0;i<n;i++)
if(a[i]==1)
    s.push(s, a[i]);        //代号为 1 的硬席车厢进栈
else
    printf("%d",a[i]);      //代号为 2 的软席车厢直接输出
while(!s.empty(s))          //当栈 s 不为空时循环
{
    j=s.gettop(s);          //取栈顶元素，存入变量 j 中
    printf("%d",j);         //输出硬席车厢
    s.pop( s);              //退栈
}
}
```

3.1.5　链栈

1. 链栈结构及数据类型

栈的链式存储结构，也称为链栈，它是一种限制运算的链表，即规定链表中的插入和删除运算只能在链表开头进行。链栈结构见图 3-5。

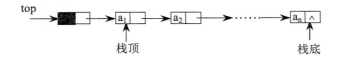

图 3-5　链栈结构示意图

链栈的数据类型描述与第 2 章介绍的单链表数据类型描述相同，在此不再重述。

2. 链栈的五种栈运算

（1）栈初始化

```
void inistack(struct link *top)
{
    top->next=NULL;
}
```

（2）进栈运算

```
void push(struct link *top,int x)
{
    struct link *s;
    s=(struct link *)malloc(sizeof(struct link));
    s->data=x;
    s->next=top->next;
    top->next=s;
}
```

（3）退栈运算

```
void pop(struct link *top)
{
    struct link *s;
    s=top->next;
    if(s!=NULL)
    {
        top->next=s->next;
        delete(s);
    }
}
```

（4）取栈顶元素

```
elemtype gettop(struct link *top)
{
    if(top->next!=NULL)
        return top->next->data;
    else
        return NULL;
}
```

（5）判栈空

```
int empty(struct link *top)
{
    if(top->next==NULL)
        return(1);
    else
        return(0);
}
```

从上述算法可知，它们的时间复杂度都为 O(1)。

3.1.6 栈的应用

栈在日常生活中和计算机的程序设计中，有着许多重要的应用。下面仅介绍栈在计算机中的一些应用。

1. 算术表达式的求值

算术表达式中包含了算术运算符和算术量（常量、变量、函数），而运算符之间又存在着优先级的问题，不能简单地进行从左到右（C语言中，有的运算是从右到左的）的运算，而必须先计算优先级高的。编译程序在求值时，不能简单地从左到右运算（或从右到左运算），必须先算运算级别高的，再算运算级别低的，同一级运算才按从左到右的顺序（或从右到左运算）。因此，要实现表达式求值，必须设置两个栈，一个栈存放运算符，另一个栈存放操作数（算术量），在进行表达式求值时，编译程序从左到右扫描，每遇到一个操作数，一律进入操作数栈，每遇到一个运算符，则应与运算符栈的栈顶进行比较，若运算符优先级高于栈顶的优先级，则进栈，否则在运算符栈中退栈，退栈后，在操作数栈中退出两个元素（先退出的数放在退出运算符右边，后退出的数放在退出运算符左边），然后用运算符栈中退出的栈顶元素进行运算，运算的结果存入操作数栈中，直到扫描完毕。这时运算符栈为空，操作数栈中只有一个元素，即为运算的结果。

【例3-3】 用栈求 1+2*3-4/2 的值，栈的变化见表3-1。

从表3-1可知，最后求出的表达式的值为5。

当然，算术表达式除了简单求值外，还会涉及两种表示方法，即中缀表示法和后缀表示法。

例3-3中的表达式就是中缀表达式，中缀表达式求值比较麻烦（须考虑运算符的优先级，甚至还要考虑圆括号，需要用到两个栈），而后缀表达式求值比较方便（无须考虑运算符的优先级及圆括号，仅按从左到右的顺序进行即可，仅用到一个栈）。

下面将介绍算术表达式的中缀表示和后缀表示，以及它们的求值规律，具体算法在此将不作进一步的介绍，有兴趣的读者可以参阅其他数据结构的资料。

一般书写的算术表达式都是由操作数和运算符及改变运算次序的圆括号组成的。操作数可以是常量、变量和函数，而运算符有单目运算符（++、--）和双目运算符（+、-、*、/）。单目运算符只要求一个操作数，而双目运算符要求两个操作数。双目运算符被放在两操作数之间。

通常，将双目运算符出现在两个操作数中间的表示方法，称为中缀表示，这样的算术表达式称为中缀表达式（前面介绍的算术表达式实际上就是中缀表达式）。

表3-1 表达式求值栈演示图

步骤	操作数栈	运算符栈	说明
开始			开始时，两个栈为空
1	1		扫描到"1"，进入操作数栈
2	1	+	扫描到"+"，进入运算符栈
3	1　2	+	扫描到"2"，进入操作数栈
4	1　2	+　*	扫描到"*"，进入运算符栈

步骤	操作数栈	运算符栈	说明
5	1　2　3	+　*	扫描到"3"，进入操作数栈
6	1	+	扫描到"-"，退栈
7	1　6	+	2*3=6 进栈
8			扫描到"-"，退栈
9	7		1+6=7 进栈
10	7	−	扫描到"-"，进入运算符栈
11	7　4	−	扫描到"4"，进入操作数栈
12	7　4	−　/	扫描到"/"，进入运算符栈
13	7　4　2	−　/	扫描到"2"，进入操作数栈
14	7	−	扫描完，"/""4""2"退栈
15	7　2		4/2=2 进栈
16			"-""7""2"退栈
17	5		7-2=5 进栈

从例 3-3 可以看出，中缀表达式求值比较麻烦，需用两个栈来实现，并且如果出现圆括号时，运算还要复杂些。那么，能否把中缀表达式转换成另一种形式的算术表达式，使计算简单化呢？回答是肯定的。波兰科学家卢卡谢维奇（Lukasiewicz）很早就提出了算术表达式的另一种表示方法，即后缀表达式，也称为逆波兰式，其定义规则是把运算符放在两个操作数后面。在后缀表达式中，不存在括号，也不存在运算符优先级问题，计算过程完全按照运算符出现的先后次序进行，比中缀表达式的求值要简单得多。

例如，对于下列各中缀表达式：

（1）3/5+8

（2）18-9*(4+3)

（3）(25+x)*(a*(a+b)+b)

上面三个中缀表达式对应的后缀表达式为：

（1）3　5　/　8　+

（2）18　9　4　3　+　*　-

（3）25　x　+　a　a　b　+　*　b　+　*

下面将讨论中缀表达式怎样变成等价的后缀表达式及后缀表达式的求值。

2. 中缀表达式变成等价的后缀表达式

将中缀表达式变成等价的后缀表达式，表达式中操作数的相对次序不发生变化，运算符相对次序将会发生变化，同时去掉了表达式中的圆括号。转换规则是：设立一个堆栈，用来存放表达式中的运算符。首先设栈为空，编译程序从左到右扫描中缀表达式，每次遇到操作数，直接将其输出，并接着输出一个空格作为两个操作数的分隔符；若遇到一个运算符，则必须与栈顶的运算符优先级比较，若运算符级别比栈顶运算符级别高，则进栈，否则退出栈顶元素，并直接输出，然后输出一个空格作为分隔符；若扫描时遇到左括号，进栈；若扫描时遇到右括号，则一直退栈输出，直到退到左括号止。当栈已经变成空时，输出的结果即为所求的后缀表达式。

【例3-4】将中缀表达式(1+2)*((8-2)/(7-4))变成等价的后缀表达式。

现在用栈来实现该运算，栈的变化及输出结果见表3-2。

表3-2 中缀表达式转换成后缀表达式示意图

步骤	栈中元素	输出结果	说明
1	(		(进栈
2	(	1	输出1
3	(+	1	+进栈
4	(+	1 2	输出2
5		1 2 +	+退栈并输出，退栈到(止
6	*	1 2 +	*进栈
7	*(	1 2 +	(进栈
8	*((	1 2 +	(进栈
9	*((	1 2 + 8	输出8
10	*((-	1 2 + 8	- 进栈
11	*((-	1 2 + 8 2	输出2
12	*(	1 2 + 8 2 -	-退栈并输出，退栈到(止
13	*(/	1 2 + 8 2 -	/ 进栈
14	*(/(	1 2 + 8 2 -	(进栈
15	*(/(	1 2 + 8 2 - 7	输出7
16	*(/(-	1 2 + 8 2 - 7	- 进栈
17	*(/(-	1 2 + 8 2 - 7 4	输出4
18	*(/	1 2 + 8 2 - 7 4 -	-退栈并输出，退栈到(止
19	*	1 2 + 8 2 - 7 4 - /	/退栈并输出，退栈到(止
20		1 2 + 8 2 - 7 4 - / *	*退栈并输出

从表3-2可知，中缀表达式(1+2)*((8-2)/(7-4))变成的后缀表达式为：

1 2 + 8 2 - 7 4 - / *

3. 后缀表达式的求值

将中缀表达式转换成等价的后缀表达式后，求值时，不需要再考虑运算符的优先级，只需从左到右扫描一遍后缀表达式即可。具体求值步骤为：设置一个栈，开始时，栈为空，然后从左到右扫描后缀表达式，若遇操作数，则进栈；若遇运算符，则从栈中退出两个元素，先退出的放到运算符的右边，后退出的放到运算符的左边，运算后的结果再进栈，直到后缀表达式扫描完毕。此时，栈中仅有一个元素，即为运算的结果。

【例3-5】求例3-4中转换得到的后缀表达式 1 2 + 8 2 - 7 4 - / * 之值。

该求值过程可用一个栈来描述，栈中最后的结果即为后缀表达式的值（应该与用中缀表达式求出的结果相同），具体见表 3-3。

从表 3-3 可知，最后求得的后缀表达式之值为 6，与用中缀表达式求得的结果一致，但后缀表达式求值要简单得多。

表 3-3　后缀表达式求值示意图

步骤	栈中元素	说明
1	1	1 进栈
2	1　2	2 进栈
3		遇+号退栈 2 和 1
4	3	1+2=3 的结果 3 进栈
5	3　8	8 进栈
6	3　8　2	2 进栈
7	3	遇-号退栈 2 和 8
8	3　6	8-2=6 的结果 6 进栈
9	3　6　7	7 进栈
10	3　6　7　4	4 进栈
11	3　6	遇-号退栈 4 和 7
12	3　6　3	7-4=3 的结果 3 进栈
13	3	遇/号退栈 3 和 6
14	3　2	6/3=2 的结果 2 进栈
15		遇*号退栈 2 和 3
16	6	3*2=6 进栈
17	6	扫描完毕，运算结束

4. 函数的嵌套调用

在函数嵌套调用中，一个函数的执行没有结束，又开始另一个函数的执行，因此必须用栈来保存函数中断的地址，以便调用返回时能从断点继续往下执行。

【例 3-6】设有一个主程序，它调用函数 a，函数 a 又调用函数 b，函数 b 又调用函数 c，（见图 3-6），其中 r、s、t 分别表示中断地址，我们可以用一个栈来描述调用情况（见图 3-7）。

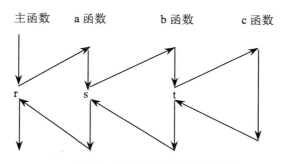

图 3-6　函数的嵌套调用与返回

在图 3-6 中，主程序调用函数 a，留下一个断点地址 r 进栈，然后主函数处于挂起状态，进入函数 a 中执行，函数 a 中再调用函数 b，留下一个断点地址 s 进栈，然后函数 a 处于挂起状态，进入函数 b 中执行，函数 b 中调用函数 c，留下一个断点地址 t 进栈，然后函数 b 处于挂起状态，进入函数 c 中执行，函数 c 执行完后，要返回断点处继续执行，但返回到哪一个断点根据栈顶元素来决定。返回时，执行退栈操作，先退出 t，故返回 t 断点继续执行，接着退栈退出 s，故返回 s 断点继续执行，再接着退栈退出 r，返回 r 断点继续执行，最后栈为空，算法结束。

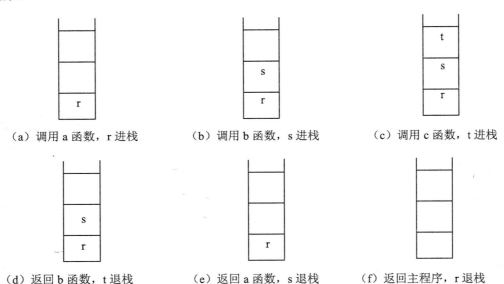

| （a）调用 a 函数，r 进栈 | （b）调用 b 函数，s 进栈 | （c）调用 c 函数，t 进栈 |
| （d）返回 b 函数，t 退栈 | （e）返回 a 函数，s 退栈 | （f）返回主程序，r 退栈 |

图 3-7　函数嵌套调用中栈变化示意图

5．函数的递归调用

函数的递归调用也是一种嵌套，故也必须用栈来保存断点信息，但递归调用相当于同一个函数的嵌套调用，故除了保存断点信息外，还必须保存每一层的参数、局部变量等。

【例 3-7】求 n!可用递归函数描述如下：

$$n!=\begin{cases}1 & n=0\\ n*(n-1)! & n>0\end{cases}$$

可以用一个栈来描述求解过程（设 n=4，栈变化情形见图 3-8）。开始时，栈为空，见图 3-8（a），接着栈中保存 4 和 3!，见图 3-8（b），再接着调用 3!，栈中保存 3 和 2!，见图 3-8（c），接着调用 2!，栈中保存 2 和 1!，见图 3-8（d），接着调用 1!，栈中保存 1 和 0!，见 3-8（e），接着调用 0!，而 0!值已知为 1，故返回，1 和 0!退栈，见图 3-8（f），同时得到 1!（1*0!=1）值为 1，然后，2 和 1!退栈，见图 3-8（g），同时得到 2!（2*1!=2）值为 2，然后，3 和 2!退栈，见图 3-8（h），同时得到 3!（3*2!=6）值为 6，然后 4 和 3!退栈，见图 3-8（i），同时得到 4!（4*3!=24）值为 24，这时，栈已经空，算法结束，故最后得到的结果为 24，即 4!=24。

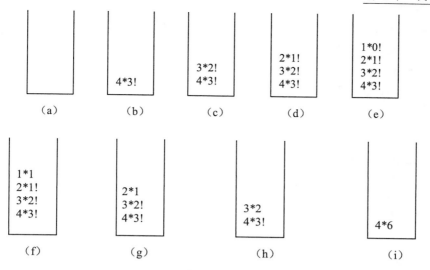

图 3-8　递归调用中栈变化示意图

3.2　队列

3.2.1　队列的定义

仅允许在一端进行插入，另一端进行删除的线性表，称为队列（queue）。允许插入的一端称为队尾（rear），允许删除的一端称为队头（front）。

队列的含义与我们日常生活中的多种排队现象相类似，后来的人只能排在队尾（插入），先来排队的人，可以先办完事先离开（删除）。因此，队列是一种先进先出（First In First Out）的特殊线性表，或称 FIFO 表。

若队列中没有任何元素，则称为空队列，否则称为非空队列。队列的描述如图 3-9 所示。

图 3-9　队列示意图

3.2.2　队列的基本运算

队列可定义如下五种基本运算：

1. 初始化队列 iniqueue(&Q)

将队列 Q 设置成一个空队列。

2. 入队列 enqueue(&Q,X)

将元素 X 插入到队尾中，也称进队、插入。

3. 出队列 dlqueue(&Q)

将队列 Q 的队头元素删除，也称退队、删除。

4. 取队头元素 gethead(Q)

得到队列 Q 的队头元素之值。

5. 判队空 empty(Q)

判断队列 Q 是否为空，若为空返回 1，否则返回 0。

3.2.3 队列的抽象数据类型描述

队列的抽象数据类型可描述为：

```
ADT QUEUE IS
Data:
含有 n 个元素 a₁,a₂,a₃,…,aₙ，按 FIFO 规则存放，每个元素的类型为 elemtype。
Operation:
void        iniqueue(&Q)          //将队列 Q 设置成一个空队列
void        enqueue(&Q,X)         //将元素 X 插入到队尾中，也称进队，插入
void        dlqueue(&Q)           //将队列 Q 的队头元素删除，也称退队、删除
elemtype    gethead(Q)            //得到队列 Q 的队头元素之值
int         empty(Q)              //判断队列 Q 是否为空，若为空返回 1，否则返回 0
End queue
```

【例 3-8】队列操作举例（假设队列 Q 的元素类型为 int，y 为 int 型变量，调用队列的上述五种操作如下）：

（1）iniqueue(Q)   //建立一个空队列，队列中无任何元素

（2）enqueue(Q,18)   //元素 18 进入队列，队列中仅有一个元素 18

（3）enqueue(Q,36)   //元素 36 进入队列，队列中有两个元素 18 和 36

（4）y=gethead(Q)   //取出队头元素之值，存入变量 y 中，故 y=18

（5）dlqueue(Q)   //出队运算，即删除队头元素 18，队中仅剩一个元素 36

（6）y=empty(Q)   //判断队列 Q 是否为空，队列不为空，故 y=false 或 0

（7）dlqueue(Q)   //出队运算，即删除队头元素 36，队中已无任何元素

（8）y=empty(Q)   //判断队列 Q 是否为空，队列为空，故 y=true 或 1

3.2.4 循环队列

1. 队列的顺序存储数据类型描述

```
#define maxsize maxlen        //定义队列的最大容量为 maxlen
struct seqqueue
{elemtype queue[maxsize];     //将队列中元素定为数组型，元素类型为 elemtype
int fron,reart; };            //队头指针和队尾指针
```

2. 顺序队列

将队列中元素全部存入一个一维数组中，数组的低下标一端为队头，高下标一端为队尾，将这样的队列看成是顺序队列。

在顺序队列中，队列的存储空间为从 queue[0]到 queue[maxsize-1]，则判断队列为空的条件为 front=rear=-1，若有一个元素进队，则 rear 的值增 1，若有一个元素出队，则 front 的值增

1。为了与我们的日常规定相符，建议顺序队列的存储空间为从 queue[1]到 queue[maxsize]，此时队列为空的条件变成 front=rear=0。虽然浪费一个存储单元 queue[0]，但可以给我们的操作带来方便。

设一个顺序队列为(a_1,a_2,a_3,a_4,a_5)，对应的存储结构见图 3-10（a），此时 front=0,rear=5，若有一个元素 a_6 进队，见图 3-10（b），此时 front=0,rear=6，若有连续三个元素 a_1,a_2,a_3 出队，见图 3-10（c），此时 front=3,rear=6，若所有元素都出队，见图 3-10（d），此时 front=6,rear=6，队列也变为空，即有 front=rear 时，队列为空。因此，队列为空的条件是 front=rear。

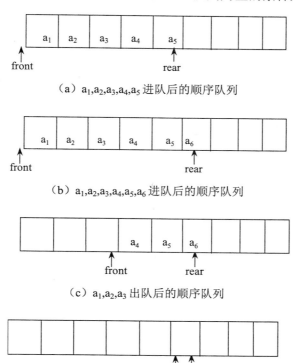

（a）a_1,a_2,a_3,a_4,a_5 进队后的顺序队列

（b）a_1,a_2,a_3,a_4,a_5,a_6 进队后的顺序队列

（c）a_1,a_2,a_3 出队后的顺序队列

（d）元素全部出队后的顺序队列

图 3-10 顺序队列中进出队指针变化过程

若一维数组中所有位置都被元素装满，称为队满，即尾指针 rear 指向一维数组最后，而头指针指向一维数组开头，称为队满。

但有可能出现这样的情况，尾指针指向一维数组最后，但前面有很多元素已经出队，即空出很多位置，这时要插入元素，仍然会发生溢出。例如，在图 3-10（d）中，若队列的最大容量 maxsize=9，此时，front=rear=6，若再有元素 a_7、a_8、a_9 进队，front=6，rear=9，这时，若有元素 a_{10} 进队，将发生溢出。我们将这种溢出称为"假溢出"，因为 front 的前面有 6 个空位置，还能装 6 个元素。

要克服"假溢出"，可以将整个队列中的元素向前移动，直至头指针 front 为零，或者每次出队时，都将队列中的元素前移一个位置。因此，顺序队列的队满判定条件为 rear=maxsize。但是，在顺序队列中，这些克服"假溢出"的方法都会引起大量元素的移动，花费大量的时间，所以在实际应用中很少采用，一般采用下面的循环队列形式。

3. 循环队列

为了克服顺序队列中假溢出的问题，通常将一维数组 queue[0]到 queue[maxsize-1]看成是一个首尾相接的圆环，即 queue[0]与 queue[maxsize-1]相接在一起。这种形式的顺序队列称为循环队列，见图 3-11。

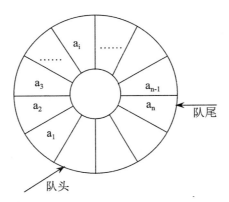

图 3-11　循环队列示意图

这时，可以不必浪费存储单元 queue[0]，但是，必须规定头指针 front 指向的是队头前一位置，尾指针 rear 指向当前队尾。在循环队列中，若 front=rear，则称为队空，若 (rear+1)%maxsize=front，则称为队满，这时，循环队列中能装入的元素个数为 maxsize-1，即浪费一个存储单元，但是这样可以给操作带来较大方便。

4. 循环队列上五种运算的实现

（1）队列初始化

```
void INIQUEUE(struct seqqueue &Q)
{ Q.front=Q.rear=maxsize-1;
}
```

（2）进队列

```
void ENQUEUE (struct seqqueue &Q, elemtype x)
{
  if ((Q.rear+1)%maxsize == Q.front)   printf("overflow\n");
  else { Q.rear=(Q.rear+1)%maxsize;
         Q.queue[Q.rear]=x;}
}
```

（3）出队列

```
void DLQUEUE(struct seqqueue &Q)
{
  if (Q.rear==Q.front)   printf("underflow\n");
  else
     Q.front =(Q.front+1)%maxsize;
}
```

（4）取队头元素（注意得到的应为头指针后面一个位置值）

```
elemtype GETHEAD(struct seqqueue Q)
```

```
    {
        if (Q.rear==Q.front)
            {printf("underflow\n");return NULL;}
        else
            return Q.queue[(Q.front+1)%maxsize];
    }
```

（5）判队列空否

```
    int EMPTY(struct seqqueue Q)
    {
        if (Q.rear==Q.front)
            return 1;
        else return 0;
    }
```

3.2.5　链队列

1. 链队列的数据类型描述

链式存储的队列称为链队列，与前面介绍的单链表类似，但为了使头指针、尾指针统一起来，另外定义了一种数据类型。因此链队列可用 C 语言描述如下，如图 3-12 所示。

```
    struct link                    //定义单链表数据类型
    {
        elemtype data;
        struct link *next;
    };

    struct linkqueue               //定义链队列数据类型
    {
        struct link *front,*rear;  //定义头指针和尾指针
    };
```

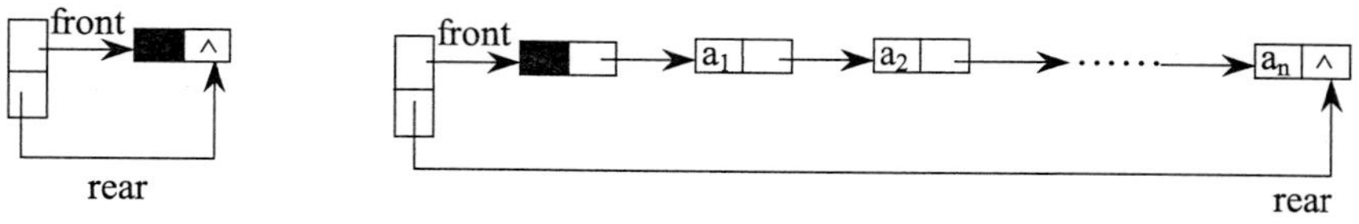

（a）空链队列　　　　　　　　（b）非空链队列

图 3-12　链队列示意图

2. 链队列上的基本运算

同样，链队列上也可以给出五种运算如下：

（1）链队列上的初始化

```
    void iniqueue(struct linkqueue &s)
    {
        struct link *p;
        p=(struct link *)malloc(struct link));
        p->next=NULL;
        s.front=p;
```

```
        s.rear=p;
    }
```
（2）入队列
```
    void enqueue(struct linkqueue &s, elemtype x)
    {
        struct link *p;
        p=(struct link *)malloc(struct link));
        p->data=x;
        p->next=s.rear->next;
        s.rear->next=p;
        s.rear=p;
    }
```
（3）判队空
```
    int empty(struct linkqueue s)
    {
        if (s.front==s.rear) return 1;
        else return 0;}
```
（4）取队头元素
```
    elemtype gethead(struct linkqueue s)
    {
        if (s.front==s.rear) return NULL;
        else return s.front->next->data;
    }
```
（5）出队列
```
    void dlqueue(struct linkqueue &s)
    {   struct link *p;
        p=s.front->next;
        if(p->next==NULL)
        {s.front->next=NULL;s.front=s.rear;}
        else s.front->next=p->next;
        free( p);
    }
```

从上述出队列算法可知，若链队列中只有一个元素，需作特殊处理（用 if 语句判断），修改队尾指针。为了避免修改队尾指针，我们可以采用一种改进的出队列算法。其基本思想是：出队列时，修改头指针，删除头结点而非队头结点，这时，队头结点成为新的头结点，队列中第二个结点成为队头结点。这时，不管队列中有多少个元素，都不需要作特殊处理（不需用 if 语句来判断），这种改进的算法如下：

```
    void dlqueue(struct linkqueue &s)
    {   struct link *p;
        p=s.front;
        s.front=p->next;
        free( p);
    }
```
上述算法的时间复杂度都为 O(1)。

3.2.6　队列的应用

队列在日常生活中和计算机程序设计中，有着非常重要的作用，在此，仅举出两个方面的例子来说明它，其他应用在后面章节中将会遇到。

第一个例子就是 CPU 资源的竞争问题。在具有多个终端的计算机系统中，有多个用户需要使用CPU 各自运行自己的程序，它们分别通过各自的终端向操作系统提出使用CPU 的请求，操作系统按照每个请求在时间上的先后顺序，将其排成一个队列，每次把 CPU 分配给队头用户使用，若相应的程序运行结束，则令其出队，再把 CPU 分配给新的队头用户，直至所有用户任务处理完毕。

第二个例子就是主机与外部设备之间速度不匹配的问题。以主机和打印机为例来说明，主机输出数据给打印机打印，主机输出数据的速度比打印机打印的速度要快得多，若直接把输出的数据送给打印机打印，由于速度不匹配，显然是不行的。所以解决的方法是设置一个打印数据缓冲区，主机把要打印输出的数据依次写入到这个缓冲区中，写满后就暂停输出，继而去做其他的事情，打印机就从缓冲区中按照先进先出的原则依次取出数据并打印，打印完后再向主机发出请求，主机接到请求后再向缓冲区写入打印数据，这样利用队列既保证了打印数据的正确，又使主机提高了效率。

本章小结

1. 栈是一种运算受到限制的特殊线性表，它仅允许在线性表的同一端做插入和删除运算，运算的时间复杂度为 O(1)。

2. 栈中常用的五种运算为：初始化栈、判栈空、取栈顶元素、进栈、退栈。

3. 中缀表达式求值、后缀表达式求值以及中缀表达式转换成等价的后缀表达式、函数的嵌套、递归调用等符合后进先出的数据都属于栈的应用。

4. 队列也是一种运算受到限制的特殊线性表，它仅允许在线性表的一端进行插入，另一端进行删除，运算的时间复杂度为 O(1)。

5. 队列中常用的五种运算为：初始化队列、判队空、取队头元素、进队、出队。

6. 队列的顺序存储一般采用循环队列形式，可以克服"假溢出"的缺点，但最大的存储容量应为循环队列容量减 1。

7. 队列的链式存储结构与单链表类似，但删除结点只能在表头，插入元素只能在表尾。

习题三

3-1　假设有四个元素 A、B、C、D，按所列次序进栈，试写出所有可能的出栈序列（注意：每个元素进栈后都可以马上出栈）。

3-2　已知一个中缀表达式为 3+4/(25-(6+15))*8，要求写出对应的后缀表达式及在转换过程中栈的变化情形。

3-3　对于题 3-2 给出的后缀表达式，用栈求出表达式的值，并给出栈的变化情形。

3-4　编写将十进制正整数 n 转换成 k（2≤k≤9）进制数的递归算法和非递归算法。

3-5 裴波那契（Fibonacci）数列的定义为：它的第一项和第二项均为 1，以后各项为其前面两项之和。设裴波那契数列的第 n 项为 f(n)，则有

$$f(n) = \begin{cases} 1 & (n=1 \text{ 或 } n=2) \\ f(n-1)+f(n-2) & (n>2) \end{cases}$$

试写出计算 f(n) 的递归算法和非递归算法，并分析它们的时间复杂度及空间复杂度。

3-6 假设以带头结点的循环链表表示队列，并且只设一个指针指向队尾结点，而不设头指针，试写出相应的初始化队列、入队列和出队列的算法。

3-7 假设以数组 sequen[m] 存放循环队列的元素，同时设变量 rear 和 quelen 分别指示循环队列中队尾元素的位置和内含元素的个数，试给出判别此循环队列的队满条件，并写出相应的入队列和出队列算法。

3-8 设有一个具有 m 个单元的循环队列，假定队头指针和队尾指针分别为 f 和 r，试写出求此队列中元素个数的公式。

3-9 定义勒让德多项式如下：

$$P_n(x) = \begin{cases} 1 & (n=0) \\ x & (n=1) \\ ((2n-1)P_{n-1}(x)-(n-1)P_{n-2}(x))/n & (n>1) \end{cases}$$

试写出它的递归算法和非递归算法。

3-10 假设称正读和反读都相同的字符序列为"回文"，例如 abcba 是回文，试写一个算法判别读入的字符序列是否为"回文"。

3-11 写一个判别表达式中圆括号是否配对的算法。

3-12 写一个将十进制正整数转换成十六进制数的算法。

3-13 写出下列程序段的输出结果（假设 elemtype=char）。

```
void print( )
{
    struct seqqueue q;
    elemtype x,y;
    x='e';
    y='c';
    iniqueue(q);
    enqueue(q, 'h');
    enqueue(q, 'r');
    enqueue(q,y);
    x=gethead(q);
    dlqueue(q);
    enqueue(q,x);
    x=gethead(q);
    dlqueue(q);
    enqueue(q, 'a');
    while(!empty(q))
    {
        y=gethead(q);
        dlqueue(q);
```

```
            printf("%d",y);
        }
        printf("%d",x);
    }
```

3-14 简述下面程序段的功能，假设栈和队列中元素类型均为 elemtype=int。

```
void change(struct seqqueue q)
{
struct seqstack s;
elemtype d;
inistack(s);
while(!empty(q))
{
    d=gethead(q);
    dlqueue(q);
    push(s,d);
}
while(!empty(s))
{
    d=gettop(s);
    pop(s);
    enqueue(q,d);
}
}
```

3-15 试用栈将下列递归算法改成非递归算法。

```
void test( int &sum)
{ int x;
    scanf("%d",&x);
    if(x==0) sum=0;
    else
    { test(sum);
      sum=sum+x;
    }
    printf("%d",sum);
}
```

3-16 已知 Ackerman 函数的定义如下：

$$akm(m,n)=\begin{cases} n+1 & m=0 \\ akm(m-1,1) & m\neq0,n=0 \\ akm(m-1,akm(m,n-1)) & m\neq0,n\neq0 \end{cases}$$

（1）写出递归算法。

（2）写出非递归算法。

（3）根据非递归算法，画出求 akm(2,1)时栈的变化过程。

第 4 章 串

本章学习目标

本章主要介绍串的逻辑特征、其在计算机中的存储表示、串的基本运算及在顺序、链式两种不同存储结构上的算法实现。通过本章的学习，读者应掌握如下内容:

- 串的逻辑特征及常用的基本运算
- 串的顺序存储表示及链式存储表示
- 串的顺序存储中插入、删除、子串定位等基本算法的实现
- 串的链式存储中插入、删除、比较、子串定位等基本算法的现实

4.1 串的定义及运算

4.1.1 基本概念

1. 串的定义

串（string）是由零个或多个字符组成的有限序列，记作 s="$a_1a_2\cdots a_n$"，其中 s 为串的名字，用成对的双引号括起来的字符序列为串的值，但两边的双引号不算串值，不包含在串中。a_i（$1 \leqslant i \leqslant n$）可以是字母、数字或其他字符。n 为串中字符的个数，称为串的长度。

串 s="$a_1a_2\cdots a_n$"，也可以表示为 s=($a_1,a_2\cdots a_n$)，即线性表的形式。因此，串也是一种线性表，是一种数据类型受到限制（只能为字符型）的线性表。

2. 空串

不含任何字符的串称为空串，它的长度 n=0，记为 s=""。

3. 空白串

含有一个空格的串称为空白串，它的长度 n=1，记为 s=" "或 s="∅"。

4. 子串、主串

若一个串是另一个串中连续的一段，则这个串称为另一个串的子串，而另一个串相对于该串称为主串。例如，串 s1="abcdefg"，s2="fabcdefghxyz"，则 s1 为 s2 的子串，s2 相对于 s1 为主串。

另外，空串是任意串的子串，任意串是自身的子串。

若一个串的长度为 n，则它的子串数目为 $\dfrac{n(n+1)}{2}+1$，真子串个数为 $\dfrac{n(n+1)}{2}$（除串本身以外的子串都称为真子串）。

4.1.2 串的运算

为描述方便，假定用大写字母表示串名，小写字母表示组成串的字符。

1. 赋值 assign(&S,T)

表示将 T 串的值赋给 S 串。

2. 连接 concat(&S,T)

表示将 S 串和 T 串连接起来，使 T 串接入 S 串的后面。

3. 求串长度 length(T)

求 T 串的长度。

4. 求子串 substr(S,i,j,&T)

表示截取 S 串中从第 i 个字符开始的连续 j 个字符，作为 S 串的一个子串，存入 T 串。

5. 比较串大小 strcmp(S,T)

比较 S 串和 T 串的大小，若 S<T，函数值为负；若 S=T，函数值为零；若 S>T，函数值为正。

6. 串插入 insert(&S,i,T)

在 S 串的第 i 个位置插入 T 串。

7. 串删除 del(&S,i,j)

删除 S 串中从第 i 个字符开始的连续 j 个字符。

8. 求子串位置 index(S,T)

求 T 子串在 S 主串中首次出现的位置，若 T 串不是 S 串的子串，则得到的位置为-1（若在顺序存储中，数组的下标从 1 开始，则 T 串不是 S 串的子串时，得到的位置为 0）。

9. 串替换 replace(&S,i,j,T)

将 S 串中从第 i 个位置开始的连续 j 个字符，用 T 串替换。

4.1.3 串的抽象数据类型描述

串的抽象数据类型可描述为：

```
ADT strings IS
Data:
含有 n 个字符 a₁,a₂,a₃,…,aₙ
Operation:
void    assign(&S,T)       //表示将 T 串的值赋给 S 串
void    concat(&S,T)       //表示将 S 串和 T 串连接起来，使 T 串接入 S 串的后面
int     length(T)          //求 T 串的长度
void    substr(S,i,j,&T)   //表示截取 S 串中从第 i 个字符开始的连续 j 个字符，作为 S 串的
                           //一个子串，存入 T 串中
int     strcmp(S,T)        //比较 S 串和 T 串的大小，若 S<T，函数值为负，若 S=T，函数值
                           //为零，若 S>T，函数值为正
void    insert(&S,i,T)     //在 S 串的第 i 个位置插入 T 串
void    del(&S,i,j)        //删除 S 串中从第 i 个字符开始的连续 j 个字符
int     index(S,T)         //求 T 子串在 S 主串中首次出现的位置，若 T 串不是 S 串的子串，
                           //则位置为零
void    replace(&S,i,j,T)  //将 S 串中从第 i 个位置开始的连续 j 个字符，用 T 串替换
End     strings
```

4.2 串的存储结构

4.2.1 顺序存储

串的顺序存储结构，也称为顺序串，与第 2 章介绍的顺序表（线性表的顺序存储）类似。但由于串中的元素全部为字符，故顺序串的存放形式与顺序表有所区别。

1. 串的非紧缩存储

一个字的存储单元中只存储一个字符，和顺序表中一个元素占用一个存储单元类似。具体形式见图 4-1，设串 S="How do you do"。

2. 串的紧缩存储

根据各机器字的长度，尽可能将多个字符存放在一个字的存储单元中。假设一个字的存储单元可存储 4 个字符，则紧缩存储具体形式见图 4-2。

H			
o			
w			
d			
o			
y			
o			
u			
d			
o			

图 4-1　S 串的非紧缩存储

H	o	w	
d	o		y
o	u		d
o			

图 4-2　S 串的紧缩存储

从上面介绍的两种存储方式可知，紧缩存储能够节省大量存储单元，但对串的单个字符操作很不方便，需要花费较多的处理时间。而非紧缩存储的特点刚好相反，操作方便，但将占用较多的内存单元。

3. 串的字节存储

前两种存储方法都是以字编址形式进行的，而字节编址形式是一个字符占用一个字节，具体形式见图 4-3。

H	o	w		d	o		y	o	u		d	o	

图 4-3　S 串的字节编址存储（一个字符占一个字节）

4. 顺序串的数据类型描述

```
#define maxsize maxlen;          //maxlen 表示串的最大容量
struct seqstring
{
```

```
char ch[maxsize];                    //存放串的值的一维数组
int curlen;                          //当前串的长度
};
```

4.2.2 链式存储

串的链式存储结构，也称为链串，与第 2 章介绍的链表（线性表的链式存储）类似，但链串的特点是链表中的结点数据域只能是字符型。

1. 结点大小为 1 的链式存储

和前面介绍的单链表一样，每个结点为一个字符，链表也可以带头结点。例如，S="abcdef"的存储结构具体形式见图 4-4。

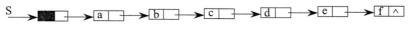

图 4-4 S 串的链式存储示意图

2. 结点大小为 K 的链式存储

和紧缩存储类似，假设一个字的存储单元中可以存储 K 个字符，则一个结点有 K 个数据域和一个指针域，若一个结点中数据域少于 K 个，用 ∅ 代替。例如，串 S="abcdef"的存储结构具体形式如图 4-5 所示，假设 K=4，并且链表带头结点。

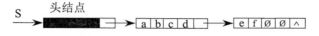

图 4-5 结点大小为 4 的 S 串的链式存储

3. 链串的数据类型描述

（1）结点大小为 1 的链串

与第 2 章单链表的定义类似，只需将 data 域的类型由元素类型 elemtype 改为字符类型 char 即可。

```
struct link
{
  char data;
  struct link *next;
};
```

（2）结点大小为 k（k=4）的链串

具体描述形式见图 4-5。数据类型描述为：

```
struct link 4
{
  char data [5];                    //仅使用 data[1]到 data[4]存储空间
  struct link4 * next;
};
```

4.2.3 索引存储

索引存储方法是用串变量的名字作为关键字组织名字表（索引表），该表中存储的是串名和串值之间的对应关系。名字表中包含的项目根据不同的需要来设置，只要为存取串值提供足够的信息即可。如果串值是以链接方式存储的，则名字表中只要存入串名及其串值的链表的头指针即可。若串值是以顺序方式存放的，则表中除了存入指示串值存放的起始地址首指针外，还必须有信息指出串值存放的末地址。末地址的表示方法有几种：给出串长、在串值末尾设置结束符、设置尾指针直接指向串值末地址等。具体介绍下面两种：

1. 带长度的名字表

在表中给出串名、串存放的起始位置及串长度，具体形式见图 4-6。

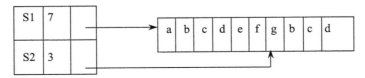

图 4-6　带长度的名字表

由图 4-6 可知，S1 的长度为 7，起始位置从 a 开始，故 S1="abcdefg"，而 S2 的长度为 3，起始位置从 g 开始，故 S2="gbc"。

2. 带末指针的名字表

在表中给出串的名字、头指针及末指针，具体形式见图 4-7。

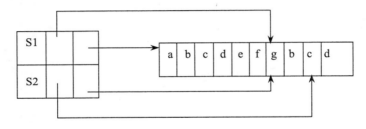

图 4-7　带末指针的名字表

由图 4-7 可知，两个串的名字分别为 S1 和 S2，而 S1 的头指针指向 a，末指针指向 g，故有 S1="abcdefg"，而 S2 的头指针指向 g，末指针指向 c，故有 S2="gbc"。

4.3　串运算的实现

4.3.1　串插入

1. 顺序串的插入 insert(&S,i,T)

要将 T 串插入到 S 串中第 i 个位置，则 S 串中第 i 个位置开始，一直到最后的字符，每个都要向后移动若干位，移动的位数为 T 串长度。具体实现过程参见图 4-8。算法描述如下：

```
void insert (struct seqstring &S, int i, struct seqstring T)
{
    if (S.curlen + T.curlen>=maxsize)
        printf("overflow\n");
    else
    {   for (int j=S.curlen-1; j>=i; j--)
        S.ch[j+T.curlen]=s.ch[j];                    //元素后移 T.curlen 位
```

```
        for (j=0; j<T.curlen; j++)
            S.ch [j+i]=T.ch[j];                      //插入元素 T 到 S 中
            S.curlen=S.curlen +T.curlen;             //表长度增加
        }
    }
```

设 n 为 S 串长度，m 为 T 串长度，则该算法的时间复杂度为 O(n+m)。

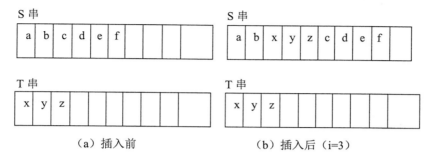

（a）插入前   （b）插入后（i=3）

图 4-8　顺序串的插入

2. 链串的插入 insert(&S,i,T)

仅考虑结点大小为 1 的链串，要在第 i 个位置插入，先用一个指针指向 S 串的第 i-1 个位置，然后在 T 串中用另一个指针指向最后，具体实现过程参见图 4-9，算法描述如下：

```
    void insert (struct link *S, int i, struct link *T)
    {
        struct link *P, *Q;
        int j=0;
        P=S;
        while (P!=NULL)&&(j<i-1)               //查找 S 串中第 i-1 个结点位置
        {   j++; P=P->next;   }
            Q=T;
            while (Q->next !=NULL)
              Q=Q->next;                       //查找 T 串最后一个元素
            if (P!=NULL)                        //插入
            {   Q->next=P->next;
                P->next=T->next;                //去掉 T 串的头结点
            }
            else
                printf("error!\n");             //找不到插入位置
    }
```

该算法花费的时间主要在查找上，时间复杂度为 O(n+m)。

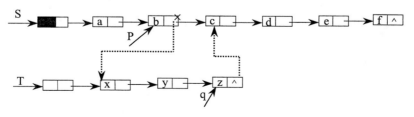

图 4-9　链串上的插入（i=3）

4.3.2 串删除

1. 顺序串的删除 del(&S,i,j)

删除 S 串中从第 i 个位置开始的连续 j 个字符，可以分成三种情形讨论：①若 i 值不在串长度范围内，不能删除；②从 i 位置开始到最后的字符数目不足 j 个，删除时，不需移动元素，只需修改串长度即可；③i 和 j 都可以满足需求。删除过程参见图 4-10，假设 i=4，j=5，算法描述如下：

```
void del (struct seqstring &s, int i, int j)
{
    if (( i<0)||( i>=s.curlen))
        printf("error\n");                          //i 值不在串值范围内，不能删除
    else if (s.curlen-i+1<j)
        s.curlen=i-1;
        //从 i 位置开始到最后的字符数目不足 j 个，删除时不需移动元素，只修改串长度即可
    else
    {
        for (int k=i+j; k<=s.curlen;k++)
        s.ch [k-j]=s.ch [k];                        //元素前移 j 位
        s.curlen=s.curlen-j;                        //表长度减 j
    }
}
```

该算法的时间复杂度为 O(n)。

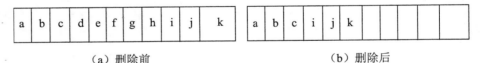

（a）删除前   （b）删除后

图 4-10 顺序串的删除（i=4，j=5）

2. 链串的删除 del(&S,i,j)

和顺序串的删除一样，也可以分三种情形来讨论。删除过程参见图 4-11，假设 i=2，j=3，算法描述如下：

```
void del (struct link *S, int i, int j)
{
    struct link *P, *Q;
    int k=0;
    P=S;
    while (P!=NULL) &&(k<i-1)                        //查找第 i-1 位置
    { k++; P=P->next;}
    Q=P;
    while (Q!=NULL)&&( k<i+j)                         //查找第 i+j 位置
    { k++; Q=Q->next;}
    if (P!=NULL)                                      //保证 i 合法
    {
        if (Q!=NULL)   P->next=Q;
```

```
        else P->next =NULL;
    }
    else printf("error\n");
}
```

该算法的时间复杂度为 O(n)。

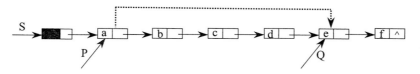

图 4-11　链串的删除（i=2，j=3 时的情形）

4.3.3　子串定位

1.　顺序串上的子串定位运算 index(S,T)

子串的定位运算通常称为串的模式匹配，是串处理中最重要的运算之一。设串 S="$a_1a_2\cdots a_n$"，串 T="$b_1b_2\cdots b_m$"（m≤n），子串定位是要在主串 S 中找出一个与子串 T 相同的子串。通常把主串 S 称为目标，把子串 T 称为模式，把从目标 S 中查找模式为 T 的子串的过程称为"模式匹配"。匹配有两种结果出现：若 S 中有模式为 T 的子串，就返回该子串在 S 中的位置，若 S 中有多个模式为 T 的子串，通常只要找出第一个子串即可，这种情况称为匹配成功；若 S 中无模式为 T 的子串，返回值为-1（若数组下标从 1 开始，返回值为 0），称为"匹配失败"。模式匹配过程如图 4-12 所示，假设 S="abababac"，T="abac"。

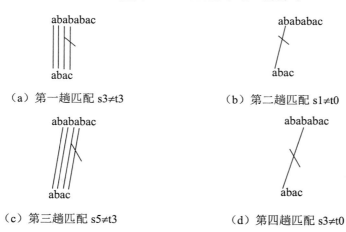

（a）第一趟匹配 s3≠t3　　　　　　（b）第二趟匹配 s1≠t0

（c）第三趟匹配 s5≠t3　　　　　　（d）第四趟匹配 s3≠t0

（e）第五趟匹配成功

图 4-12　模式匹配过程

第一次比较时，s0=t0，继续往下，s1=t1，继续往下，s2=t2，继续往下，s3≠t3，第一趟模式匹配失败。

第二次比较时，s1≠t0，第二趟模式匹配失败。

第三次比较时，s2=t0，继续往下，s3=t1，继续往下，s4=t2，继续往下，s5≠t3，第三趟模式匹配失败。

第四次比较时，s3≠t0，第四趟模式匹配失败。

第五次比较时，s4=t0，继续往下，s5=t1，继续往下，s6=t2，继续往下，s7=t3，继续往下，s8=t4，而此时 T 串中已无字符可比较，即 T 串已经结束，故第五趟模式匹配是成功的。

匹配成功后，表示 T 串是 S 串的子串，此时应返回 T 串在 S 串中的位置。返回的值为趟数即可，或为最后一趟模式匹配中最后一次比较的 S 位置与 T 串的长度之差（本例中，最后一次比较为 s8=t4，而 T 串的长度为 4，故返回的位置应为 8-4=4）。

匹配若不成功，称模式匹配失败，这时候的函数返回值应为-1，表示 S 串中不存在 T 串，或称 T 串不是 S 串的子串。

模式匹配算法如下：

```
int index(struct seqstring S, struct seqstring T)
{
    int i=0, j=0;
    while (( i<S.curlen)&&(j<T.curlen))
    if (S.ch[i]==T.ch [j])
    {
        i++; j++;
    }
    else
    {
        i=i-j+1;                    //将 i 指针回溯
        j=0;
    }
    if ( j>=T.curlen)
        return (i-T.curlen);
    else
        return (-1);                //匹配失败
}
```

该算法中，可以这样理解 i 指针回溯语句 i=i-j+1：在本趟匹配中，有 $s_i \neq t_j$，但前面的字符都匹配，即有 $s_{i-1}=t_{j-1}, s_{i-2}=t_{j-2}, \cdots, s_{i-j+1}=t_1$，因此，下一趟匹配时，i 应从 i-j+1 这一位置开始，即有 i=i-j+1，就是算法中的 i=i-j+1。该算法的最好时间复杂度为 O(n+m)，最坏时间复杂度为 O(n×m)。

2. 链串上的子串定位运算 index(S,T)

链串上的子串定位运算和顺序串上的子串定位运算类似，但返回的值不是位置，而是位置指针。若匹配成功，则返回 T 串在 S 串中的地址（指针），若匹配不成功，则返回空指针。算法描述如下：

```
struct link *index (struct link *S, struct link *T)        //假设两个链串都带头结点
{   struct link *P, *Q, *R;
    P=S->next;
```

```
        Q=T->next;
        R=P;
        while (P!=NULL)&&(Q!=NULL)
        if   (P->data==Q->data)
        {   P=P->next; Q=Q->next;}
        else
        {   R=R->next;                    //指针回溯
            P=R;      Q=T->next;
        }
        if (Q==NULL)                      //匹配成功
            rerurn R;
        else return NULL;                 //匹配失败
    }
```

该算法的时间复杂度与顺序串上的定位运算相同。

4.4 串操作应用举例

4.4.1 文本编辑

文本编辑程序是一个面向用户的系统服务程序，广泛用于源程序的输入和修改，甚至用于报刊和书籍的编辑排版，以及办公室的公文书信起草和润色。文本编辑的实质是修改字符数据的形式或格式。虽然各种文本编辑程序的功能强弱不同，但是其基本操作是一致的，一般都包括串的查找、插入和删除等。

为了编辑的方便，用户可以利用换页符和换行符把文件划分为若干页，每页有若干行。我们可以把文本看成是一个字符串，称为文本串，页则是文本串的子串，行又是页的子串。

例如，有下面一段源程序：

```
    main ( )
    {
      int i, j, k;
      scanf("%d%d",&i,&j);
      k= i>j?i:j;
      printf("%d\n",k);
    }
```

我们可以将此段源程序看成是一个文本串，输入到内存后如图 4-13 所示。图中"↙"表示回车换行符。

101	m	a	i	n	(		)	↙	{	↙	i	n	t		i
116	,	j	,	k	;	↙	s	c	a	n	f	(	"	%	d
131	%	d	"	,	&	i	,	&	j	)	;	↙	k	=	i
146	>	j	?	i	:	j	;	↙	p	r	i	n	t	f	(
161	"	%	d	\	n	"	,	k	)	;	↙	}	↙		

图 4-13　文本串格式示意图

为了管理文本串的页和行，在进入文本编辑的时候，编辑程序先为文本串建立相应的页表和行表，即建立各子串的存储映像。页表的每一项给出了页号和该页的起始行号，而行表的每一项则指示每一行的行号、起始地址和该行子串的长度。假设图 4-13 所示的文本串只占一页，且起始行号为 1，则该文本串的行表如图 4-14 所示。

行 号	起始地址	长度
1	101	8
2	109	2
3	111	11
4	122	21
5	143	11
6	154	18
7	172	2

图 4-14　文本串的行表

文本编辑程序中设立页指针、行指针和字符指针，分别指示当前操作的页、行和字符。如果在某行内插入或删除若干字符，则要修改行表中该行的长度。若该行的长度超出了分配给它的存储空间，则要为该行重新分配空间，同时还要修改该行的起始位置。如果要插入或删除一行，就要涉及行表的插入或删除。若被删除的行是所在页的起始行，则还要修改页表中相应页的起始行号（修改为下一行号）。为了查找方便，行表是按行号递增顺序存储的，因此，对行表进行的插入或删除运算需移动操作位置以后的全部表项。页表的操作与行表类似，在此不再赘述。

4.4.2　建立词索引表

信息检索是计算机应用的重要领域之一，由于信息检索的主要操作是在大量的存放在磁盘上的信息中查询一个特定的信息，为了提高查询效率，我们就必须建立一张索引表。索引表也可以看成是文本串的形式，也是串的操作应用之一。具体建立方法不再赘述。

本章小结

1. 串是一种数据类型受到限制的特殊线性表，规定表中每一个元素类型只能为字符型。
2. 串虽然是线性表，但又有它特殊的地方，不是作为单个字符进行讨论，而是作为一个整体（字符串）进行讨论。
3. 串的顺序存储有紧缩格式存储和非紧缩格式存储，非紧缩格式存储不能节省内存单元，但操作起来比较方便，而紧缩格式存储可以节省内存单元，但操作起来不方便。
4. 串的链式存储有结点大小为 1 的链式存储和结点大小为 K 的链式存储，前者对应串的顺序存储结构中的非紧缩存储，后者对应串的顺序存储结构中的紧缩存储。
5. 串的插入、删除、子串定位等运算较线性表上的相应运算要复杂。

习题四

4-1 简述下列术语对的区别：

空串和空白串；主串和子串；串名和串值；串变量和串常量

4-2 用串的其他运算构造串的子串定位运算 index(S,T)。

4-3 已知：S="(xyz)*"，T="(x+z)*y"，试利用连接、求子串和替换等基本操作，将 S 转换为 T。

4-4 写出算法：在顺序串上实现串的比较运算 strcmp(S,T)，返回值时，要求返回两串的 ASCII 之差。例如，"abacd"<"abc"，返回值应为-2。

4-5 设串 S="abcd"，写出它的所有子串。

4-6 写一个算法，将两个串 S 和 T 连接起来，要求不用 concat(&S,T)。

4-7 将顺序串 S 中所有值为 x 的字符都替换成 y。

4-8 将链串 T 中所有值为 x 的字符都删除。

4-9 将顺序串 S 和顺序串 T 进行交换。

4-10 编写算法，实现顺序串的赋值 assign(S,T)。

4-11 编写算法，实现顺序串的判等 equal(S,T)。

4-12 编写算法，实现链串的判等 equal(S,T)。

4-13 编写算法，统计顺序串 S 中每一种字符出现的次数。

4-14 编写算法，统计链串 S 中每一种字符出现的次数。

4-15 实现 replace(S,T,R)的功能，即将串 S 中所有子串 T 用串 R 进行替换，要求用顺序串和链串两种方法实现。

4-16 实现 replace(S,I,J,R)的功能，即将串 S 中从第 I 个字符开始的连续 J 个字符用串 R 来替换。

4-17 将一个链串 H 分解为三个链串 S、T、R，使链串 S 中只含有字母字符，链串 T 中只含有数字字符，链串 R 中含有除数字字符和字母字符以外的其他字符。要求不另外开辟新的存储单元。

4-18 实现顺序串 S 和链串 T 的就地逆置。所谓就地逆置，就是利用现有的存储单元，不另外开辟新的存储空间。

4-19 写出串 S="Hello world"的所有子串。

4-20 将一个链串转换成一个顺序串的形式。

4-21 将两个顺序串 S、T 中的相同字符复制到 R 串中。

4-22 将两个链串 S、T 中的相同字符复制到 R 串中。

4-23 有两个串 S=($a_1,a_2,a_3,\cdots,a_{n-1},a_n$)，T=($b_1,b_2,b_3,\cdots,b_m$)，要求将串 S 和串 T 合并成串 R：当 n>m 时，使 R=($a_1,b_1,a_2,b_2,\cdots,a_m,b_m,a_{m+1},\cdots,a_n$)；当 n≤m 时，R=($b_1,a_1,b_2,a_2,\cdots,b_n,a_n,b_{n+1},\cdots,b_m$)。要求用顺序串实现算法。

4-24 有两个串 S=($a_1,a_2,a_3,\cdots,a_{n-1},a_n$)，T=($b_1,b_2,b_3,\cdots,b_m$)，要求将串 S 和串 T 合并成串 R：当 n>m 时，使 R=($a_1,b_1,a_2,b_2,\cdots,a_m,b_m,a_{m+1},\cdots,a_n$)；当 n≤m 时，R=($b_1,a_1,b_2,a_2,\cdots,b_n,a_n,b_{n+1},\cdots,b_m$)。要求用链串实现算法。

第 5 章　多维数组和广义表

本章学习目标

本章主要介绍多维数组的概念及其在计算机中的存储表示、一些特殊矩阵的压缩存储表示及相应运算的实现、广义表的概念和存储结构及其相关运算的实现。通过本章的学习，读者应掌握如下内容：

- 多维数组的定义及其在计算机中的存储表示
- 对称矩阵、三角矩阵、对角矩阵等特殊矩阵在计算机中的压缩存储表示及地址计算公式
- 稀疏矩阵的三元组表表示及两种转置算法的实现
- 稀疏矩阵的十字链表表示及相加算法的实现
- 广义表存储结构表示及基本运算

5.1　多维数组

5.1.1　多维数组的概念

数组是大家都已经很熟悉的一种数据类型，几乎所有高级语言程序设计中都设定了数组类型。在此，我们仅简单地讨论数组的逻辑结构及其在计算机内的存储方式。

1. 一维数组

一维数组可以看成是一个线性表或一个向量（第 2 章中已经介绍），它在计算机内是存放在一块连续的存储单元中，适合于随机查找。这在 2.2 节"线性表的顺序存储结构"中已经介绍。

2. 二维数组

二维数组可以看成是向量的推广。例如，设 A 是一个有 m 行 n 列的二维数组，则 A 可以表示为：

$$A = \begin{bmatrix} a_{00} & a_{01} & \cdots\cdots & a_{0n-1} \\ a_{10} & a_{11} & \cdots\cdots & a_{1n-1} \\ \cdots & \cdots & \cdots\cdots & \cdots \\ a_{m-10} & a_{m-11} & \cdots\cdots & a_{m-1n-1} \end{bmatrix}$$

在此，可以将二维数组 A 看成是由 m 个行向量$[X_0, X_1, \cdots, X_{m-1}]^T$组成的，其中，$X_i = (a_{i0}, a_{i1}, \cdots, a_{in-1})$，$0 \leqslant i \leqslant m-1$；也可以将二维数组 A 看成是由 n 个列向量$[Y_0, Y_1, \cdots, Y_{n-1}]$组成，其中$Y_i = (a_{0i}, a_{1i}, \cdots, a_{m-1i})$，$0 \leqslant i \leqslant n-1$。由此可知二维数组中的每一个元素最多可有两个直接前驱和两个直接后继（边界除外），故二维数组是一种典型的非线性结构。

3．多维数组

同理，三维数组最多可有三个直接前驱和三个直接后继，三维以上的数组可以作类似分析。因此，可以把三维以上的数组称为多维数组，多维数组可有多个直接前驱和多个直接后继，故多维数组是一种非线性结构。

5.1.2　多维数组在计算机内的存储

怎样将多维数组中的元素存入到计算机内存中呢？由于计算机内存结构是一维的（线性的），因此，用一维内存存放多维数组就必须按某种次序将数组元素排成一个线性序列，然后将这个线性序列顺序存放在存储器中，具体实现方法在 5.2 节中介绍。

5.2　多维数组的存储结构

由于数组是先定义后使用，且为静态分配存储单元，也就是说，一旦建立了数组，则结构中的数组元素个数和元素之间的关系就不再发生变动，即它们的逻辑结构就固定下来了，不再发生变化。因此，采用顺序存储结构表示数组是顺理成章的事。本章中，仅重点讨论二维数组的存储，三维及三维以上的数组（多维），可以作类似分析。

多维数组的顺序存储有下面两种形式：行优先顺序存储和列优先顺序存储。

5.2.1　行优先顺序

1．存放规则

行优先顺序存储也称为低下标优先存储，或左边下标优先于右边下标存储。具体实现时，按行号从小到大的顺序，先将第一行中的元素按列号从小到大全部存放好，再存放第二行元素、第三行元素，依此类推。

在 BASIC 语言、Pascal 语言、C/C++语言等高级语言程序设计中，都是按行优先顺序存放的。例如，对刚才的 $A_{m \times n}$ 二维数组，可用如下形式存放到内存中：$a_{00}, a_{01}, \cdots, a_{0n-1}, a_{10}, a_{11}, \cdots, a_{1n-1}, \cdots, a_{m-10}, a_{m-11}, \cdots, a_{m-1n-1}$，即二维数组按行优先存放到内存后，变成了一个线性序列（线性表）。

因此，可以得出多维数组按行优先顺序存放到内存的规律：最左边下标变化最慢，最右边下标变化最快，右边下标变化一遍，与之相邻的左边下标才变化一次。因此，在算法中，若用循环语句的嵌套来实现按行优先顺序存放，最左边下标可以看成是最外层循环，最右边下标可以看成是最内层循环。

2．地址计算

由于多维数组在内存中排列成一个线性序列，因此，若知道第一个元素的内存地址，如何求得其他元素的内存地址呢？我们可以将它们的地址排列看成是一个等差数列，假设每个元素占 d 个字节，元素 a_{ij} 的存储地址应为第一个元素的地址加上排在 a_{ij} 前面的元素所占用的单元地址数，而 a_{ij} 的前面有 i 行(0～i-1)共 i×n 个元素，而本行前面又有 j 个元素，故 a_{ij} 的前面一共有 i×n+j 个元素，设 a_{00} 的内存地址为 $LOC(a_{00})$，则 a_{ij} 的内存地址按等差数列计算为 $LOC(a_{ij})=LOC(a_{00})+(i \times n+j) \times d$。同理，三维数组 $A_{m \times n \times p}$ 按行优先顺序存放的地址计算公式为：$LOC(a_{ijk})=LOC(a_{000})+(i \times n \times p+j \times p+k) \times d$。

5.2.2 列优先顺序

1. 存放规则

列优先顺序存储也称为高下标优先存储，或右边下标优先于左边下标存储。具体实现时，按列号从小到大的顺序，先将第一列中的元素按行号从小到大的顺序全部存放好，再存放第二列元素、第三列元素，依此类推。

在 FORTRAN 语言程序设计中，数组是按列优先顺序存放的。例如，对前面提到的 $A_{m \times n}$ 二维数组，可以按如下的形式存放到内存中：$a_{00}, a_{10}, \cdots, a_{m-10}, a_{01}, a_{11}, \cdots, a_{m-11}, \cdots, a_{0m-1}, a_{1m-1}, \cdots, a_{m-1n-1}$。因此，二维数组按列优先顺序存放到内存后，也变成了一个线性序列（线性表）。

因此，可以得出多维数组按列优先顺序存放到内存的规律：最右边下标变化最慢，最左边下标变化最快，左边下标变化一遍，与之相邻的右边下标才变化一次。因此，在算法中，若用循环语句的嵌套来实现按列优先顺序存放，最右边下标可以看成是最外层循环，最左边下标可以看成是最内层循环。

2. 地址计算

同样与行优先顺序存放类似，若知道第一个元素的内存地址，则同样可以求得按列优先顺序存放的某一元素 a_{ij} 的地址。

对二维数组 $A_{m \times n}$ 有：$LOC(a_{ij}) = LOC(a_{00}) + (j \times m + i) \times d$

对三维数组 $A_{m \times n \times p}$ 有：$LOC(a_{ijk}) = LOC(a_{000}) + (k \times m \times n + j \times m + i) \times d$

5.3 特殊矩阵及其压缩存储

矩阵是一个二维数组，它是很多科学与工程计算问题中研究的数学对象。矩阵可以用行优先顺序或列优先顺序的方法顺序存放到内存中，但是，当矩阵的阶数很大时，将会占用较多的存储单元。而当里面的元素分布呈现某种规律时，这时，从节约存储单元出发，可考虑若干元素共用一个存储单元，即进行压缩存储。所谓压缩存储是指：为多个值相同的元素只分配一个存储空间，值为零的元素不分配空间。或者理解为：将二维数组（矩阵）压缩到一个占用存储单元数目较少的一维数组中。在进行压缩存储时，虽然节约了存储单元，但怎样在压缩存储后直接找到某元素呢？因此还必须给出压缩前下标（二维数组的行、列）和压缩后（一维数组的下标）下标之间的变换公式，才能使压缩存储变得有意义。下面将分几种情况的特殊矩阵来讨论。

5.3.1 特殊矩阵

1. 对称矩阵

若一个 n 阶方阵 A 中元素满足下列条件：

$a_{ij} = a_{ji}$，其中 $0 \leq i, j \leq n-1$，则称 A 为对称矩阵。

例如，图 5-1 所示是一个 3×3 的对称矩阵。

$$A = \begin{bmatrix} 1 & 2 & 3 \\ 2 & 5 & 4 \\ 3 & 4 & 6 \end{bmatrix}$$

图 5-1 一个对称矩阵

2. 三角矩阵

（1）上三角矩阵

矩阵上三角部分元素是随机的，而下三角部分元素全部相同（为某常数 C 或全为 0），具体形式见图 5-2（a）。

（2）下三角矩阵

矩阵的下三角部分元素是随机的，而上三角部分元素全部相同（为某常数 C 或全为 0），具体形式见图 5-2（b）。

$$\begin{bmatrix} a_{00} & a_{01} & ... & a_{0n-1} \\ c & a_{11} & ... & a_{1n-1} \\ ... & ... & ... & ... \\ c & c & c & a_{n-1n-1} \end{bmatrix} \qquad \begin{bmatrix} a_{00} & c & ... & c \\ a_{10} & a_{11} & ... & c \\ ... & ... & ... & ... \\ a_{n-10} & a_{n-11} & ... & a_{n-1n-1} \end{bmatrix}$$

（a）上三角矩阵　　　　　　（b）下三角矩阵

图 5-2　三角矩阵

3. 对角矩阵

若矩阵中所有非零元素都集中在以主对角线为中心的带状区域中，区域外的值全为 0，则称其为对角矩阵。

常见的对角矩阵有：三对角矩阵、五对角矩阵、七对角矩阵等。

例如，图 5-3 所示为 7×7 的三对角矩阵（即有三条对角线上元素非 0）。

$$\begin{bmatrix} a_{00} & a_{01} & 0 & 0 & 0 & 0 & 0 \\ a_{10} & a_{11} & a_{12} & 0 & 0 & 0 & 0 \\ 0 & a_{21} & a_{22} & a_{23} & 0 & 0 & 0 \\ 0 & 0 & a_{32} & a_{33} & a_{34} & 0 & 0 \\ 0 & 0 & 0 & a_{43} & a_{44} & a_{45} & 0 \\ 0 & 0 & 0 & 0 & a_{54} & a_{55} & a_{56} \\ 0 & 0 & 0 & 0 & 0 & a_{65} & a_{66} \end{bmatrix}$$

图 5-3　一个 7×7 的三对角矩阵

5.3.2　压缩存储

在 5.3.1 节中介绍的几种特殊矩阵（对称矩阵、上三角矩阵、下三角矩阵、三对角矩阵、多对角矩阵等）中，元素的分布有规律，从节省存储单元的角度来考虑，可以进行压缩存储，现讨论如下：

1. 对称矩阵

若矩阵 $A_{n×n}$ 是对称的，对称的两个元素可以共用一个存储单元，这样，原来 n 阶方阵需 n^2 个存储单元，若采用压缩存储，仅需 $n(n+1)/2$ 个存储单元，将近节约一半存储单元，这就是实现压缩的好处。但是，将 n 阶对称方阵压缩存放到一个向量空间 s[0] 到 $s\left[\dfrac{n(n+1)}{2}-1\right]$ 中，我们怎样找到 s[k] 与 a[i][j] 的一一对应关系，以使我们在 s[k] 中能直接找到 a[i][j]？

我们仅以行优先顺序存储为例且分两种方式讨论：

（1）只存放下三角部分

由于对称矩阵关于主对角线对称，故我们只需存放主对角线及主对角线以下的元素。这时，a[0][0]存入 s[0]，a[1][0] 存入 s[1]，a[1][1]存入 s[2]，…,a[n-1][n-1]存入 $s\left[\dfrac{n(n+1)}{2}-1\right]$ 中，具体过程参见图 5-4。

$$\begin{bmatrix} a_{00} & & & & \\ a_{10} & a_{11} & & & \\ a_{20} & a_{21} & a_{22} & & \\ \cdots & \cdots & \cdots & \cdots & \cdots \\ a_{n-10} & a_{n-11} & a_{n-12} & \cdots & a_{n-1n-1} \end{bmatrix}$$

（a）一个下三角矩阵

0	1	2	3	4	5	6	7	……	$\dfrac{n(n+1)}{2}$-3	$\dfrac{n(n+1)}{2}$-2	$\dfrac{n(n+1)}{2}$-1
a_{00}	a_{10}	a_{11}	a_{20}	a_{21}	a_{22}	a_{30}	a_{31}	……	a_{n-1n-3}	a_{n-1n-2}	a_{n-1n-1}

（b）下三角矩阵的压缩存储形式

图 5-4　对称矩阵及用下三角压缩存储

这时 s[k]与 a[i][j]的对应关系为：

$$k=\begin{cases} i(i+1)/2+j & i\geqslant j \\ j(j+1)/2+i & i<j \end{cases}$$

上面的对应关系读者很容易推出：

当 $i\geqslant j$ 时，a_{ij} 在下三角部分中，a_{ij} 前面有 i 行，共有 1+2+3+…+i 个元素，而 a_{ij} 是第 i 行的第 j 个元素，即有 k=1+2+3+…+i+j=i(i+1)/2+j。

当 i<j 时，a_{ij} 在上三角部分中，但与 a_{ji} 对称，故只需在下三角部分中找 a_{ij}，将 i 与 j 交换即可，即 k=j(j+1)/2+i。

（2）只存放上三角部分

对于对称矩阵，除了用下三角形式存放外，还可以用上三角形式存放，这时 a[0][0]存入 s[0]，a[0][1]存入 s[1]，a[0][2]存入 s[2]……，a[0][n-1]存入 s[n-1]，a[1][1]存入 s[n]……，a[n-1][n-1]存入 $s\left[\dfrac{n(n+1)}{2}-1\right]$ 中，具体参见图 5-5。

$$\begin{bmatrix} a_{00} & a_{01} & a_{02} & \cdots & a_{0n-1} \\ & a_{11} & a_{12} & \cdots & a_{1n-1} \\ & & a_{22} & \cdots & a_{2n-1} \\ \cdots & \cdots & \cdots & \cdots & \cdots \\ & & & & a_{n-1n-1} \end{bmatrix}$$

（a）一个上三角矩阵

图 5-5　对称矩阵及用上三角压缩存储

0	1	2	3	4	5	6	7	……	$\frac{n(n+1)}{2}$-3	$\frac{n(n+1)}{2}$-2	$\frac{n(n+1)}{2}$-1
a_{00}	a_{01}	a_{02}	a_{03}	a_{04}	a_{05}	a_{06}	a_{07}	……	a_{n-2n-2}	a_{n-2n-1}	a_{n-1n-1}

（b）上三角矩阵的压缩存储形式

图 5-5　对称矩阵及用上三角压缩存储（续图）

这时 s[k]与 a[i][j]的对应关系可以按下面的方法推出：

当 i≤j 时，a_{ij} 在上三角部分中，前面的行号为 0～i-1，共有 i 行，第 0 行有 n 个元素，第 1 行有 n-1 个元素……，第 i-1 行有 n-(i-1)个元素，因此，前面 i 行共有 n+n-1+…+n-(i-1)=i*n-$\frac{i(i-1)}{2}$ 个元素，而 a_{ij} 是本行第 j-i 个元素，故 k=i*n-$\frac{j(j-1)}{2}$+j-i。

当 i>j 时，由于对称关系，交换 i 与 j 即可。

即有 k=j*n-$\frac{j(j-1)}{2}$+i-j。

故 s[k]与 a[i][j]的对应关系为：

$$k=\begin{cases} i*n-\dfrac{i(i-1)}{2}+j-i & i\leq j \\[2ex] j*n-\dfrac{j(j-1)}{2}+i-j & i>j \end{cases}$$

2．三角矩阵

（1）下三角矩阵

下三角矩阵的压缩存放与对称矩阵用下三角形式存放类似，但必须多一个存储单元存放上三角部分元素，使用的存储单元数目为 n(n+1)/2+1。故可以将 n×n 的下三角矩阵压缩存放到只有 n(n+1)/2+1 个存储单元的向量中。假设仍按行优先存放，这时 s[k]与 a[i][j]的对应关系为：

$$k=\begin{cases} i(i+1)/2+j & i\geq j \\[2ex] n(n+1)/2 & i<j \end{cases}$$

（2）上三角矩阵

和下三角矩阵的存储类似，共需 n(n＋1)/2+1 个存储单元，假设仍按行优先顺序存放，这时 s[k]与 a[i][j]的对应关系为：

$$k=\begin{cases} i*n- i(i-1)/2+j-i & i\leq j \\[2ex] n(n+1)/2 & i>j \end{cases}$$

3．对角矩阵

我们仅讨论三对角矩阵的压缩存储。对于五对角矩阵、七对角矩阵等，读者可以作类似分析。

在一个 n×n 的三对角矩阵中，只有 n+n-1+n-1 个非零元，故只需 3n-2 个存储单元即可，零元已不占用存储单元。

故可将 n×n 三对角矩阵 $A_{n×n}$ 压缩存放到只有 3n-2 个存储单元的 s[3n-2]向量中，假设仍按行优先顺序存放，则 s[k]与 a[i][j]的对应关系为：

$$k=\begin{cases} 3i-1 & i=j+1 \\ 3i & i=j \text{ 或 } k=2i+j \\ 3i+1 & i=j-1 \end{cases}$$

5.4　稀疏矩阵

在 5.3 节提到的特殊矩阵中，元素的分布呈现某种规律，故一定能找到一种合适的方法，将它们进行压缩存放。但是，在实际应用中，我们还经常会遇到一类矩阵：其矩阵阶数很大，非零元个数较少，零元很多，但非零元的排列（分布）没有一定规律，我们称这一类矩阵为稀疏矩阵。

按照压缩存储的概念，要存放稀疏矩阵的元素，由于没有某种规律，除存放非零元的值外，还必须存储适当的辅助信息（行、列号），才能迅速确定一个非零元是矩阵中的哪一个位置上的元素。下面将介绍稀疏矩阵的几种存储方法及一些算法的实现。

5.4.1　稀疏矩阵的存储

1.　三元组表

在压缩存放稀疏矩阵非零元的同时，若还存放此非零元所在的行号和列号，则称为三元组表法，即称稀疏矩阵可用三元组表进行压缩存储,但它是一种顺序存储（按行优先顺序存放）。一个非零元有行号、列号、值，其为一个三元组，整个稀疏矩阵中非零元的三元组合起来称为三元组表。

此时，数据类型可描述如下：

```
#include <stdio.h>
#define maxsize 100          //定义非零元的最大数目
struct node                  //定义一个三元组
{
    int i, j;                //非零元行、列号
    int v;                   //非零元值
};
struct sparmatrix            //定义稀疏矩阵
{
    int rows,cols;           //稀疏矩阵行、列数
    int terms;               //稀疏矩阵非零元个数
    struct node data[maxsize]; //三元组表
};
```

图 5-6 和图 5-7 给出了两个稀疏矩阵。

稀疏矩阵 M 和 N 的三元组表见图 5-8。

$$\begin{bmatrix} 0 & 12 & 9 & 0 & 0 & 0 & 0 \\ 0 & 0 & 0 & 0 & 0 & 0 & 0 \\ -3 & 0 & 0 & 0 & 0 & 14 & 0 \\ 0 & 0 & 24 & 0 & 0 & 0 & 0 \\ 0 & 18 & 0 & 0 & 0 & 0 & 0 \\ 15 & 0 & 0 & -7 & 0 & 0 & 0 \end{bmatrix}$$

图 5-6　稀疏矩阵 M

$$\begin{bmatrix} 0 & 0 & -3 & 0 & 0 & 15 \\ 12 & 0 & 0 & 0 & 18 & 0 \\ 9 & 0 & 0 & 24 & 0 & 0 \\ 0 & 0 & 0 & 0 & 0 & -7 \\ 0 & 0 & 0 & 0 & 0 & 0 \\ 0 & 0 & 14 & 0 & 0 & 0 \\ 0 & 0 & 0 & 0 & 0 & 0 \end{bmatrix}$$

图 5-7　稀疏矩阵 N（M 的转置）

M 的三元组表			N 的三元组表		
i	j	v	i	j	v
0	1	12	0	2	-3
0	2	9	0	5	15
2	0	-3	1	0	12
2	5	14	1	4	18
3	2	24	2	0	9
4	1	18	2	3	24
5	0	15	3	5	-7
5	3	-7	5	2	14

图 5-8　稀疏矩阵 M 和 N 的三元组表

2. 带行指针的链表

把具有相同行号的非零元用一个单链表连接起来，稀疏矩阵中的若干行组成若干个单链表，合起来称为带行指针的链表。例如，图 5-6 所示的稀疏矩阵 M 的带行指针的链表描述形式见图 5-9。

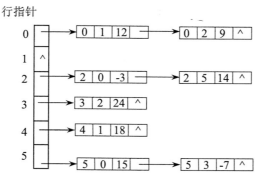

图 5-9　带行指针的链表

3. 十字链表

当稀疏矩阵中非零元的位置或个数经常变动时，三元组表就不适合作稀疏矩阵的存储结构了，此时采用链表作为存储结构更为恰当。

十字链表为稀疏矩阵链接存储中一种较好的存储方法，在该方法中，每一个非零元用一个结点表示，结点中除了表示非零元所在的行、列和值的三元组(i,j,v)外，还需增加两个链域：行指针域（rptr），用来指向本行中下一个非零元；列指针域（cptr），用来指向本列中下一个非零元。稀疏矩阵中同一行的非零元通过向右的 rptr 指针链接成一个带表头结点的循环链表。同一列的非零元也通过 cptr 指针链接成一个带表头结点的循环链表。因此，每个非零元既是第 i 行循环链表中的一个结点，又是第 j 列循环链表中的一个结点，相当于处在一个十字交叉路口，故称这种链表为十字链表。

另外，为了运算方便，我们规定行、列循环链表的表头结点和表示非零元的结点一样，也定为五个域，且规定行、列、域值为 0，并且将所有的行、列链表和头结点一起链成一个循环链表。

在行（列）表头结点中，行、列域的值都为 0，故两组表头结点可以共用，即第 i 行链表和第 i 列链表共用一个表头结点，这些表头结点本身又可以通过 v 域（非零元值域，但在表头结点中为 next，指向下一个表头结点）相链接。另外，再增加一个附加结点（由指针 hm 指示，行、列域分别为稀疏矩阵的行、列数目），附加结点指向第一个表头结点，则整个十字链表可由 hm 指针唯一确定。

例如，图 5-6 所示的稀疏矩阵 M 的十字链表描述形式见图 5-10。

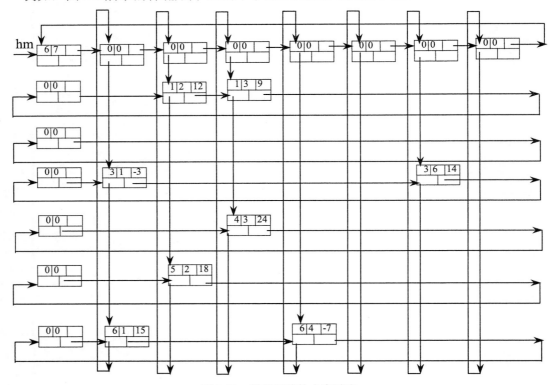

图 5-10　稀疏矩阵的十字链表

十字链表的数据类型描述如下：

```
struct linknode
{
int i, j;                        //行、列号
struct linknode *cptr, *rptr;    //列、行指针
union vnext                      //定义一个共用体
{ int v;                         //表结点使用 v 域，表示非零元值
struct linknode *next;           //表头结点使用 next 域指向下一个表头
} k;
};
```

5.4.2　稀疏矩阵的运算

1. 稀疏矩阵的转置运算

下面将讨论三元组表上如何实现稀疏矩阵的转置运算。

转置是矩阵中最简单的一种运算。对于一个 $m \times n$ 的矩阵 A，它的转置矩阵 B 是一个 $n \times m$ 的矩阵，且 B[i][j]=A[j][i]，$0 \leqslant i < n$，$0 \leqslant j < m$。例如，图 5-6 给出的 M 矩阵和图 5-7 给出的 N 矩阵互为转置矩阵。

在三元组表表示的稀疏矩阵中，怎样求得它的转置呢?从转置的性质知道，将 A 转置为 B，就是将 A 的三元组表 a.data 变为 B 的三元组表 b.data，这时可以将 a.data 中 i 和 j 的值互换，则得到的 b.data 是一个按列优先顺序排列的三元组表，再将它的顺序适当调整，变成行优先排列，即得到转置矩阵 B。下面将用两种方法处理:

（1）按照 A 的列序进行转置

由于 A 的列即为 B 的行，在 a.data 中，按列扫描，则得到的 b.data 必按行优先存放。但为了找到 A 的每一列中所有的非零的元素，每次都必须从头到尾扫描 A 的三元组表（有多少列，则扫描多少遍），这时算法描述如下:

```
struct node                              //定义一个三元组
{
  int i, j;                              //非零元行、列号
  int v;                                 //非零元值
};
struct sparmatrix                        //定义稀疏矩阵
{
  int rows,cols;                         //稀疏矩阵行、列数
  int terms;                             //稀疏矩阵非零元个数
  struct node data [maxsize];            //三元组表
};
void transpose(struct sparmatrix a,struct sparmatrix &b)
{
  b.rows=a.cols;    b.cols=a.rows;
  b.terms=a.terms;
  if (b.terms>0)
  {int bno=0;
  for (int col=0; col<a.cols; col++)           //按列号扫描
    for(int ano=0;ano<a.terms;ano++)           //对三元组表扫描
      if (a.data[ano].j==col)                  //进行转置
      {  b.data[bno].j=a.data[ano].i;
         b.data[bno].i=a.data[ano].j;
         b.data[bno].v=a.data[ano].v;
         bno++;
      }
  }
  for(int i=0;i<a.terms;i++)                    //输出转置后的三元组结果
      printf("%d %d %d\n",b.data[i].i,b.data[i].j,b.data[i].v);
```

```
    }
    void main()
    {
        struct sparmatrix a,b;
        scanf("%d%d%d",&a.rows,&a.cols,&a.terms);    //输入稀疏矩阵的行、列数及非零元的个数
        for( int i=0;i<a.terms;i++)
            scanf("%d%d%d",&a.data[i].i,&a.data[i].j,&a.data[i].v);  //输入转置前的稀疏矩阵的三元组
        for(i=0;i<a.terms;i++)
            printf("%d %d %d\n",a.data[i].i,a.data[i].j,a.data[i].v);  //输出转置前的三元组结果
        transpose( a,b);                             //调用转置算法
    }
```

分析这个算法，主要工作在 col 和 ano 二重循环上，故算法的时间复杂度为 $O(a.cols*a.terms)$。而通常的 $m \times n$ 阶矩阵转置算法可描述为：

```
        for(col=0; col<n; col++)
        for (row=0;row<m;row++)
        b[col][row]=a[row][col];
```

它的时间复杂度为 $O(m*n)$。而一般的稀疏矩阵中非零元个数 a.terms 远大于行数 m，故压缩存储时，进行转置运算，虽然节省了存储单元，但增大了时间复杂度，故此算法仅适应于 a.terms<<a.rows* a.cols 的情形。

（2）按照 A 的行序进行转置

按照 A 的行序进行转置即按 a.data 中三元组的次序进行转置，并将转置后的三元组放入 b.data 中恰当的位置。若能在转置前求出矩阵 A 的每一列 col（即 B 中每一行）的第一个非零元转置后在 b.data 中的正确位置 pot[col]（$0 \leq col < a.cols$），那么在对 a.data 的三元组依次作转置时，只需将三元组按列号 col 放置到 b.data[pot[col]]中，之后将 pot[col]内容加 1，以指示第 col 列的下一个非零元的正确位置。为了求得位置向量 pot，只需先求出 A 的每一列中非零元个数 num[col]，然后利用下面公式：

$$\begin{cases} pot[0]=0 \\ pot[col]=pot[col-1]+num[col-1] \qquad 1 \leq col < a.cols \end{cases}$$

为了节省存储单元，记录每一列非零元个数的向量 num 可直接放入 pot 中，即上面的式子可以改为：pot[col]=pot[col-1]+pot[col]，其中 $1 \leq col < a.cols$。

于是可用上面公式进行迭代，依次求出其他列的第一个非零元转置后在 b.data 中的位置 pot[col]。例如，对前面图 5-6 给出的稀疏矩阵 M，有：

每一列的非零元个数为

pot[1]=2	第 0 列非零元个数
pot[2]=2	第 1 列非零元个数
pot[3]=2	第 2 列非零元个数
pot[4]=1	第 3 列非零元个数
pot[5]=0	第 4 列非零元个数
pot[6]=1	第 5 列非零元个数
pot[7]=0	第 6 列非零元个数

每一列的第一个非零元的位置为

pot[0]=0　　　　　　　　　　第 0 列第一个非零元位置

pot[1]=pot[0]+pot[1]=2　　　第 1 列第一个非零元位置

pot[2]=pot[1]+pot[2]=4　　　第 2 列第一个非零元位置

pot[3]=pot[2]+pot[3]=6　　　第 3 列第一个非零元位置

pot[4]=pot[3]+pot[4]=7　　　第 4 列第一个非零元位置

pot[5]=pot[4]+pot[5]=7　　　第 5 列第一个非零元位置

pot[6]=pot[5]+pot[6]=8　　　第 6 列第一个非零元位置

则 M 稀疏矩阵的转置矩阵 N 的三元组表很容易写出（见图 5-8），算法描述如下：

```
void fastrans(struct sparmatrix a,struct sparmatrix &b)
{
    int pot[100],col,ano,bno;
    b.rows=a.cols; b.cols=a.rows;
    b.terms=a.terms;
    if(b.terms>0)
    {
        for(col=0;col<a.cols;col++)
            pot[col]=0;
        for(int t=0;t<a.terms;t++)          //求出每一列的非零元个数
        { col=a.data[t].j;
            pot[col+1]=pot[col+1]+1;
        }
        pot[0]=0;
        for(col=1;col<a.cols;col++)          //求出每一列的第一个非零元在转置后的位置
            pot[col]=pot[col-1]+pot[col];
        for( ano=0;ano<a.terms;ano++)        //转置
        { col=a.data[ano].j;
            bno=pot[col];
            b.data[bno].j=a.data[ano].i;
            b.data[bno].i=a.data[ano].j;
            b.data[bno].v=a.data[ano].v;
            pot[col]=pot[col]+1;
        }
    }
    for(int i=0;i<a.terms;i++)
        printf("%d %d %d\n",b.data[i].i,b.data[i].j,b.data[i].v);    //输出转置后的三元组
}
void main()
{ struct sparmatrix a,b;
    scanf("%d%d%d",&a.rows,&a.cols,&a.terms);        //输入稀疏矩阵的行、列数及非零元的个数
    for(int i=0;i<a.terms;i++)
        scanf("%d%d%d",&a.data[i].i,&a.data[i].j,&a.data[i].v);    //输入转置前的三元组
    for(i=0;i<a.terms;i++)
```

```
          printf("%d %d %d\n",a.data[i].i,a.data[i].j,a.data[i].v);     //输出转置前的三元组
         .fastrans(a,b);                                                //调用快速转置算法
    }
```

该算法比按列转置多用了辅助向量空间 pot，但它的时间为四个单循环，故总的时间复杂度为 O(a.cols+a.terms)，比按列转置算法效率要高。

2. 稀疏矩阵的相加运算

当稀疏矩阵用三元组表进行相加时，有可能出现非零元的位置变动，这时候，不宜采用三元组表作存储结构，而采用十字链表较方便（为描述方便，假设稀疏矩阵的行列下标从 1 开始而非 0）。

（1）十字链表的建立

下面分两步讨论十字链表的建立算法：

第一步，建立表头的循环链表。

依次输入矩阵的行、列数和非零元个数：m、n 和 t。由于行、列链表共享一组表头结点，因此，表头结点的个数应该是矩阵中行、列数中较大的一个。假设用 s 表示个数，即 s=max(m,n)。依次建立总表头结点（由 hm 指针指向）和 s 个行、列表头结点，并使用 next 域使 s+1 个头结点组成一个循环链表，总表头结点的行、列域分别为稀疏矩阵的行、列数目，s 个表头结点的行列域分别为 0。并且开始时，每一个行、列链表均是一个空的循环链表，即 s 个行、列表头结点中的行、列指针域 rptr 和 cptr 均指向头结点本身。

第二步，生成表中结点。

依次输入 t 个非零元的三元组（i,j,v），生成一个结点，并将它插入到第 i 行链表和第 j 列链表中的正确位置上，使第 i 个行链表和第 j 个列链表变成一个非空的循环链表。

算法描述如下：

```
struct linknode
{
    int i,j;
    union vnext
    { int v;
    struct linknode *next;
    } k;
    struct linknode *rptr,*cptr;
};
struct linknode *creatlindmat( )
{   int m, n, t, s, i, j, k;
    struct linknode *p, *q, *cp[100],*hm;   //cp[100]中的 100 表示矩阵的行、列数不超过 100
    printf("请输入稀疏矩阵的行、列数及非零元个数\n");
    scanf("%d%d%d",&m,&n,&t);
    if (m>m) s=m; else s=n;
    hm=(struct linknode *)malloc(sizeof(struct linknode));
    hm->i=m; hm->j=n;
    cp[0]=hm;
    for (i=1; i<=s;i++)
    { p= (struct linknode *)malloc(sizeof(struct linknode));
```

```
        p->i=0; p->j=0;
        p->rptr=p; p->cptr=p;
        cp[i]=p;
        cp[i-1]->k.next=p;
    }
    cp[s]->k.next=hm;
    for(int x=1;x<=t;x++)
    { printf("请输入一个三元组(i,j,v)\n");
        scanf("%d%d%d",&i,&j,&k);            //输入一个非零元的三元组
        p=(struct linknode *)malloc(sizeof(struct linknode));
        p->i=i; p->j=j;   p->k.v=k;          //生成一个三元组的结点
        //以下是将 p 插入到第 i 行链表中
        q=cp[i];
        while ((q->rptr!=cp[i]) &&( q->rptr->j<j))
            q=q->rptr;
        p->rptr=q->rptr;
        q->rptr=p;
        //以下是将 p 插入到第 j 列链表中
        q=cp[j];
        while((q->cptr!=cp[j]) &&( q->cptr->i<i))
            q=q->cptr;
        p->cptr=q->cptr;
        q->cptr=p;
    }
    return hm;
}
void main()
{   struct linknode *p,*q,T;
    struct linknode *hm=NULL;
    hm=creatlindmat( );             //生成十字链表
    p=hm->k.next;
    while(p->k.next!=hm)            //输出十字链表
    { q=p->rptr;
      while(q->rptr!=p)            //输出一行链表
      {printf("%d %d %d",q->i,q->j,q->k.v);
            q=q->rptr;        }
      if(p!=q)
        printf("%d %d %d\n",q->I,q->j,q->k.v);
      p=p->k.next;
    }
}
```

在十字链表的建立算法中，建表头结点的时间复杂度为 O(s)，插入 t 个非零元结点到相应的行、列链表的时间复杂度为 O(t*s)，故算法的总的时间复杂度为 O(t*s)。

（2）用十字链表实现稀疏矩阵相加运算

假设原来有两个稀疏矩阵 A 和 B，如何实现运算 A=A+B 呢？假设原来 A 和 B 都用十字链表作存储结构，现要求将 B 中结点合并到 A 中，合并后的结果有三种可能：①结果为 $a_{ij}+b_{ij}$；

②a_{ij}（b_{ij}=0）；③b_{ij}（a_{ij}=0）。由此可知，当将 B 加到 A 中去时，对 A 矩阵的十字链表来说，或者是改变结点的 v 域值（$a_{ij}+b_{ij}\neq0$），或者不变（b_{ij}=0），或者插入一个新结点（a_{ij}=0），还可能是删除一个结点（$a_{ij}+b_{ij}$=0）。

于是整个运算过程可以从矩阵的第一行起逐行进行。对每一行都从行表头出发分别找到 A 和 B 在该行中的第一个非零元结点后开始比较，然后按上述四种不同情况分别处理。若 pa 和 pb 分别指向 A 和 B 的十字链表中行值相同的两个结点，则上述四种情况描述为：

1）pa->j=pb->j 且 pa->k.v+pb->k.v$\neq$0，则只要将 $a_{ij}+b_{ij}$ 的值送到 pa 所指结点的值域中即可，其他所有域的值都不变化。

2）pa->j=pb->j 且 pa->k.v+pb->k.v=0，则需要在 A 矩阵的链表中删除 pa 所指的结点。这时，需改变同一行中前一结点的 rptr 域值，以及同一列中前一结点的 cptr 域值。

3）pa->j<pb->j 且 pa->j$\neq$0，则只要将 pa 指针往右推进一步，并重新加以比较即可。

4）pa->j>pb->j 或 pa->j=0，则需在 A 矩阵的链表中插入 pb 所指结点。

另外，为了插入和删除结点时方便，还需设立一些辅助指针：其一是，在 A 的行链表上设 qa 以指示 pa 所指结点的直接前驱；其二是，在 A 的每一列的列链表上设一个指针 hl[j]，它的初值是指向每一列的列链表的表头结点 cp[j]。

下面对矩阵 B 加到矩阵 A 上面的操作过程大致描述如下：

设 ha 和 hb 分别为表示矩阵 A 和 B 的十字链表的总表头；ca 和 cb 分别为指向 A 和 B 的行链表的表头结点，其初始状态为：

ca=ha->k.next; cb=hb->k.next;

pa 和 pb 分别为指向 A 和 B 的链表中结点的指针。开始时，pa=ca->rptr; pb=cb->rptr;，然后按下列步骤执行：

①当 ca->i=0 时，重复执行第②、③、④步，否则，算法结束。

②当 pb->j$\neq$0 时，重复执行第③步，否则转第④步。

③比较两个结点的列序号，分三种情形：

a．若 pa->j<pb->j 且 pa->j$\neq$0，则令 pa 指向本行下一结点，即 qa=pa; pa=pa->rptr;转第②步；

b．若 pa->j>pb->j 或 pa->j=0，则需在 A 中插入一个结点。假设新结点的地址为 p，则 A 的行表中指针变化为：

qa->rptr=p;p->rptr=pa;

同样，A 的列表中指针也应作相应改变，用 hl[j]指向本列中上一个结点，则 A 的列表中指针变化为：

p->cptr=hl[j]->cptr; hl[j]->cptr=p; 转第②步；

c．若 pa->j=pb->j，则将 B 的值加上去，即 pa->k.v=pa->k.v+pb->k.v，此时若 pa->k.v$\neq$0，则指针不变，否则，删除 A 中该结点，于是行表中指针变为：qa->rptr=pa->rptr; 同时，为了改变列表中的指针，需要先找同列中上一个结点，用 hl[j]表示，然后令 hl[j]->cptr=pa->cptr，转第②步。

④一行中元素处理完毕后，按着处理下一行，指针变化为：

ca=ca->k.next; cb=cb->k.next; 转第①步。

稀疏矩阵十字链表相加算法如下：

//假设 ha 为稀疏矩阵 A 十字链表的头指针，hb 为稀疏矩阵 B 十字链表的头指针

```
struct linknode
{
    int i,j;
    union vnext
    { int v;
      struct linknode *next;
    } k;
    struct linknode *rptr,*cptr;
};
struct linknode *:creatlindmat()
{   ……          //前面已有       }
sruct linknode *matadd(struct linknode *ha, struct linknode *hb)
{struct linknode *pa, *pb, *qa, *ca,*cb,*p,*q;
 struct linknode *hl[100];
 int i, j, n;
 if((ha->i!=hb->i)||(ha->j!=hb->j))
    printf("矩阵不匹配,不能相加\n");
 else
 { p=ha->k.next; n=ha->j;
    for (i=1;i<=n; i++)
    {hl[i]=p;
     p=p->k.next;
    }
    ca=ha->k.next; cb=hb->k.next;
    while(ca->i==0)
    {pa=ca->rptr; pb=cb->rptr;
     qa=ca;
     while(pb->j!=0)
     { if((pa->j<pb->j)&&(pa->j!=0))
       {qa=pa; pa=pa->rptr;}
       else if ((pa->j>pb->j)||(pa->j==0))          //插入一个结点
       {p=(struct linknode *)malloc(sizeof(struct linknode));
        p->i=pb->i; p->j=pb->j;
        p->k.v=pb->k.v;
        qa->rptr=p; p->rptr=pa;
        qa=p; pb=pb->rptr;
        j=p->j; q=hl[j]->cptr;
        while((q->i<p->i)&&(q->i!=0))
        {hl[j]=q; q=hl[j]->cptr;}
        hl[j]->cptr=p; p->cptr=q;
        hl[j]=p;
       }
       else
       {pa->k.v=pa->k.v+pb->k.v;
        if(pa->k.v==0)          //删除一个结点
```

```
            {qa->rptr=pa->rptr;
             j=pa->j; q=hl[j]->cptr;
             while (q->i<pa->i)
             {hl[j]=q; q=hl[j]->cptr;}
             hl[j]->cptr=q->cptr;
             pa=pa->rptr; pb=pb->rptr;
             free(q);
            }
           else
           {qa=pa; pa=pa->rptr;
             pb=pb->rptr;
           }
          }
        }
       ca=ca->k.next; cb=cb->k.next;
      }
    }
   return ha;
 }
void print(struct linknode *ha)            //输出十字链表
{struct linknode *p,*q,*r;
 p=ha->k.next;r=p;
 while(p->k.next!=r)
 { q=p->rptr;
    while(q->rptr!=p)
    { printf("%d   %d   %d   ",q->i,q->j,q->k.v);
       q=q->rptr;
    }
    if(p!=q)
       printf("%d   %d   %d\n",q->i,q->j,q->k.v);
    p=p->k.next;
 }
}
void main()
{struct linknode T1,T2;
  struct linknode *ha=NULL,*hb=NULL,*hc=NULL;
  ha=T1.creatlindmat( );           //生成一个十字链表 ha
  hb=T2.creatlindmat( );           //生成另一个十字链表 hb
  print(ha);cout<<endl;            //输出十字链表 ha
  print(hb);cout<<endl;            //输出十字链表 hb
  hc=T1.matadd(ha,hb);             //十字链表相加
  print(hc);cout<<endl;            //输出相加后的结果
    }
```

通过算法分析可知，进行比较、修改指针所需的时间是一个常数，整个运算过程在于对 A 和 B 的十字链表逐行扫描，其循环次数主要取决于 A 和 B 的矩阵中非零元个数 na 和 nb，故算法的时间复杂度为 O(na+nb)。

5.5　广义表

5.5.1　基本概念

广义表是第 2 章提到的线性表的推广。线性表中的元素仅限于原子项，即不可以再分，而广义表中的元素既可以是原子项，也可以是子表（另一个线性表）。

1. 广义表的定义

广义表是 n（n≥0）个元素 $a_1,a_2,\cdots,a_n$ 的有限序列，其中每一个 a_i 或者是原子，或者是一个子表。广义表通常记为 LS=$(a_1,a_2,\cdots,a_n)$，其中 LS 为广义表的名字，n 为广义表的长度，每一个 a_i 为广义表的元素。但在习惯中，一般用大写字母表示广义表，小写字母表示原子。

下面我们将给出广义表的一些例子及表示方法。

2. 广义表举例

（1）F=()，F 为空表，长度为 0。

（2）G=(a,(b,c))，G 是长度为 2 的广义表，第一项为原子，第二项为子表。

（3）H=(x,y,z)，H 是长度为 3 的广义表，每一项都是原子。

（4）D=(B,C)，D 是长度为 2 的广义表，每一项都是子表。

（5）E=(a,E)，E 是长度为 2 的广义表，第一项为原子，第二项为它本身。

3. 广义表的表示方法

（1）用 LS=$(a_1,a_2,\cdots,a_n)$ 形式，其中每一个 a_i 为原子或广义表

例如：A=(b,c)

　　　　B=(a,A)

　　　　C=(A,B)

A、B、C 都是广义表。

（2）将广义表中所有子表写到原子形式，并利用圆括号嵌套

例如，上面提到的广义表 A、B、C 可以描述为：

A(b,c)

B(a,A(b,c))

C(A(b,c),B(a,A(b,c)))

（3）将广义表用树和图来描述

上面提到的广义表 A、B、C 的描述见图 5-11。

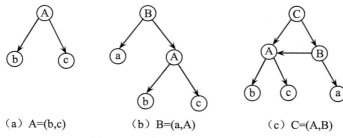

（a）A=(b,c)　　　　（b）B=(a,A)　　　　（c）C=(A,B)

图 5-11　用树和图来表示广义表

4．广义表的深度

一个广义表的深度是指该广义表展开后所含括号的层数。

例如，A=(b,c)的深度为 1，B=(A,d)的深度为 2，C=(f,B,h)的深度为 3。

5．广义表的分类

（1）线性表：元素全部是原子的广义表。

（2）纯表：与树对应的广义表，见图 5-11（a）和（b）。

（3）再入表：与图对应的广义表（允许结点共享），见图 5-11（c）。

（4）递归表：允许有递归关系的广义表，例如 E=(a,E)。

这四种表的关系满足：

递归表⊃再入表⊃纯表⊃线性表

5.5.2 存储结构

由于广义表的元素类型不一定相同，因此，难以用顺序结构存储表中元素，通常采用链接存储方法来存储广义表中元素，并称之为广义链表。常见的表示方法有：

1．单链表表示法

模仿线性表的单链表结构，每个原子结点只有一个链域 link，结点结构是：

atom	data/slink	link

其中 atom 是标志域，若为 0，则表示为子表，若为 1，则表示为原子，data/slink 域用来存放原子值或子表的指针，link 域存放下一个元素的地址。

数据类型描述如下：

```
struct node
{
    int atom;
    struct node *link;
    union
    {
        struct node *slink;
        elemtype data;
    } ds;
}
```

例如，设 L=(a,b)

A=(x,L)=(x,(a,b))

B=(A,y)=((x,(a,b)),y)

C=(A,B)=((x,(a,b)),((x,(a,b)),y))

可用如图 5-12 所示的结构描述广义表 C，设头指针为 hc。

用此方法存储有两个缺点：其一，在某一个表（或子表）中开始处插入或删除一个结点，修改的指针较多，耗费大量时间；其二，删除一个子表后，它的空间不能很好地回收。

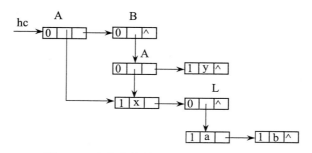

图 5-12 广义表的单链表表示法

2. 双链表表示法

每个结点含有两个指针及一个数据域，每个结点的结构如下：

link1	data	link2

其中，link1 指向该结点子表，link2 指向该结点后继。

数据类型描述如下：

```
struct node
{
    elemtype data;
    struct node *link1,*link2;}
```

例如，对图 5-12 所示的用单链表表示的广义表 C，可用如图 5-13 所示的双链表方法表示。

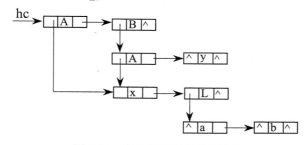

图 5-13 广义表的双链表表示法

广义表的双链表表示法较单链表表示法方便。

5.5.3 基本运算

广义表有许多运算，现仅介绍如下几种：

1. 求广义表的深度 depth(LS)

假设广义表以刚才的单链表表示法作存储结构，则它的深度可以递归求出。即广义表的深度等于它的所有子表的最大深度加 1，设 dep 表示任一子表的深度，max 表示所有子表中表的最大深度，则广义表的深度为：dep=max+1，算法描述如下：

```
int depth(struct node *LS)
{
    int max=0;
```

```
        while(LS!=NULL)
        { if(LS->atom==0)      //有子表
            { int dep=depth(LS->slink);
                if(dep>max)    max=dep;
            }
            LS=LS->link;
        }
        return max+1;
    }
```

该算法的时间复杂度为 O(n)。

2. 广义表的建立 creat(LS)

假设广义表以单链表的形式存储，广义表的元素类型 elemtype 为字符型 char，广义表由键盘输入，假定全部为字母，输入格式为：元素之间用逗号分隔，表元素的起止符号分别为左、右圆括号，空表在其圆括号内使用一个"#"字符表示，最后使用一个分号作为整个广义表的结束。

例如，给定一个广义表如下：LS=(a,( ),b,c (d,(e)))，则从键盘输入的数据为：(a,(#),b,c(d,(e)));↙，其中↙表示回车换行。具体算法描述如下：

```
        void creat(struct node *LS)
        {
            char ch;
            scanf("%c",&ch);
            if(ch=='#')
                LS=NULL;
            else if(ch=='(')
            { LS=(struct node*)malloc(sizeof(struct node));
                LS->atom=0;
                creat(LS->slink);
            }
            else
            { LS=(struct node*)malloc(sizeof(struct node));
                LS->atom=1;
                LS->data=ch;
            }
            scanf("%c",&ch);
            if(LS==NULL);
            else if(ch==',')
                creat(LS->link);
            else if((ch==')')||(ch==';'))
                LS->link=NULL;
        }
```

该算法的时间复杂度为 O(n)。

3. 输出广义表 print(LS)

```
        void print(struct node *LS)
        {
```

```
       if(LS->atom==0)
       {
         printf("(");
         if(LS->slink==NULL)
           printf("#");
         else
           print(LS->slink);
       }
       else
         printf("%d",LS->data);
       if(LS->atom==0)
         printf(")");
       if(LS->link!=NULL)
       {
         printf(",");
         print(LS->link);
       }
    }
```

该算法的时间复杂度为 O(n)。

4. 取表头运算 head

若广义表 LS=(a₁,a₂,···,aₙ)，则 head(LS)=a₁。

取表头运算得到的结果可以是原子，也可以是一个子表。

例如，head((a₁,a₂,a₃,a₄))=a₁，head(((a₁,a₂),(a₃,a₄),a₅))=(a₁,a₂)。

5. 取表尾运算 tail

若广义表 LS=(a₁,a₂,···,aₙ)，则 tail(LS)=(a₂,a₃,···,aₙ)。

即取表尾运算得到的结果是除表头以外的所有元素，取表尾运算得到的结果一定是一个子表。

例如，tail((a₁,a₂,a₃,a₄))=(a₂,a₃,a₄)，tail(((a₁,a₂),(a₃,a₄),a₅))=((a₃,a₄),a₅)。

值得注意的是广义表( )和(())是不同的，前者为空表，长度为 0，后者的长度为 1，可得到表头、表尾均为空表，即 head((( )))=( )，tail((( )))=( )。

本章小结

1. 多维数组在计算机中有两种存放形式：行优先和列优先。

2. 行优先规则是左边下标变化最慢，右边下标变化最快，右边下标变化一遍，与之相邻的左边下标才变化一次。

3. 列优先规则是右边下标变化最慢，左边下标变化最快，左边下标变化一遍，与之相邻的右边下标才变化一次。

4. 对称矩阵关于主对角线对称。为节省存储单元，可以进行压缩存储，对角线以上的元素和对角线以下的元素可以共用存储单元，故 n×n 的对称矩阵只需 $\frac{n(n+1)}{2}$ 个存储单元即可。

5. 三角矩阵有上三角矩阵和下三角矩阵之分，为节省内存单元，可以采用压缩存储，n×n

的三角矩阵进行压缩存储时，只需 $\frac{n(n+1)}{2}+1$ 个存储单元。

6. 稀疏矩阵的非零元排列无任何规律，为节省内存单元，进行压缩存储时，可以采用三元组表示方法，即存储非零元的行号、列号和值。若干个非零元有若干个三元组，若干个三元组称为三元组表。

7. 广义表为线性表的推广，里面的元素可以为原子，也可以为子表，故广义表的存储采用动态链表较方便。

习题五

5-1 按行优先存储方式，写出三维数组 A[3][2][4]在内存中的排列顺序及地址计算公式（假设每个数组元素占用 L 个字节的内存单元，a[0][0][0]的内存地址为 LOC(a[0][0][0])）。

5-2 按列优先存储方式，写出三维数组 A[3][2][4]在内存中的排列顺序及地址计算公式（假设每个数组元素占用 L 个字节的内存单元，a[0][0][0]的内存地址为 LOC(a[0][0][0])）。

5-3 设有上三角矩阵 $A_{n\times n}$，它的下三角部分全为 0，将上三角元素按行优先存储方式存入数组 B[m]中（m 足够大），使得 B[k]=a[i][j]，且有 k=f1(i)+f2(j)+c。试推出函数 f1、f2 及常数 c（要求 f1 和 f2 中不含常数项）。

5-4 若矩阵 $A_{m\times n}$ 中的某个元素 A[i][j]是第 i 行中的最小值，同时又是第 j 列中的最大值，则称此元素为该矩阵中的一个马鞍点。假设以二维数组存储矩阵 $A_{m\times n}$，试编写求出矩阵中所有马鞍点的算法，并分析该算法在最坏情况下的时间复杂度。

5-5 试写一个算法，查找十字链表中某一非零元 x。

5-6 给定如下矩阵 A，写出它的三元组表和十字链表。

$$A=\begin{bmatrix} 1 & 0 & 0 & 0 & 0 \\ 0 & 0 & 2 & 3 & 0 \\ 0 & 4 & 0 & 0 & 5 \\ 0 & 0 & 0 & 0 & 0 \\ 0 & 0 & 0 & 0 & 6 \end{bmatrix}$$

5-7 对题 5-6 的矩阵，画出它的带行指针的链表，并给出算法来建立它。

5-8 试编写一个以三元组形式输出用十字链表表示的稀疏矩阵中非零元及其下标的算法。

5-9 给定一个如下的稀疏矩阵：

$$\begin{bmatrix} 11 & 0 & 0 & 0 & 0 & -9 & 0 \\ 0 & 23 & 0 & 0 & 7 & 0 & 0 \\ 0 & 0 & 5 & 8 & 0 & 0 & 2 \\ 0 & 0 & 0 & 0 & 0 & 0 & 0 \\ 1 & 6 & 0 & 33 & 88 & 0 & 0 \\ 0 & 0 & 4 & 0 & 0 & 0 & 0 \\ 0 & 0 & 0 & 0 & 0 & 0 & 99 \\ 65 & 0 & 78 & 0 & 0 & 86 & 0 \end{bmatrix}$$

用快速转置法实现该稀疏矩阵的转置，写出转置前后的三元组表及开始的每一列第一个非零元的位置 pot[col]的值。

5-10　广义表是线性结构还是非线性结构？为什么？

5-11　求下列广义表的运算结果。

（1）head((p,h,w))

（2）tail ((b,k,p,h))

（3）head(((a,b),(c,d)))

（4）tail (((b),(c,d)))

（5）head (tail(((a,b),(c,d))))

（6）tail (head (((a,b),(c,d))))

（7）head (tail (head(((a,d),(c,d)))))

（8）tail (head (tail (((a,b),(c,d)))))

5-12　画出下列广义表的图形表示。

（1）A(b,(A,a,C(A)),C(A))

（2）D(A( ),B(e),C(a,L(b,c,d)))

5-13　分别用单链表表示法和双链表表示法描述题 5-12 的广义表。

5-14　假设一个准对角矩阵如下：

$$\begin{bmatrix} a_{11} & a_{12} & & & & & & \\ a_{21} & a_{22} & & & & & & \\ & & a_{33} & a_{34} & & & & \\ & & a_{43} & a_{44} & & & & \\ & & & & \cdots & & & \\ & & & & & a_{ij} & & \\ & & & & & & \cdots & \\ & & & & & & a_{2m-1,2m-1} & a_{2m-1,2m} \\ & & & & & & a_{2m,2m-1} & a_{2m,2m} \end{bmatrix}$$

按 $a_{11},a_{12},a_{21},a_{22},a_{33},a_{34},a_{43},a_{44},\cdots,a_{2m-1,2m-1},a_{2m-1,2m},a_{2m,2m-1},a_{2m,2m}$ 的顺序存放到一维数组 B[4m] 中，试写出二维数组的下标（i,j）与一维数组下标 k 的对应公式。

第 6 章　树和二叉树

本章学习目标

　　本章主要介绍的内容有：树的基本概念，树的存储表示，树的遍历，二叉树的定义、性质和存储结构，二叉树的遍历和线索，树、森林和二叉树的转换，哈夫曼树及其应用。通过本章的学习，读者应掌握如下内容：
- 树和二叉树的递归定义、有关的术语及基本概念
- 二叉树的性质及其表示方法，二叉树的存储结构
- 二叉树的四种遍历及二叉树的线索化
- 树、森林和二叉树之间的相互转换
- 树、森林的遍历及存储结构
- 哈夫曼树的建立及其应用

6.1　树的基本概念

6.1.1　树的定义

1. 树的定义

树是由 n（n≥0）个结点组成的有限集合。若 n=0，称为空树；若 n>0，则：

（1）有一个特定的称为根（root）的结点。它只有直接后继，但没有直接前驱。

（2）除根结点以外的其他结点可以划分为 m（m≥0）个互不相交的有限集合 $T_0,T_1,\cdots,$，每个集合 T_i（i=0,1,$\cdots$,m-1）又是一棵树，称为根的子树，每棵子树的根结点有且仅有直接前驱，但可以有 0 个或多个直接后继。

　此可知，树的定义是一个递归的定义，即树的定义中又用到了树的概念。

　的结构参见图 6-1。

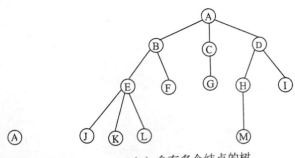

（b）仅含有根结点的树　　　（c）含有多个结点的树

图 6-1　树的结构示意图

在图 6-1（c）中，树的根结点为 A，该树还可以分为三个互不相交的子集 T_0、T_1、T_2，具体请参见图 6-2，其中 T_0={B,E,F,J,K,L}，T_1={C,G}，T_2={D,H,I,M}，其中 T_0、T_1、T_2 都是树，称为图 6-1（c）中树的子树，而 T_0、T_1、T_2 又可以分解成若干棵不相交的子树。如 T_0 可以分解成 T_{00}、T_{01} 两个不相交的子集，T_{00}={E,J,K,L}，T_{01}={F}，而 T_{00} 又可以分为三个不相交的子集 T_{000}，T_{001}，T_{002}，其中，T_{000}={J}，T_{001}={K}，T_{002}={L}。

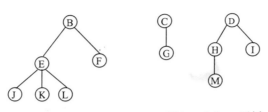

（a）T_0 子树　　　（b）T_1 子树　　（c）T_2 子树

图 6-2　图 6-1（c）中树的三个子树

2．树的逻辑结构描述

一棵树的逻辑结构可以用二元组描述为：

    tree =(k,R)
    k={k_i | 1≤i≤n;n≥0,k_i∈elemtype}
    R={r}

其中，n 为树中结点个数，若 n=0，则为一棵空树，n>0 时称为一棵非空树，而关系 r 应满足下列条件：

（1）有且仅有一个结点没有前驱，称该结点为树根。

（2）除根结点以外，其余每个结点有且仅有一个直接前驱。

（3）树中每个结点可以有多个直接后继（子结点）。

例如，对图 6-1（c）的树结构，可以用二元组表示为：

K={A,B,C,D,E,F,G,H,I,J,K,L,M}

R={r}

r={(A,B)，(A,C)，(A,D)，(B,E)，(B,F)，(C,G)，(D,H)，(D,I)，(E,J)，(E,K)，(E,L)，(H,M)}

3．树的基本运算

树的基本运算可以定义如下几种：

（1）inittree(&T)

初始化树 T。

（2）root(T)

求树 T 的根结点。

（3）parent(T,x)

求树 T 中，值为 x 的结点的双亲。

（4）child(T,x,i)

求树 T 中，值为 x 的结点的第 i 个孩子。

（5）addchild(y,i,x)

把值为 x 的结点作为值为 y 的结点的第 i 个孩子插入到树中。

（6）delchild(x,i)

删除值为 x 的结点的第 i 个孩子。

（7）traverse(T)

遍历或访问树 T。

6.1.2　基本术语

（1）结点

指树中的一个数据元素，一般用一个字母表示。

（2）度

一个结点包含子树的数目，称为该结点的度。

（3）树叶（叶子）

度为 0 的结点，称为叶子结点或树叶，也叫做终端结点。

（4）孩子结点

若结点 X 有子树，则子树的根结点为 X 的孩子结点，也称为孩子、儿子、子女等。如图 6-1（c）中 A 的孩子为 B、C、D。

（5）双亲结点

若结点 X 有子女 Y，则 X 为 Y 的双亲结点。

（6）祖先结点

从根结点到该结点所经过的分枝上的所有结点为该结点的祖先结点，如图 6-1（c）中 M 的祖先结点有 A、D、H。

（7）子孙结点

某一结点的子女及子女的子女都为该结点的子孙结点。

（8）兄弟结点

具有同一个双亲的结点，称为兄弟结点。

（9）分枝结点

除叶子结点外的所有结点，称为分枝结点，也叫做非终端结点。

（10）层数

根结点的层数为 1，其他结点的层数为从根结点到该结点所经过的分支数目再加 1。

（11）树的高度（深度）

树中结点所处的最大层数称为树的高度，如空树的高度为 0，只有一个根结点的树的高度为 1。

（12）树的度

树中结点度的最大值称为树的度。

（13）有序树

若一棵树中所有子树从左到右的排序是有顺序的，不能颠倒次序，称该树为有序树。

（14）无序树

若一棵树中所有子树的次序无关紧要，则称其为无序树。

（15）森林（树林）

若干棵互不相交的树组成的集合为森林。一棵树可以看成是一个特殊的森林。

6.1.3 树的表示

（1）树形结构表示法
具体参见图 6-1。
（2）凹入法表示法
具体参见图 6-3。
（3）嵌套集合表示法
具体参见图 6-4。

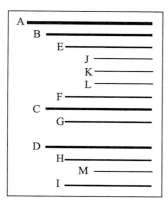

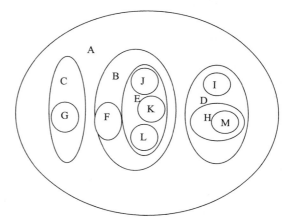

图 6-3 图 6-1（c）的树的凹入法表示   图 6-4 图 6-1（c）的树的集合表示

（4）广义表表示法
对图 6-1（c）的树结构，广义表表示法可表示为：
(A(B(E(J,K,L),F),C(G),D(H(M),I)))

6.1.4 树的性质

性质 1 树中的结点数等于所有结点的度加 1。
证明：根据树的定义，在一棵树中，除根结点以外，每个结点有且仅有一个直接前驱，也就是说，每个结点与指向它的一个分支一一对应，所以，除根结点以外的结点数等于所有结点的分支数（即度数），而根结点无直接前驱，因此，树中的结点数等于所有结点的度数加 1。

性质 2 度为 k 的树中第 i 层上最多有 k^{i-1} 个结点（i≥1）。
下面用数学归纳法证明：
对于 i=1，上述条件显然成立，假设对于 i-1 层，上述条件的成立，即第 i-1 层最多有 k^{i-2} 个结点，对于第 i 层，结点数最多为第 i-1 层结点数的 k 倍（因为度为 k），故第 i 层的结点数为 $k^{i-2}*k=k^{i-1}$。

性质 3 深度为 h 的 k 叉树最多有 $\dfrac{k^h-1}{k-1}$ 个结点。

证明： 由性质 2 可知，若每一层的结点数最多，则整个 k 叉树中结点数最多，共有

$$\sum_{i=1}^{h} k^{i-1} = k^0 + k^1 + \cdots + k^{h-1} = \frac{k^h - 1}{k - 1} \text{ 个结点。}$$

当一棵 k 叉树上的结点数达到 $\frac{k^h - 1}{k - 1}$ 时，称为满 k 叉树。

性质 4　具有 n 个结点的 k 叉树的最小深度为 $\lceil \log_k(n(k-1)+1) \rceil$。

注意：$\lceil x \rceil$ 表示取不小于 x 的最小整数，或叫做对 x 上取整。

证明：设具有 n 个结点的 k 叉树的深度为 h，即在该树的前面 h-1 层都是满的，即每一层的结点数等于 k^{i-1}（$1 \leq i \leq h-1$），第 h 层（即最后一层）的结点数可能满，也可能不满，这时，该树具有最小的深度。由性质 3 可知，结点数 n 应满足下面的条件：

$\frac{k^{h-1} - 1}{k - 1} < n \leq \frac{k^h - 1}{k - 1}$，将其转换为 $k^{h-1} < n(k-1)+1 \leq k^h$，再取以 k 为底的对数后，可以得到 $h-1 < \log_k(n(k-1)+1) \leq h$，即有 $\log_k(n(k-1)+1) \leq h < \log_k(n(k-1)+1)+1$，而 h 只能取整数，所以，该 k 叉树的最小深度为 $h = \lceil \log_k(n(k-1)+1) \rceil$。

6.2　二叉树

6.2.1　二叉树的定义

1. 二叉树的定义

和树结构定义类似，二叉树的定义也可以以递归形式给出：

二叉树是 n（n≥0）个结点的有限集，它或者是空集（n=0），或者由一个根结点及两棵不相交的左子树和右子树组成。

二叉树的特点是每个结点最多有两个孩子，或者说，在二叉树中，不存在度大于 2 的结点，并且二叉树是有序树（树为无序树），其子树的顺序不能颠倒，因此，二叉树有五种不同的形态，参见图 6-5。

在图 6-5 所示的二叉树中，（a）为一棵空二叉树，（b）为只有一个根结点的二叉树，（c）为只有根结点及左子树的二叉树，（d）为只有根结点及右子树的二叉树，（e）为有根结点及互不相交的左、右子树的二叉树（L 表示左子树、R 表示右子树）。

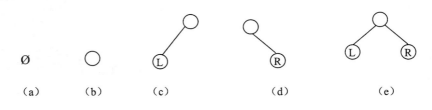

图 6-5　二叉树的五种不同形态

2. 二叉树的基本运算

（1）inittree(&T)

二叉树的初始化。

（2）root(T)

求二叉树的根结点。

（3）parent(T,x)

求二叉树 T 中值为 x 的结点的双亲。

（4）lchild(T,x)

求二叉树 T 中值为 x 的结点的左孩子。

（5）rchild(T,x)

求二叉树 T 中值为 x 的结点的右孩子。

（6）lbrother(T,x)

求二叉树 T 中值为 x 的结点的左兄弟。

（7）rbrother(T,x)

求二叉树 T 中值为 x 的结点的右兄弟。

（8）traverse(T)

遍历二叉树 T。

（9）createtree(&T)

建立一棵二叉树 T。

（10）addlchild(&T,x,y)

在二叉树 T 中，将值为 y 的结点作为值为 x 的结点的左孩子插入。

（11）addrchild(&T,x,y)

在二叉树 T 中，将值为 y 的结点作为值为 x 的结点的右孩子插入。

（12）dellchild(&T,x)

在二叉树 T 中，删除值为 x 的结点的左孩子。

（13）delrchild(&t,x)

在二叉树 T 中，删除值为 x 的结点的右孩子。

6.2.2　二叉树的性质

性质 1　若二叉树的层数从 1 开始，则二叉树的第 k 层结点数最多为 2^{k-1} 个（k>0）。

可以用数学归纳法证明。

性质 2　深度（高度）为 k 的二叉树最大结点数为 2^k-1（k>0）。

证明：深度为 k 的二叉树，若要求结点数最多，则必须每一层的结点数都最多，由性质 1 可知，最大结点数应为每一层最大结点数之和，即为 $2^0+2^1+\cdots+2^{k-1}=2^k-1$。

性质 3　对任意一棵二叉树，如果叶子结点个数为 n_0，度为 2 的结点个数为 n_2，则有 $n_0=n_2+1$。

证明：设二叉树中度为 1 的结点个数为 n_1，根据二叉树的定义可知，该二叉树的结点数 $n=n_0+n_1+n_2$。又因为在二叉树中，度为 0 的结点没有孩子，度为 1 的结点有 1 个孩子，度为 2 的结点有 2 个结孩子，故该二叉树的孩子结点数为 $n_0*0+n_1*1+n_2*2$，而一棵二叉树中，除根结点外所有结点都为孩子结点，故该二叉树的结点数应为孩子结点数加 1，即 $n=n_0*0+n_1*1+n_2*2+1$，因此有 $n=n_0+n_1+n_2=n_0*0+n_2*1+n_2*2+1$，最后得到 $n_0=n_2+1$。

为继续给出二叉树的其他性质，先定义两种特殊的二叉树。

满二叉树　深度为 k 且具有 2^k-1 个结点的二叉树，称为满二叉树。

从上面满二叉树的定义可知，必须是二叉树的每一层上的结点数都达到最大，否则就不是满二叉树。

完全二叉树　如果一棵具有 n 个结点的深度为 k 的二叉树，它的每一个结点都与深度为 k 的满二叉树中编号为 1~n 的结点一一对应，则称这棵二叉树为完全二叉树。

从完全二叉树的定义可知，结点的排列顺序遵循从上到下、从左到右的规律。所谓从上到下，表示本层结点数达到最大后，才能放入下一层。从左到右，表示同一层结点必须按从左到右排列，若左边空一个位置，则不能将结点放入右边。

从满二叉树及完全二叉树的定义还可以知道，满二叉树一定是一棵完全二叉树，反之完全二叉树不一定是一棵满二叉树。满二叉树的叶子结点全部在最底层，而完全二叉树的叶子结点可以分布在最下面两层。深度为 4 的满二叉树和完全二叉树如图 6-6 所示。

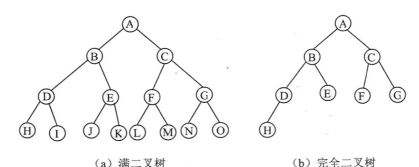

（a）满二叉树　　　　　　　（b）完全二叉树

图 6-6　满二叉树和完全二叉树示意图

性质 4　具有 n 个结点的完全二叉树高度为 $\lfloor \log_2(n) \rfloor + 1$ 或 $\lceil \log_2(n+1) \rceil$。

注意：$\lfloor x \rfloor$ 表示取不大于 x 的最大整数，也叫做对 x 下取整，$\lceil x \rceil$ 表示取不小于 x 的最小整数，也叫做对 x 上取整。

证明：设该完全二叉树高度为 k，则该二叉树的前面 k-1 层为满二叉树，共有 $2^{k-1}-1$ 个结点，而该二叉树具有 k 层，第 k 层至少有 1 个结点，最多有 2^{k-1} 个结点。因此有下面的不等式成立：$(2^{k-1}-1)+1 \leq n \leq (2^{k-1}-1)+2^{k-1}$，即有 $2^{k-1} \leq n \leq 2^k-1$。由式子后半部分可知：

$n \leq 2^k - 1$　①

由式子前半部分可知：

$2^{k-1} \leq n$　②

由①有 $n+1 \leq 2^k$，同时取对数得：$\log_2(n+1) \leq k$，故 $k \geq \log_2(n+1)$，$k = \lceil \log_2(n+1) \rceil$。即得到第二个结论。

由②有 $2^{k-1} \leq n$，同时取对数得：$k \leq \log_2 n + 1$，$k = \lfloor \log_2 n \rfloor + 1$，即第一个结论成立，证毕。

性质 5　如果将一棵有 n 个结点的完全二叉树从上到下、从左到右对结点编号 1,2,…,n（注：有的书以 0,1,2,…,n-1 进行编号，则下面的结论有所不同），然后按此编号将该二叉树中各结点顺序地存放于一个一维数组中，并简称编号为 j 的结点为 j（$1 \leq j \leq n$），则如下结论成立：

（1）若 j=1，则结点 j 为根结点，无双亲，否则 j 的双亲为 $\lfloor j/2 \rfloor$。

（2）若 $2j \leq n$，则结点 j 的左子女为 2j，否则无左子女，即满足 2j>n 的结点为叶子结点。

（3）若 $2j+1 \leq n$，则结点 j 的右子女为 2j+1，否则无右子女。

（4）若结点 j 序号为奇数且不等于 1，则它的左兄弟为 j-1。

（5）若结点 j 序号为偶数且不等于 n，它的右兄弟为 j+1。

（6）结点 j 所在层数（层次）为 $\lfloor \log_2 j \rfloor +1$。

6.2.3　二叉树的存储结构

1．顺序存储结构

将一棵二叉树按完全二叉树顺序存放到一个一维数组中，若该二叉树为非完全二叉树，则必须将相应位置空出来，使存放的结果符合完全二叉树形状。图 6-7 给出了顺序存储形式。

在二叉树的顺序存储结构中，各结点之间的关系是通过下标计算出来的，为了与 6.2.2 节中的性质 5 对应，建议数组下标不从 0 开始，而是从 1 开始使用！因此，图 6-7 中数组下标可考虑从 1 开始，访问每一个结点的双亲、左右孩子及左右兄弟（如果有的话）都是相当方便的。例如，对于编号为 j 的结点，双亲结点编号为 $\lfloor j/2 \rfloor$，左孩子结点编号为 2j，右孩子结点编号为 2j+1，左兄弟结点编号为 j-1，右兄弟结点编号为 j+1。

对于一棵二叉树，若采用顺序存储，当它为完全二叉树时，比较方便，若为非完全二叉树，将会浪费大量存储单元。最坏的非完全二叉树是全部只有右分支，设高度为 k，则需占用 2^k-1 个存储单元，而实际只有 k 个元素，只需 k 个存储单元。因此，对于非完全二叉树，宜采用链式存储结构。

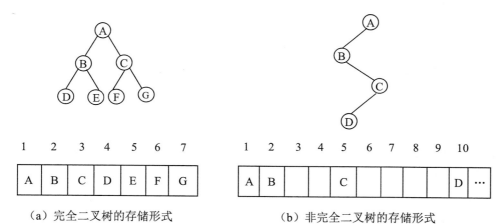

（a）完全二叉树的存储形式　　　（b）非完全二叉树的存储形式

图 6-7　二叉树的顺序存储形式

2．二叉链表存储结构

（1）二叉链表表示

将一个结点分成三部分，一部分存放结点本身的信息，另外两部分为指针，分别存放左、右孩子的地址。

二叉链表中一个结点可描述为：| lchild | data | rchild |

对于图 6-7 所示的二叉树，二叉链表描述形式见图 6-8。

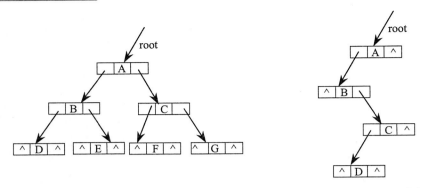

（a）完全二叉树的链表 　　　　　 （b）非完全二叉树的二叉链表

图 6-8　二叉树的二叉链表表示法

对于一棵二叉树，若采用二叉链表存储，当二叉树为非完全二叉树时，比较方便，若为完全二叉树，将会占用较多的存储单元（存放地址的指针）。若一棵二叉树有 n 个结点，采用二叉链表作存储结构时，共有 2n 个指针域，其中只有 n-1 个指针指向左右孩子，其余 n+1 个指针为空，没有发挥作用，被白白浪费掉了（当然后面介绍的线索二叉树可以利用它）。

（2）二叉链表的数据类型

二叉链表的数据类型描述如下：

```
struct bitree
{
    elemtype data;                  //结点数据类型
    struct bitree *lchild, *rchild; //定义左、右孩子为指针型
};
```

（3）二叉链表的建立

为了后面遍历二叉树方便，先介绍建立二叉链表的算法（假设 elemtype 为 char 型）。

假设二叉链表的数据类型描述如刚才所述，为建立二叉链表，用一个一维数组来模拟队列，存放输入的结点，但是，输入结点时，必须按完全二叉树形式，才能使结点间满足性质 5，若为非完全二叉树，则必须给定一些假想结点（虚结点），使之符合完全二叉树形式。为此，我们在输入结点值时，对于存在的结点，则输入它对应的字符，对于不存在的结点（虚结点），输入逗号，最后以一个特殊符号"#"作为输入的结束，表示建立二叉链表已完成。建成的二叉链表可以由根指针 root 唯一确定。

算法描述如下：

```
#include<stdio.h>
typedef char elemtype;
struct bitree
{
    elemtype data;
    struct bitree *lchild,*rchild;
};
struct bitree *creat()
{   struct bitree *q[100];   //定义 q 数组作为队列，存放二叉链表中的结点，100 为最大容量
    struct bitree *s;        //二叉链表中的结点
    struct bitree *root;     //二叉链表的根指针
```

```
    int front=1,rear=0;        //定义队列的头、尾指针
    char ch;                   //结点的 data 域值
    root=NULL;
    scanf("%c",&ch);
    while(ch!='#')             //输入值为#号，算法结束
    {  s=NULL;
       if(ch!=',')             //输入数据不为逗号，表示不为虚结点，否则为虚结点
       {  s=(struct bitree *)malloc(sizeof(struct bitree));
          s->data=ch;
          s->lchild=NULL;
          s->rchild=NULL;
       }
       rear++;
       q[rear]=s;              //新结点或虚结点进队
       if(rear==1) root=s;
       else
       { if((s!=NULL)&&(q[front]!=NULL))
         {   if(rear%2==0) q[front]->lchild=s;    //rear 为偶数，s 为双亲左孩子
             else q[front]->rchild=s;}            //rear 为奇数，s 为双亲右孩子
          if(rear%2==1) front++;                  //出队
       }
       scanf("%c",&ch);}
    return root;
}
```

例如，对图 6-9 所示的二叉树，建立的二叉链表如图 6-10 所示。

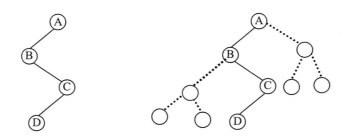

（a）非完全二叉树　　　（b）增加虚结点后假想为完全二叉树

图 6-9　一棵非完全二叉树假想为完全二叉树

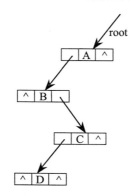

图 6-10　用上述算法建成的二叉链表

对图 6-9（a）所示的二叉树，要用算法建成图 6-10 所示的二叉树链表，从键盘输入的数据应为：AB,,C,,,,D#↙，其中#为输入结束，↙为回车符。

6.2.4 二叉树的抽象数据类型

二叉树的抽象数据类型可描述为：

```
ADT binarytree is
Data:
元素 a₁,a₂,…,aₙ，由一个根结点及两棵互不相交的左右子树组成
Operation:
void     inittree(&T)           //二叉树的初始化
struct   bitree   *root(T)      //求二叉树的根结点
struct   bitree   *parent(T,x)  //求二叉树 T 中值为 x 的结点的双亲
struct   bitree   *lchild(T,x)  //求二叉树 T 中值为 x 的结点的左孩子
struct   bitree   * rchild(T,x) //求二叉树 T 中值为 x 的结点的右孩子
struct   bitree   * lbrother(T,x) //求二叉树 T 中值为 x 的结点的左兄弟
struct   bitree   * rbrother(T,x) //求二叉树 T 中值为 x 的结点的右兄弟
void     traverse(T)            //遍历二叉树 T
struct   bitree   *createtree( ) //建立一棵二叉树 T
void     addlchild(&T,x,y)      //在二叉树 T 中，将值为 y 的结点作为值为 x 的结点的左孩子插入
void     addrchild(&T,x,y)      //在二叉树 T 中，将值为 y 的结点作为值为 x 的结点的右孩子插入
void     dellchild(&T,x)        //在二叉树 T 中，删除值为 x 的结点的左孩子
void     delrchild(&t,x)        //在二叉树 T 中，删除值为 x 的结点的右孩子
End binarytree
```

6.3 遍历二叉树

所谓遍历二叉树，就是遵从某种次序，访问二叉树中的所有结点，使得每个结点仅被访问一次。

这里提到的"访问"是指对结点施行某种操作，操作可以是输出结点信息、修改结点的数据值等，但要求这种访问不破坏它原来的数据结构。在本书中，我们规定访问是输出结点信息 data，且以二叉链表作为二叉树的存储结构。

由于二叉树是一种非线性结构，每个结点可能有一个以上的直接后继，因此，必须规定遍历的规则，并按此规则遍历二叉树，最后得到二叉树所有结点的一个线性序列。

令 L、R、D 分别代表二叉树的左子树、右子树、根结点，则遍历二叉树有 6 种规则：DLR、DRL、LDR、LRD、RDL、RKD。若规定二叉树中必须先左后右（左右顺序不能颠倒），则只有 DLR、LDR、LRD 三种遍历规则。DLR 称为前根遍历（或前序遍历、先序遍历、先根遍历），LDR 称为中根遍历（或中序遍历），LRD 称为后根遍历（或后序遍历）。

6.3.1 前根遍历

所谓前根遍历，就是根结点最先遍历，其次是左子树，最后是右子树。

1. 递归遍历

前根遍历二叉树的递归遍历算法描述为：

若二叉树为空，则算法结束，否则：

（1）输出根结点。

（2）前根遍历左子树。

（3）前根遍历右子树。

算法如下：

```
void preorder(struct bitree *root)
{ struct bitree *p;
  p=root;
  if(p!=NULL)
  {printf("%c ",p->data);
   preorder(p->lchild);
   preorder (p->rchild);
  }
}
```

2. 非递归遍历

利用一个一维数组作为栈，来存储二叉链表中的结点，算法思想为：

从二叉树根结点开始，沿左子树一直走到末端（左孩子为空）为止，在走的过程中，访问所遇结点，并依次使所遇结点进栈，当左子树为空时，从栈顶退出某结点，并将指针指向该结点的右孩子。如此重复，直到栈为空或指针为空为止。

算法如下：

```
void preorder1(struct bitree *root)
{    struct bitree *p,*s[100];      //s 为一个栈
     int top=0;                     //top 为栈顶指针
     p=root;
     while((p!=NULL)||(top>0))
     { while(p!=NULL)
       {printf("%c ",p->data);
         s[++top]=p;                //进栈
         p=p->lchild;               //进入左子树
       }
       p=s[top--];                  //退栈
       p=p->rchild;                 //进入右子树
     }
}
```

6.3.2 中根遍历

所谓中根遍历，就是根在中间，先左子树，然后根结点，最后右子树。

1. 递归遍历

中根遍历二叉树的递归遍历算法描述为：

若二叉树为空，则算法结束，否则

（1）中根遍历左子树。

（2）输出根结点。

（3）中根遍历右子树。

算法如下：

```
void inorder(struct biteee *root)
{   struct bitree *p;
    p=root;
    if (p!=NULL)
    {   inorder(p->lchild);
        printf("%c ",p->data);
        inorder(p->rchild);
    }
}
```

2. 非递归遍历

同样利用一个一维数组作为栈，来存储二叉链表中的结点，算法思想为：

从二叉树根结点开始，沿左子树一直走到末端（左孩子为空）为止，在走的过程中，使依次遇到的结点进栈，待左子树为空时，从栈中退出结点并访问，然后再转向它的右子树。如此重复，直到栈空或指针为空为止。

算法如下：

```
void inorder1( struct bitree *root)
{   struct bitree *p,*s[100];              //s 为一个栈，top 为栈顶指针
    int top=0;
    p=root;
    while((p!=NULL)||(top>0))
    {   while(p!=NULL)
        {s[++top]=p;                       //进栈
        p=p->lchild;}                      //进入左子树
        p=s[top--];                        //退栈
        printf("%c ",p->data);
        p=p->rchild;                       //进入右子树
    }
}
```

6.3.3 后根遍历

所谓后根遍历，就是根在最后，即先左子树，然后右子树，最后根结点。

1. 递归遍历

后根遍历二叉树的递归遍历算法描述为：

若二叉树为空，则算法结束，否则：

（1）后根遍历左子树。

（2）后根遍历右子树。

（3）访问根结点。

算法如下：

```
void postorder(struct bitree *root)
{   struct bitree *p;
    p=root;
```

```
        if(p!=NULL)
        {   postorder (p->lchild);
            postorder (p->rchild);
            printf("%c ",p->data);
        }
    }
```

2. 非递归遍历

利用栈来实现二叉树的后序遍历要比前序和中序遍历复杂得多，在后序遍历中，当搜索指针指向某一个结点时，不能马上进行访问，而先要遍历左子树，所以此结点应先进栈保存，当遍历完它的左子树后，再次回到该结点，还不能访问它，还需先遍历其右子树，所以该结点还必须再次进栈，只有等它的右子树遍历完后，再次退栈时，才能访问该结点。为了区分同一结点的两次进栈，引入一个栈次数的标志，一个元素第一次进栈标志为 0，第二次进栈标志为 1，并将标志存入另一个栈中，当从标志栈中退出的元素为 1 时，访问结点。

后序遍历二叉树的非递归算法如下：

```
    void postorder1( struct bitree *root)
    {
        struct bitree *p,*s1[100];              //s1 栈存放树中结点
        int s2[100],top=0,b;                    //s2 栈存放进栈标志
        p=root;
        do
        {   while(p!=NULL)
            {s1[top]=p;s2[top++]=0;             //第一次进栈标志为 0
            p=p->lchild;}                       //进入左子树
            if(top>0)
            {   b=s2[--top];
                p=s1[top];
                if(b==0)
                {s1[top]=p;s2[top++]=1;         //第二次进栈标志为 1
                p=p->rchild;}                   //进入右子树
                else
                {printf("%c ",p->data);
                p=NULL;
                }
            }
        }while(top>0);
    }
```

例如，可以利用上面介绍的遍历算法，写出如图 6-11 所示的二叉树的三种遍历序列：

先序遍历序列：ABDGCEFH

中序遍历序列：BGDAECFH

后序遍历序列：GDBEHFCA

另外，在编译原理中，有用二叉树来表示一个算术表达式的情形。在一棵二叉树中，若用操作数代表树叶，运算符代表非叶子结点，则这样的树可以代表一个算术表达式。若按前序、中序、后序对该二叉树进行遍历，则得到的遍历序列分别称为前缀表达式（或称波兰式）、中

缀表达式、后缀表达式（或称逆波兰式）。具体参见图 6-12。

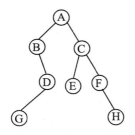

图 6-11　一棵二叉树

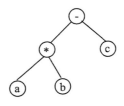

图 6-12　算术表达式 a*b-c 代表的二叉树

图 6-12 所对应的前缀表达式：-*abc。

图 6-12 所对应的中缀表达式：a*b-c。

图 6-12 所对应的后缀表达式：ab*c-。

二叉树所对应的遍历序列可以通过递归算法得到，也可以通过非递归算法得到。但有时要求直接写出序列，故我们可以用图 6-13 所示的示意图得到图 6-12 所示的遍历序列。

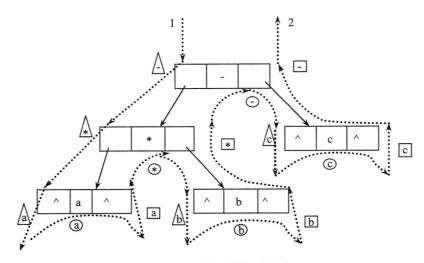

图 6-13　三种遍历过程示意图

从二叉树的三种递归遍历算法可知，三种递归遍历算法的不同之处在于访问根结点和遍历左、右子树的顺序不同，若递归算法中去掉与递归无关的语句——访问根结点，则三种遍历算法完全相同。于是对于二叉树的遍历，可以看成是从根结点出发，往左子树走，若左子树为空，返回，再进入右子树，右子树访问完后，再返回根结点。这样一来每个结点都被访问三次，若按顺序将第一次访问的结点排列起来，则得到该二叉树的先序序列，将第二次访问的结点排列起来，则得到该二叉树的中序序列，将第三次访问的结点排列起来，则得到该二叉树的后序序列。图 6-13 中，第一次访问到的结点用△表示，第二次访问到的结点用○表示，第三次访问到的结点用□表示，按虚线顺序将所有△排列起来，则得到先序序列为-*abc，将所有○排列起来，则得到中序序列为 a*b-c，将所有□排列起来，则得到后序序列为 ab*c-。

6.3.4　遍历算法应用举例

【例6-1】利用二叉树的遍历，在二叉树中查找某一指定结点。

分析：无论哪一种次序的遍历，对每个结点均只做一次访问，所以可以用任何一种次序来遍历二叉树，考察所访问的结点是否为指定结点，若是，终止遍历，返回该结点的地址，否则继续遍历。若整棵二叉树遍历结束后都未找到指定结点，则返回空指针。下面以先序遍历来实现此要求（假设二叉树以二叉链表作存储结构）。

```
struct bitree *ptr;
int found=0;
void traverse(struct bitree *t)
{
if (t!=NULL)&&(!found)
  if(t ->data==x)
  {found=1; ptr=t;}
  else
  {traverse(t ->lchild);              //在左子树中找
   traverse(t->rchild);              //在右子树中找
  }
}
sruct bitree *find(struct bitree*t,char x)     //在以 T 为根的二叉链表中查找值为 x 的结点
{ptr =NULL;
traverse(t);
return ptr;
}
```

【例6-2】求一棵二叉树的高度。

分析：二叉树的高度为二叉树中结点层次的最大值（空树的高度为 0），因此从上一层的根结点开始往下递推可得到树的高度。下面以后序遍历来实现求二叉树的高度的递归算法。

```
int treehigh(struct bitree *t)
{   int h, lh, rh;
    if(t==NULL) h=0;
    else {
    lh=treehigh(t->lchild);           //求左子树的高度
    rh=treehigh(t->rchild);           //求右子树的高度
    if (lh>=rh) h=lh+1;
    else h=rh+1;
    }
    return h;
}
```

【例6-3】求一棵二叉树中指定结点的层数。

分析：一个结点的层数是从根结点开始递推求得的，根结点的层数为 1，而其余结点的层数则为双亲结点的层数加 1，显然前序遍历算法中，双亲结点必在其左右孩子结点之前被访问。因此，可在前序遍历算法中访问结点时，通过将其双亲结点的层数 lev（递归调用作参数）加

1 而得出该结点是否为指定结点，若是，则提前结束遍历，返回该结点的层数，若二叉树中没有指定结点，则返回的层数为 0。由于根结点无双亲，故一开始在前序遍历算法外部，lev 应为 0，算法如下：

```
void traver (struct bitree *t, int lev)
{
   if(t!=NULL){lev++;
     if (t->data==x) p=lev;
     else
     {traver(t->1child,lev);        //在左子树中查找
     if( p==0)
     traver (t->rchild,lev);        //在右子树中查找
     }
   }
}
int level (struct bitree *t, int x)    //在以 T 为根的二叉树链表中查找值为 x 的结点所在层数
{
    int p=0;
    traver(t,0);
    return p;
}
```

【例 6-4】求二叉树的叶子数目。

分析：若一个结点的左右孩子指针同时为空，其才是叶子结点，本题可以用任一遍历算法对二叉树进行遍历，在遍历时，若访问的结点是叶子结点，遇叶子结点数加 1。下面以先序遍历形式写出算法如下：

```
int leaf(struct bitree *t, int n)
{
if (t!=NULL)
{
   if((t->lchild==NULL)&&(t->rchild==NULL))
   n++;
   n=leaf(t->lchild,n);
   n=leaf(t->rchild,n);
}
return n;
}
```

【例 6-5】由二叉树的前序序列和中序序列建立二叉树。

分析：若二叉树的任意两个结点的值都不相同，则二叉树的前序序列和中序序列能唯一确定一棵二叉树。另外，由前序序列和中序序列的定义可知，前序序列中第一个结点必为根结点，而在中序序列中，根结点刚好是左、右子树的分界点，因此，可按如下方法建立二叉树：

（1）用前序序列的第一个结点作为根结点。

（2）在中序序列中查找根结点的位置，并以此为界将中序序列划分为左、右两个序列（左、右子树）。

（3）根据左、右子树的中序序列中的结点个数，将前序序列去掉根结点后的序列划分为左、右两个序列，它们分别是左、右子树的前序序列。

（4）对左、右子树的前序序列和中序序列递归地实施同样方法，直到所得左、右子树为空。

如图 6-14 所示，假设前序序列为 ABDGHCEFI，存放在一维数组 pre[1]～pre[9]中，中序序列为 GDHBAECIF，存放在一维数组 ind[1]～ind[9]中。

算法如下：

```
struct bitree *create(int l1,int h1,int l2,int h2)
//前序序列存入 pre[l1]～pre[h1]中，中序序列存入 ind[l2]～ind[h2]中
{
    struct bitree *t;int s;
    if (h2-l2!=h1-l1) printf("input error");
    else{ if(l1>h1) t=NULL;                      //建空树
        else
        {   t=(struct bitree *)malloc(sizeof(struct bitree));
            t->data=pre[l1]; s=l2;
            while((s<h2)&&(pre[l1]!=ind[s]))
            s++;                                 //找中序序列中根结点
            if(ind[s]!=pre[l1]) printf("input error");
            else
            {t->lchild=create(l1+1,l1+s-l2,l2,s-1);
             t-> rchild=create(l1+s-l2+1,h1,s+1,h2);
            }
        }
    }
    return t;
}
```

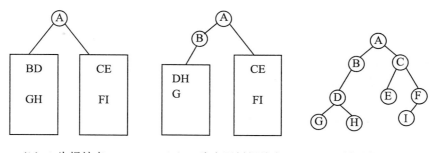

（a）二叉树的前序序列和中序序列

（b）A 为根结点　　　（c）B 为左子树根结点　　（d）最后的二叉树

图 6-14　由前序序列和中序序列生成二叉树示意图

同理，由二叉树的中序序列和后序序列也可以确定唯一一棵二叉树，但是，由二叉树的

先序序列和后序序列得到的二叉树不唯一。

【例 6-6】 按层次遍历一棵二叉树。

对于一棵二叉树，若规定遍历顺序为从上到下（上层遍历完才进入下层），从左到右（同一层从左到右进行遍历），这样的遍历称为按层次遍历。如图 6-14（d）所示的层次遍历序列为：ABCDEFGHI。下面用一个一维数组来模拟队列，实现二叉树的层次遍历。

```
void lorder(struct bitree* t)
{
struct bitree *q[100],*p;              // 100 为队列的最大容量
int f,r;                               // f、r 类似于队列的头尾指针
q[1]=t; f=r=1;                          //入队
while (f<=r)
{   p=q[f];
    f++;                               //出队
    printf("%c ",p->data);
    if(p->lchild!=NULL)
    {   r++;
        q[r]=p->lchild; }              //左孩子入队
    if (p->rchild!=NULL)
    {   r++;
        q[r]=p->rchild;}               //右孩子入队
    }
}
```

6.4　线索二叉树

6.4.1　线索的概念

通过前面介绍的二叉树可知，遍历二叉树实际上就是将树中的所有结点排成一个线性序列（即非线性结构线性化），在这样的线性序列中，很容易求得某个结点在某种遍历下的直接前驱和后继。然而，有时我们希望不进行遍历就能快速找到某个结点在某种遍历下的直接前驱和后继，这样，就应该把每个结点的直接前驱和后继记录下来。为了做到这一点，可以在原来的二叉链表结点中，再增加两个指针域，一个指向前驱，一个指向后继，但这样做将会浪费大量的存储单元，存储空间的利用率相当低（一个结点中有 4 个指针，1 个指向左孩子，1 个指向右孩子，1 个指向前驱，1 个指向后继），原来的左、右孩子域有许多空指针没有利用起来。为了不浪费存储空间，我们利用原有的孩子指针为空来存放直接前驱和后继，这样的指针称为"线索"，加线索的过程称为线索化，加了线索的二叉树，称为线索二叉树，对应的二叉链表称为线索二叉链表。

在线索二叉树中，由于有了线索，无需遍历二叉树就可以得到任一结点在某种遍历下的直接前驱和后继。但是，我们怎样来区分孩子指针域中存放的是左、右孩子信息还是直接前驱或直接后继信息呢？为此，在二叉链表结点中，还必须增加两个标志域 ltag、rtag。

ltag 和 rtag 定义如下：

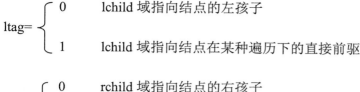

$$ltag=\begin{cases}0 & \text{lchild 域指向结点的左孩子}\\1 & \text{lchild 域指向结点在某种遍历下的直接前驱}\end{cases}$$

$$rtag=\begin{cases}0 & \text{rchild 域指向结点的右孩子}\\1 & \text{rchild 域指向结点在某种遍历下的直接后继}\end{cases}$$

这样，二叉链表中每个结点还是有 5 个域，但其中只有 2 个指针，较原来的 4 个指针要方便。增加线索后的二叉链表结点结构可描述如下：

lchild	ltag	data	rtag	rchild

另外，根据遍历的不同要求，线索二叉树可以分为：

（1）前序前驱线索二叉树（只需画出前驱）

（2）前序后继线索二叉树（只需画出后继）

（3）前序线索二叉树（前序前驱和后继都要标出）

（4）中序前驱线索二叉树（只需画出前驱）

（5）中序后继线索二叉树（只需画出中序后继）

（6）中序线索二叉树（中序前驱和后继都要标出）

（7）后序前驱线索二叉树（只需画出后序前驱）

（8）后序后继线索二叉树（中需画出后序后继）

（9）后序线索二叉树（后序前驱和后继都要标出）

6.4.2 线索的描述

1. 结点数据类型的描述

```
struct Hbitree
{
    elemtype data;
    int ltag,rtag;                    //左、右标志域
    struct Hbitree *lchild, *rchild;
};
```

2. 线索的画法

在二叉树或二叉链表中，若左孩子为空，则画出它的直接前驱，若右孩子为空，则画出它的直接后继，左右孩子都不为空时，无须画前驱和后继。这样就得到了线索二叉树或线索二叉链表。

例如，对于图 6-15（a）所示的二叉树，图 6-15（b）（c）所示为前序线索二叉树和二叉链表，图 6-16 所示为中序线索二叉树和二叉链表，图 6-17 所示为后序线索二叉树和二叉链表。其中虚线为指向前驱和后继的线索，实线为指向孩子的指针。

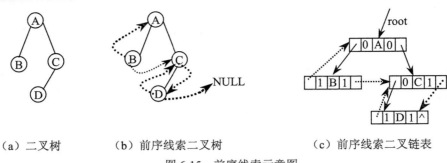

（a）二叉树   （b）前序线索二叉树   （c）前序线索二叉链表

图 6-15   前序线索示意图

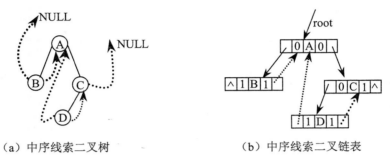

（a）中序线索二叉树   （b）中序线索二叉链表

图 6-16   中序线索示意图

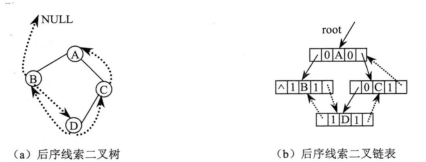

（a）后序线索二叉树   （b）后序线索二叉链表

图 6-17   后序线索示意图

从图 6-15 可知，线索二叉树的画法是：若左孩子（左子树）为空，直接画出指向它在某种遍历下的前驱线索，非空时，不需要画出；若右孩子（右子树）为空，直接画出指向它在某种遍历下的后继线索，右孩子非空时，不需要画出。另外，和单链表类似，线索二叉链表也可以带一个头结点，头结点的左孩子域指向根结点，右孩子域指向该遍历的最后一个结点。例如，图 6-16（b）所示的线索二叉链表，加上头结点后如图 6-18 所示。

6.4.3　线索的算法实现

在此仅介绍中序线索二叉树的算法实现，设 p 为当前结点，pre 为 p 的前驱结点，算法描述如下：

```
void inth (struct Hbitree *p)
```

```
//将 p 所指二叉树中序线索化，调用该函数之前，pre 为 NULL，而树中所有结点的 ltag 和 rtag 都为 0
{ if(p!=NULL)
    {   inth (p->lchild);              //左子树线索化
        if(p->lchild==NULL)
          p->ltag=1;
        if(p->rchild==NULL)   p->rtag=1;
        if(pre!=NULL)
        { if(pre->rtag==1)   pre->rchild=p;
           if(p->ltag=1)   p->lchild=pre;
        }
        pre=p;
        inth (p->rchild);             //右子树线索化
    }
}
```

读者可以用此算法跟踪图 6-16 所示的二叉树。

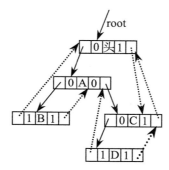

图 6-18　带头结点的中序线索二叉链表

6.4.4　线索二叉树上的运算

1. 线索二叉树上的查找

（1）查找指定结点在中序线索二叉树中的直接后继

若所找结点右标志 rtag=1，则右孩子域指向中序后继，否则，中序后继应为遍历右子树时的第一个访问结点，即右子树中最左下的结点（参见图 6-19）。从图 6-19 可知，X 的后继为 X_k。

求中序线索二叉树中的直接后继的算法描述如下：

```
struct Hbitree *inordernext (struct Hbitree *p)
//查找 p 的中序后继
{
    struct Hbitree *q;
    if (p->rtag==1)   q=p->rchild;
    else
    {   q=p->rchild;
        while(q->ltag==0)   q=q->lchild;
    }
    return q;
}
```

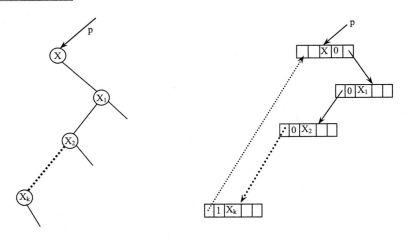

图6-19　求中序线索二叉树中的直接后继示意图

（2）查找指定结点在中序线索二叉树中的直接前驱

若所找结点左标志 ltag=1，则左孩子域指向中序前驱，否则，中序前驱应为遍历左子树时的最后一个访问结点，即左子树中最右下的结点（参见图6-20）。从图6-20可知，X 的前驱为 X_k。

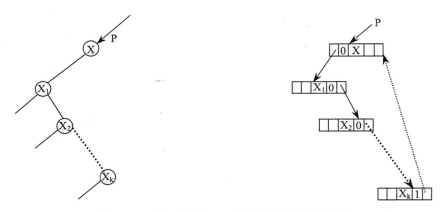

图6-20　求中序线索二叉树中的直接前驱示意图

求中序线索二叉树中的直接前驱的算法描述为：

```
struct Hbitree *inordersucc(struct Hbitree *p)
//找 p 的中序前驱
{   struct Hbitree *q;
    if (p->ltag==1)   q=p->lchild;
    else
    {   q=p->lchild;
        while (q->rtag==0)   q=q->rchild;
    }
    return   q;
}
```

（3）查找指定点在前序线索二叉树中的直接后继

前序线索二叉树中的直接后继的查找比较方便，若 p 无左孩子，右链为后继，否则左孩子为后继。算法描述为：

```
struct Hbitree *preordernext (struct Hbitree *p)
{
    if(p->ltag==1) return (p->rchild);
    else return (p->lchild);
}
```

（4）查找指定结点在后序线索二叉树中的直接前驱

后序线索二叉树中的直接前驱的查找也比较方便，可以描述为：左孩子为空时，左链为线索，直接指向前驱；左孩子非空时，若右链（右孩子或右线索均可）为空，左孩子指前驱，否则右链指前驱。用算法描述为：

```
struct Hbitree *postordersucc (struct Hbitree *p)
{   if (p->ltag==1)   return (p->lchild);
    else if (p->rtag==1)   return (p->lchild);
    else return (p->rchild);
}
```

求前序前驱和后序后继都比较麻烦，在此不再作进一步介绍。

2.　线索二叉树上的遍历

遍历某种次序的线索二叉树，只要从该次序下的开始结点出发，反复找到结点在该次序下的后继，直到后继为空。这对于中序线索二叉树和前序线索二叉树很方便，但对于后序线索二叉树较麻烦（因求后序后继较麻烦）。故后序线索对于遍历没有什么意义。

（1）前序遍历线索二叉树算法

```
void preorder2 (struct Hbitree *t)
{   struct Hbitree *p;
    p=t;                              //找到开始结点
    while (p!=NULL)
    {   printf("%c ",p->data);
        p=preordernext(p);           //调用函数找前序线索二叉树中的直接后继
    }
}
```

（2）中序遍历线索二叉树算法

```
void inorder2 (struct Hbitree *t)
{
    struct Hbitree *p;
    p=t;
    if (p!=NULL)
    {   while (p->ltag==0)   p=p->lchild;      //找开始结点
        while (p!=NULL)
        { printf("%c ",p->data);
          p=inordernext(p);                   //调用函数找中序线索二叉树中的直接后继
        }
    }
}
```

从上面的算法可知，线索二叉树上的遍历较一般二叉树要方便得多，但是这种方便是以增加线索为代价的，增加线索本身要花费大量时间，所以二叉树是以一般二叉链表表示，还是以线索二叉链表表示，可根据具体问题而定。

3. 线索二叉树的插入和删除

线索二叉树上的查找、遍历都较一般二叉树方便，但线索二叉树也存在其缺点，就插入和删除运算而言，线索二叉树比一般二叉树的时间花费大，因为除要修改指针外，还要修改相应线索。

线索二叉树的插入和删除较麻烦，因此本书不再介绍算法，有兴趣的读者可以参考其他数据结构教材。

6.5　树和森林

6.5.1　树的存储结构

1. 双亲表示法

双亲表示法是指以一组连续的存储单元来存放树中的结点，每个结点有两个域：一个是 data 域，存放结点信息，另一个是 parent 域，存放双亲的位置（指针）。

用 C 语言描述如下：

```
#define maxsize maxlen          //maxlen 表示数组的最大长度
struct node
{
    elemtype data;
    int parent;
};
struct node a[maxsize];          //定义一维数组存放树中结点
```

树的结构的具体描述见图 6-21。

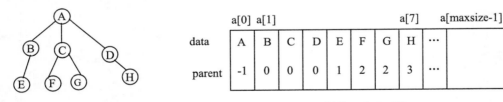

	a[0]	a[1]					a[7]		a[maxsize-1]
data	A	B	C	D	E	F	G	H	…	
parent	-1	0	0	0	1	2	2	3	…	

　　（a）树的结构　　　　　　　　　　　　　（b）树的双亲表示法

图 6-21　树的双亲表示法示意图

2. 孩子表示法

将一个结点的所有孩子链接成一个单链表形式，而树中有若干个结点，故有若干个单链表，每个单链表有一个表头结点，所有表头结点用一个数组来描述，具体描述参见图 6-22，该存储结构的形式用 C 语言描述如下：

```
#define maxsize maxlen          //maxlen 为数组的最大容量
struct link
{
    int child;                   //孩子序号
    struct link *next;           //下一个孩子指针
```

```
};
struct node
{
    elemtype  dada;              //结点信息
    struct link *next1;          //头指针
};
struct node a[maxsize];
```

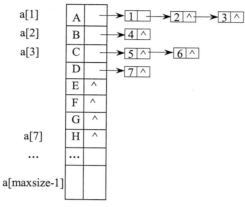

图 6-22　树（图 6-21（a）中树）的孩子表示法示意图

3. 双亲孩子表示法

将第 1、2 两种方法结合起来，则得到双亲孩子表示法，具体参见图 6-23。

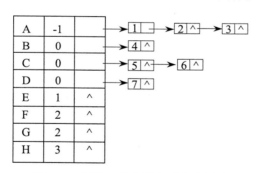

图 6-23　树的双亲孩子表示法示意图

4. 孩子兄弟表示法

此种存储结构类似于二叉链表，但第一根链指向第一个孩子，第二根链指向下一个兄弟。将图 6-21（a）所示的树用孩子兄弟表示法表示，如图 6-24 所示。

从上面提到的树的几种表示方法可知，双亲表示法求指定结点的双亲结点方便，求孩子结点不方便，孩子表示法求指定结点的孩子结点方便，求双亲结点不方便，孩子兄弟表示法求孩子结点和兄弟结点都方便。因此，在实际应用中，可根据问题的不同要求，选用不同的存储结构。

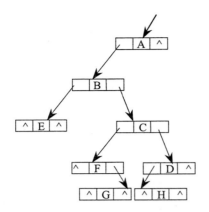

图 6-24　树的孩子兄弟表示法示意图

6.5.2　树、森林和二叉树的转换

1. 树转换成二叉树

可以分为三步：

（1）连线

指相邻兄弟之间连线。

（2）抹线

指抹掉双亲与除左孩子外的其他孩子之间的连线。

（3）旋转

只需将树作适当的旋转。具体实现过程见图 6-25。

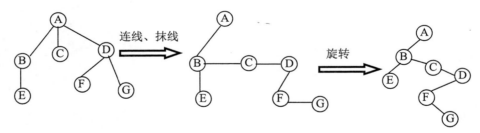

图 6-25　树转换成二叉树示意图

2. 森林转换成二叉树

可以分为两步：

（1）将森林中每一棵树分别转换成二叉树

这在刚才的"树转换成二叉树"部分中已经介绍过。

（2）合并

使第 n 棵二叉树接入到第 n-1 棵二叉树的根结点的右边并成为它的右子树，第 n-1 棵二叉树接入到第 n-2 棵二叉树的根结点的右边并成为它的右子树……，第 2 棵二叉树接入到第 1 棵二叉树的右边并成为它的右子树，直到最后剩下一棵二叉树为止。

具体过程见图 6-26。

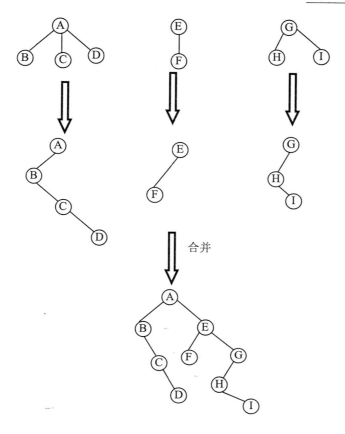

图 6-26　森林转换成二叉树示意图

3. 二叉树还原成树或森林

（1）右链断开

将二叉树的根结点的右链及右链的右链等全部断开，得到若干棵无右子树的二叉树。

具体操作见图 6-27（b）。

（2）二叉树还原成树

将（1）中得到的每一棵二叉树都还原成树（与树转换成二叉树的步骤刚好相反）。

具体操作步骤见图 6-27（c）。

6.5.3　树和森林的遍历

在树和森林中，一个结点可能有两棵以上的子树，所以不宜讨论它们的中序遍历，即树和森林只有先序遍历和后序遍历。

1. 先序遍历

（1）树的先序遍历

若树非空，则先访问根结点，然后依次先序遍历各子树。

（2）森林的先序遍历

若森林非空，则先访问森林中第一棵树的根结点，再先序遍历第一棵树各子树，接着先序遍历第二棵树、第三棵树……，直到最后一棵树。

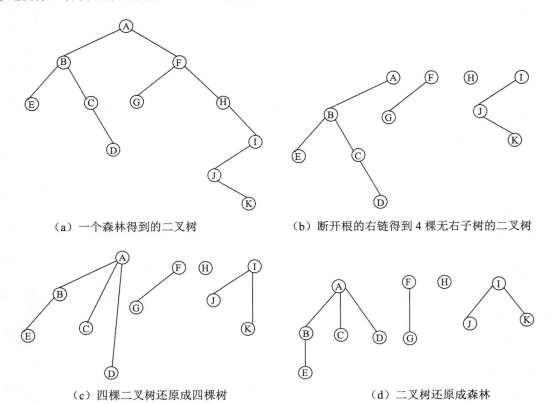

（a）一个森林得到的二叉树　　　　　　　（b）断开根的右链得到 4 棵无右子树的二叉树

（c）四棵二叉树还原成四棵树　　　　　　　（d）二叉树还原成森林

图 6-27　二叉树还原成树或森林过程

2．后序遍历

（1）树的后序遍历

若树非空，则依次后序遍历各子树，最后访问根结点。

（2）森林的后序遍历

按顺序后序遍历森林中的每一棵树。

例如，对图 6-25 所示的树，先序遍历序列为 ABECDFG，后序遍历序列为 EBCFGDA。对图 6-26 所示的森林（有 3 棵树），先序遍历序列为 ABCDEFGHI，后序遍历序列为 BCDAFEHIG。

另外，请注意，树和森林的先序遍历等价于它转换成的二叉树的先序遍历，树和森林的后序遍历等价于它转换成的二叉树的中序遍历。

6.6　回溯法与树的遍历

在程序设计中，有很多问题都可以归纳为求一组解或全部解或最优解问题，例如八皇后问题、背包问题、求集合的幂集等，不是根据某种确定的计算法则，而是利用试探和回溯的搜索技术求解，它的求解过程实质上是一个先序遍历一棵"状态树"的过程，只是这棵树不是遍历前预先建立的，而是隐含在遍历过程中。为了说明问题，给出如下的两个例子，算法从略。

【例 6-7】求八皇后问题的所有可行解（考虑问题的规模太大，将八皇后问题简化为四皇后问题）。

在图 6-28 所示的树中，第 1 层表示棋盘初始状态，第 2 层表示放 1 个皇后之后的状态，第 3 层表示放 2 个皇后之后的状态（有三种情况符合要求），第 4 层表示放 3 个皇后之后的状态（有两种情况符合要求），第 5 层表示放 4 个皇后之后的状态（有一种情况符合要求）。

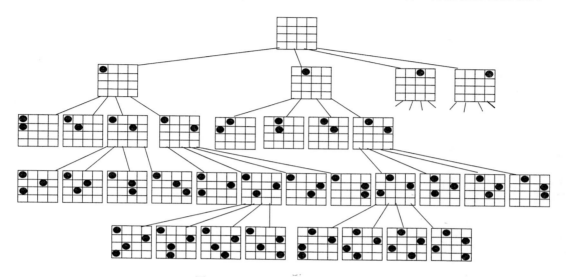

图 6-28 四皇后问题的部分状态树

【例 6-8】背包问题：有重量分别为 t1,t2,t3,…,tn 的 n 件货物，有装载重量为 T 的背包。问将哪几件货物装入背包中，可使背包的利用率最高？假设有 5 件货物，重量分别为：8，16，21，17，12。背包的装载重量为 37。

该问题也可以用状态树来描述，见图 6-29。

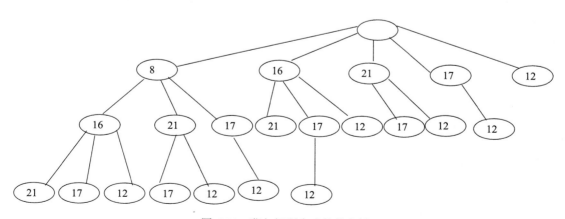

图 6-29 背包问题生成的状态树

在图 6-29 中，有两种状态最佳（8、17、12 或 16、21），即背包中放重量为 8、17、12 或 16、21 的货物时，背包的利用率最高。

6.7　哈夫曼树

6.7.1　基本术语

1．路径和路径长度

在一棵树中，从一个结点往下可以达到的孩子或子孙结点之间的通路，称为路径。通路中分支的数目称为路径长度。

若规定根结点的层数为 1，则从根结点到第 L 层结点的路径长度为 L-1。

2．结点的权及带权路径长度

若给树中结点赋一个有着某种含义的数值，则这个数值称为该结点的权。

结点的带权路径长度为：从根结点到该结点之间的路径长度与该结点的权的乘积。

3．树的带权路径长度

树的带权路径长度规定为所有叶子结点的带权路径长度之和，记为 $WPL=\sum_{i=1}^{n}w_il_i$，其中

n 为叶子结点数目，w_i 为第 i 个叶子结点的权值，l_i 为第 i 个叶子结点的路径长度。

6.7.2　哈夫曼树简介

1．哈夫曼树的定义

在一棵二叉树中，若带权路径长度达到最小，称这样的二叉树为最优二叉树，也称为哈夫曼树（Huffman tree）。

例如，给定叶子结点的权分别为 1、3、5、7，则可以得到如图 6-30 所示的不同二叉树。

从图 6-30 可知，图 6-30（b）的带权路径长度最短（为 29），图 6-30（a）的带权路径长度居中（为 32），图 6-30（c）的带权路径长度最长（为 35），当然，对于刚才的权值，读者还可以自己构造出具有不同的 WPL 的二叉树来。

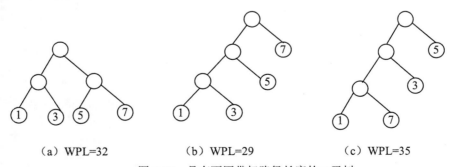

(a) WPL=32　　　　(b) WPL=29　　　　(c) WPL=35

图 6-30　具有不同带权路径长度的二叉树

2．哈夫曼树的构造

假设有 n 个权值，则构造出的哈夫曼树有 n 个叶子结点。n 个权值分别设为 $w_1,w_2,\cdots,w_n$，则哈夫曼树的构造规则为：

（1）将 $w_1,w_2,\cdots,w_n$ 看成是有 n 棵树的森林（每棵树仅有一个结点）。

（2）在森林中选出两个根结点的权值最小的树合并，作为一棵新树的左、右子树，且新树的根结点权值为其左、右子树根结点权值之和。

（3）从森林中删除选取的两棵树，并将新树加入森林。

（4）重复（2）、（3）步，直到森林中只剩一棵树为止，该树即为我们所求得的哈夫曼树。

下面给出哈夫曼树的构造过程，假设给定的叶子结点的权分别为 1、5、7、3，则构造哈夫曼树的过程如图 6-31 所示。

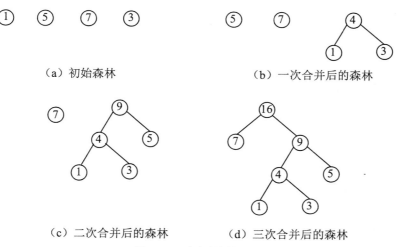

（a）初始森林　　　　　　　　　（b）一次合并后的森林

（c）二次合并后的森林　　　（d）三次合并后的森林

图 6-31　哈夫曼树的构造过程

从图 6-31 可知，n 个权值构造哈夫曼树需 n−1 次合并，每次合并，森林中的树数目减 1，最后森林中只剩下一棵树，即为我们求得的哈夫曼树。

3. 构造哈夫曼树的算法实现

假设哈夫曼树采用双亲孩子表示法存储，并增加权值域，构造哈夫曼树的叶子结点（树的权）有 n 个，合并次数为 n−1 次，则森林中总共有 2n−1 棵树（包含合并后删除的）。存储结构描述为：

```
#define n maxn              //maxn 表示叶子数目
#define m 2*n-1             //m 为森林中树的棵数
struct tree
{
float weight;              //权值
int parent;                //双亲
int lch,rch;               //左、右孩子
};
struct tree hftree[m+1];    //规定从第一个元素 hftree[1]开始使用数组元素，故定义长度为 m+1 而不为 m
```

算法描述如下：

```
#include <stdio.h>
#define n 8                //n 表示叶子数目
#define m 2*n-1            //m 为森林中树的棵数
struct tree
{
```

```
    float weight;                              //权值
    int parent;                                //双亲
    int lch,rch;                               //左、右孩子
};
struct tree hftree[m+1];
void creathuffmantree( )
{ int i,j,p1,p2;
float s1,s2;
for(i=1;i<=m;i++)
{
hftree[i].parent=0;
hftree[i].lch=0;
hftree[i].rch=0;
hftree[i].weight=0;
}
for(i=1;i<=n;i++)
scanf("%d",&hftree[i].weight);              //输入权值
for(i=n+1;i<=m;i++)                          //进行 n-1 次合并
{
p1=p2=0;                                     // p1,p2 分别指向两个权最小的值的位置
s1=s2=32767;                                 // s1,s2 代表两个最小权值
for(j=1;j<=i-1;j++)                          //选两个最小值
if(hftree[j].parent==0)                      //该权值还没有被选中
if(hftree[j].weight<s1)
{s2=s1;
s1=hftree[j].weight;
p2=p1;
p1=j;
}
else if(hftree[j].weight<s2)
{s2=hftree[j].weight;
p2=j;
}                                            //以下为合并
hftree[p1].parent=i;
hftree[p2].parent=i;
hftree[i].lch=p1;
hftree[i].rch=p2;
hftree[i].weight=hftree[p1].weight+hftree[p2].weight;
}
for(i=1;i<=m;i++)                            //输出合并后的结果
printf("%3d %3d %3d %3d %3d\n",i,hftree[i].weight,hftree[i].parent,hftree[i].lch,hftree[i].rch);
}
void main()
{
creathuffmantree( );
}
```

【例 6-9】给定权值 5,29,7,8,14,23,3,11，用上面的算法建立的哈夫曼树见图 6-32，而哈夫曼树的存储结构见图 6-33。

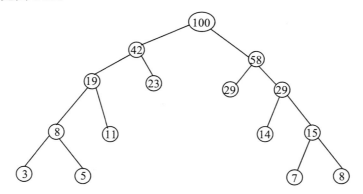

图 6-32　用上述算法建立的哈夫曼树

	weight	parent	lch	rch
1	5	0	0	0
2	29	0	0	0
3	7	0	0	0
4	8	0	0	0
5	14	0	0	0
6	23	0	0	0
7	3	0	0	0
8	11	0	0	0
9		0	0	0
10		0	0	0
11		0	0	0
12		0	0	0
13		0	0	0
14		0	0	0
15		0	0	0

（a）初始状态

	weight	parent	lch	rch
1	5	9	0	0
2	29	14	0	0
3	7	10	0	0
4	8	10	0	0
5	14	12	0	0
6	23	13	0	0
7	3	9	0	0
8	11	11	0	0
9	8	11	7	1
10	15	12	3	4
11	19	13	9	8
12	29	14	5	10
13	42	15	11	6
14	58	15	2	12
15	100	0	13	14

（b）生成哈夫曼树后的状态

图 6-33　哈夫曼树的存储结构

6.7.3　哈夫曼树的应用

1. 哈夫曼编码

在通信中，可以采用 0、1 的不同排列来表示不同的字符，称为二进制编码。而哈夫曼树在数据编码中的应用，是数据的最小冗余编码问题，它是数据压缩学的基础。若每个字符出现的频率相同，则可以采用等长的二进制编码，若频率不同，则可以采用不等长的二进制编码，频率较大的字符采用位数较少的编码，频率较小的字符采用位数较多的编码，这样可以使字符的整体编码长度最小，这就是最小冗余编码的问题。而哈夫曼编码就是一种不等长的二进制编码，且哈夫曼树是一种最优二叉树，它的编码也是一种最优编码，在哈夫曼树中，规定往左编码为 0，往右编码为 1，则得到叶子结点编码为从根结点到叶子结点的所有路径中 0 和 1 的顺序排列。

例如，给定权{1,5,7,3}，得到的哈夫曼树及编码见图 6-34（假定权值就代表该字符名）。

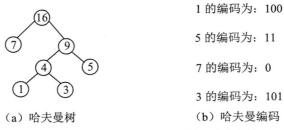

1 的编码为：100

5 的编码为：11

7 的编码为：0

3 的编码为：101

（a）哈夫曼树　　　　　　　　　　　（b）哈夫曼编码

图 6-34　构造哈夫曼树及哈夫曼编码

2. 哈夫曼译码

在通信中，若将字符用哈夫曼编码形式发送出去，对方接收到编码后，将编码还原成字符的过程，称为哈夫曼译码。

例如，哈夫曼编码见图 6-34，假设发送的通信信息为：

<u>11</u> <u>0</u> <u>101</u> <u>0</u> <u>0</u> <u>11</u> <u>100</u> <u>0</u> <u>11</u> <u>101</u>，则译码成原文为：

5　7　3　7 7 5　1　7 5　3

本章小结

1. 树是一种层次型的数据结构，属于一对多的非线性结构，除根结点外，每个结点只有一个直接前驱（为它的双亲），但可以有多个直接后继（为它的孩子），根结点无直接前驱。

2. 树和二叉树是不同的，树是无序的，而二叉树是有序的，二叉树不是树的特例。

3. 满二叉树和完全二叉树是两种不同的二叉树，满二叉树一定是完全二叉树，但完全二叉树不一定是满二叉树。

4. 二叉树具有顺序和链式两种存储结构，在顺序存储结构中，一定要按完全二叉树格式存储，若为非完全二叉树，则应补上缺省的结点，使其成为完全二叉树，但在存储时，补上的结点用空格代替。在二叉树的链式存储结构中，每个结点有两个指针，一个指向左孩子，一个指向右孩子，具有 n 个结点的二叉树，共有 2n 个指针，其中指向左、右孩子的指针有 n-1 个，另外 n+1 个为空指针。

5. 二叉树的主要运算是遍历，它包括先序、中序、后序和层次四种不同的遍历次序，前三种遍历可以通过递归或使用栈的非递归算法来实现，后一种可以通过使用队列的非递归算法实现，每一种算法的时间复杂度最好为 O(n)，最坏为 $O(n^2)$。

6. 二叉树的线索是为了方便求某结点在某种遍历次序下的直接前驱和后继。为了节省内存开销，就可以利用二叉链表中的 n+1 个空指针来线索化，左孩子为空时，让该指针域指向它的直接前驱，右孩子为空时，让该指针域指向它的直接后继。所画出的线索数目正好是 n+1 个。

7. 树和森林的遍历有先序、后序和层次遍历（无中序遍历）。

8. 树和森林的存储比较麻烦，但可以将其转换成二叉树，再按二叉树的结构存储。

9. 哈夫曼树是一种最优二叉树，在通信中有着广泛的应用，在程序设计中，对于多分支的判别（各个分支频率不同），利用哈夫曼树，可以提高程序的执行效率。

习题六

6-1 已知一棵树中的关系 R={(I,M)，(I,N)，(E,I)，(B,E)，(B,D)，(A,B)，(G,J)，(G,K)，(C,G)，(C,F)，(H,L)，(C,H)，(A,C)}，试画出该树，并回答以下问题：

（1）哪个结点是根结点？

（2）哪些结点是叶子结点？

（3）哪个结点是 G 的双亲？

（4）哪些结点是 G 的祖先？

（5）哪些结点是 G 的孩子？

（6）哪些结点是 E 的子孙？

（7）哪些结点是 E 的兄弟？哪些结点是 F 的兄弟？

（8）结点 B 和 N 的层次分别是多少？

（9）该树的深度是多少？

（10）以结点 C 为根的子树的深度是多少？

6-2 试分别画出具有 3 个结点的树和具有 3 个结点的二叉树的所有不同形态。

6-3 已知一棵度为 k 的树中有 n_1 个度为 1 的结点，有 n_2 个度为 2 的结点……，有 n_k 个度为 k 的结点，问该树中有多少个叶子结点？

6-4 试证明：一棵满 k 叉树中的叶子结点数 n_0 和非叶子结点数 n_1 之间满足下面的条件 $n_0=(k-1)n_1+1$。

6-5 找出所有满足下列条件的二叉树：

（1）它们的先序遍历序列和中序遍历序列相同。

（2）它们的后序遍历序列和中序遍历序列相同。

（3）它们的先序遍历序列和后序遍历序列相同。

6-6 给定一棵二叉树（见图 6-35），试分别写出它的先序序列、中序序列、后序序列，并画出它的中序线索二叉树及中序线索二叉链表。

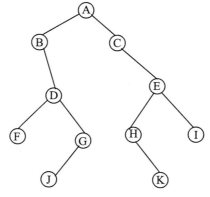

图 6-35 给定一棵二叉树

6-7　给定森林（见图 6-36），要求写出它的先序和后序两种遍历序列，并将该森林转换成一棵二叉树。

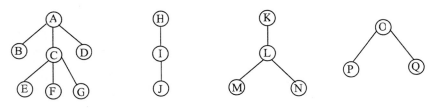

图 6-36　给定森林

6-8　已知一棵二叉树的中序序列为 GDJHKBEACFMI，后序序列为 GJKHDEBMIFCA，试画出该二叉树。

6-9　假设在通信中，只允许出现 8 种字符，分别用 a、b、c、d、e、f、g、h 来代替，假设每个字符出现的频率分别为 9、17、2、6、22、13、11、20，试建立哈夫曼树，并为这 8 个字符设计哈夫曼编码。使用 000～111 的等长的二进制编码，制定另外一种编码方案，试比较两种方案的优缺点。

6-10　编写一个递归算法，实现将一棵二叉树的左右孩子交换。

6-11　假设一棵二叉树的按层次遍历序列为 ABCDEFGHIJ，中序序列为 DBGEHJACIF，请画出该二叉树。

6-12　编写复制一棵二叉树的非递归算法。

6-13　将图 6-37 所示的二叉树转换成森林。

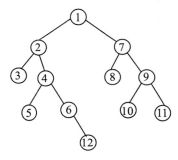

图 6-37　二叉树

6-14　证明：在结点数多于 1 的哈夫曼树中，不存在度为 1 的结点。

6-15　对于图 6-37 所示的二叉树，试画出它的后序前驱线索二叉树及前序后继线索二叉树和中序全线索二叉树。

6-16　一棵深度为 H 的满 k 叉树有如下性质：第 H 层上的结点都是叶子结点，其余各层上每个结点都有 k 棵非空子树。如果按层次顺序从 1 开始对全部结点编号，问：

（1）各层的结点数目为多少？

（2）编号为 x 的结点的双亲结点（如果存在的话）的编号为多少？

（3）编号为 x 的结点的第 i 个孩子结点（如果存在的话）的编号为多少？

（4）编号为 x 的结点有右兄弟的条件是什么？其右兄弟的编号为多少？

6-17　假设一棵二叉树的先序序列为 EBADCFHGIKJ，中序序列为 ABCDEFGHIJK，试画出该二叉树。

6-18　假设在二叉链表的结点中增加两个域：双亲域（parent）以指示其双亲结点；标志域（mark 取值 0,1,2）以区分在遍历过程中到达该结点时应继续向左或向右访问该结点。试以此存储结构编写不用栈进行后序遍历的递推形式的算法。

6-19　若用大写字母标识树的结点，则可以用带符号的广义表形式表示一棵树，其语法图如图 6-38 所示。

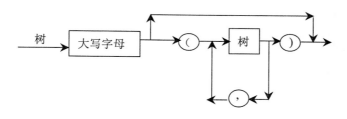

图 6-38　一棵树的语法图

试写一递归算法，用这种广义表表示的字符序列构造树的孩子—兄弟链表（提示：按照森林和树相互递归的定义写两个互相递归调用的算法，语法图中一对圆括号内的部分可看作森林的语法图）。

例如，对于图 6-1（c）所示的树结构，广义表表示法可表示为：

(A(B(E(J,K,L),F),C(G),D(H(M),I)))。

第 7 章　图

本章学习目标

本章主要介绍的内容有：图的基本概念、图的存储结构、图的遍历、生成树和最小生成树、最短路径、拓扑排序等。通过本章的学习，读者应掌握如下内容：

- 图的基本概念和术语
- 图的两种存储结构（邻接矩阵和邻接表）
- 图的两种遍历及算法实现
- 求最小生成树的两种方法
- 两种最短路径的求法
- 拓扑排序的步骤及用栈的非递归算法实现

7.1　图的基本概念

7.1.1　图的定义

图是由顶点集 V 和顶点间的关系集合 E（边的集合）组成的一种数据结构，可以用二元组定义为：G=(V,E)。

例如，对于图 7-1 所示的无向图 G_1 和有向图 G_2，它们的数据结构可以描述为：$G_1=(V_1,E_1)$，其中 V_1={a,b,c,d}，E_1={(a,b)(a,c),(a,d),(b,d),(c,d)}，而 $G_2=(V_2,E_2)$，其中 V_2={1,2,3}，E_2={<1,2>,<1,3>,<2,3>,<3,1>}。

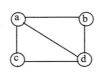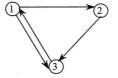

（a）无向图 G_1　　　　（b）有向图 G_2

图 7-1　无向图和有向图

7.1.2　图的基本术语

1. 有向图和无向图

在图中，若用箭头标明了边是有方向性的，则这样的图称为有向图，否则称为无向图。图 7-1 中，G_1 为无向图，G_2 为有向图。

在无向图中，一条边（x,y）与（y,x）表示的结果相同，用圆括号表示，在有向图中，一

条边<x,y>与<y,x>表示的结果不相同，故用尖括号表示。<x,y>表示从顶点 x 发向顶点 y 的边，x 为始点，y 为终点。有向边也称为弧，x 为弧尾，y 为弧头，则<x,y>表示为一条弧；而<y,x>表示 y 为弧尾、x 为弧头的另一条弧。

2. 完全图、稠密图、稀疏图

具有 n 个顶点、n(n-1)/2 条边的图，称为完全无向图；具有 n 个顶点、n(n-1)条弧的有向图，称为完全有向图。完全无向图和完全有向图都称为完全图。

对于一般无向图，顶点数为 n，边数为 e，则 0≤e≤n(n-1)/2。

对于一般有向图，顶点数为 n，弧数为 e，则 0≤e≤n(n-1)。

当一个图接近完全图时，称它为稠密图，相反地，当一个图中含有较少的边或弧时，称它为稀疏图。

3. 度、入度、出度

在图中，一个顶点依附的边或弧的数目，称为该顶点的度。在有向图中，一个顶点依附的弧头数目，称为该顶点的入度；一个顶点依附的弧尾数目，称为该顶点的出度；某个顶点的入度和出度之和称为该顶点的度。

另外，若图中有 n 个顶点、e 条边或弧，第 i 个顶点的度为 d_i，则有 $e=\dfrac{1}{2}\sum_{i=1}^{n}d_i$。

例如，对于图 7-1，G_1 中顶点 a、b、c、d 的度分别为 3、2、2、3，G_2 中顶点 1、2、3 的出度分别为 2、1、1，而它们的入度分别为 1、1、2，故顶点 1、2、3 的度分别为 3、2、3。

4. 子图

若有两个图 G_1 和 G_2，$G_1=(V_1,E_1)$，$G_2=(V_2,E_2)$，满足如下条件：$V_2\subseteq V_1$，$E_2\subseteq E_1$，即 V_2 为 V_1 的子集，E_2 为 E_1 的子集，称图 G_2 为图 G_1 的子图。

图和子图的示例具体见图 7-2。

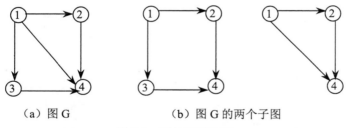

（a）图 G   （b）图 G 的两个子图

图 7-2　图与子图示例

5. 权

在图的边或弧中给出的相关的数，称为权。权可以代表一个顶点到另一个顶点的距离、耗费等，带权图一般称为网。

带权图的示例具体见图 7-3。

6. 连通图和强连通图

在无向图中，若从顶点 i 到顶点 j 有路径，则称顶点 i 到顶点 j 是连通的。若任意两个顶点都是连通的，则此无向图称为连通图，否则称为非连通图。

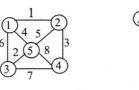

（a）无向网　　　　（b）有向网

图 7-3　无向带权图和有向带权图

连通图和非连通图示例见图 7-4。

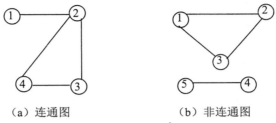

（a）连通图　　　　　　　（b）非连通图

图 7-4　连通图和非连通图

在有向图中，若从顶点 i 到顶点 j 有路径，则称从顶点 i 到顶点 j 是连通的，若图中任意两个顶点都是连通的，则此有向图称为强连通图，否则称为非强连通图。

强连通图和非强连通图示例见图 7-5。

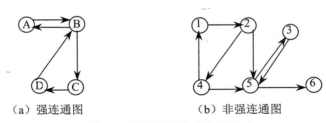

（a）强连通图　　　　　　　（b）非强连通图

图 7-5　强连通图和非强连通图

7. 连通分量和强连通分量

无向图中，极大的连通子图为该图的连通分量。显然，任何连通图的连通分量只有一个，即它本身，而非连通图有多个连通分量。

对于图 7-4 中的非连通图，它的连通分量见图 7-6。

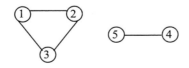

图 7-6　图 7-4（b）的连通分量

有向图中，极大的强连通子图为该图的强连通分量。显然，任何强连通图的强连通分量只有一个，即它本身，而非强连通图有多个强连通分量。

对于图 7-5 中的非强连通图，它的强连通分量见图 7-7。

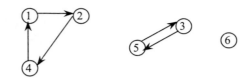

图 7-7 图 7-5（b）的强连通分量

8. 路径、回路

在无向图 G 中，若存在一个顶点序列 $V_p,V_{i1},V_{i2},\cdots,V_{in},V_q$，使得$(V_p,V_{i1}),(V_{i1},V_{i2}),\cdots,(V_{in},V_q)$均属于 E(G)，则称顶点 V_p 到 V_q 存在一条路径。若一条路径上除起点和终点可以相同外，其余顶点均不相同，则称此路径为简单路径。起点和终点相同的路径称为回路，简单路径组成的回路称为简单回路。路径上经过的边的数目称为该路径的路径长度。

9. 有根图

在一个有向图中，若从顶点 V 有路径可以到达图中的其他所有顶点，则称此有向图为有根图，顶点 V 称作图的根。

10. 生成树、生成森林

连通图的生成树是一个极小连通子图，它包含图中全部 n 个顶点和 n-1 条不构成回路的边。非连通图的生成树则组成一个生成森林。若图中有 n 个顶点、m 个连通分量，则生成森林中有 n-m 条边。

7.2 图的存储结构

由于图是一种多对多的非线性关系，因此，无法用数据元素在存储区中的物理位置来表示元素之间的关系，故不能用顺序存储结构。下面将介绍常用的三种存储结构：邻接矩阵、邻接表和邻接多重表。

7.2.1 邻接矩阵

1. 图的邻接矩阵表示

在邻接矩阵表示中，除了存放顶点本身的信息外，还用一个矩阵表示各个顶点之间的关系。若$(i,j)\in E(G)$或$<i,j>\in E(G)$，则矩阵中第 i 行第 j 列元素值为 1，否则为 0。

图的邻接矩阵定义为：

$$A[i][j]=\begin{cases} 1 & (i,j)\in E(G)或<i,j>\in E(G) \\ 0 & 其他情形 \end{cases}$$

例如，对于图 7-8 所示的无向图和有向图，它们的邻接矩阵见图 7-9。

（a）无向图 G_3　　　　（b）有向图 G_4

图 7-8　无向图 G_3 及有向图 G_4

$$\begin{bmatrix} 0 & 1 & 0 & 1 \\ 1 & 0 & 1 & 1 \\ 0 & 1 & 0 & 1 \\ 1 & 1 & 1 & 0 \end{bmatrix} \qquad \begin{bmatrix} 0 & 1 & 1 \\ 0 & 0 & 1 \\ 1 & 0 & 0 \end{bmatrix}$$

（a）G_3 的邻接矩阵　　　（b）G_4 的邻接矩阵

图 7-9　邻接矩阵表示

2. 无向图的邻接矩阵相关结论

（1）矩阵是对称的。

（2）第 i 行或第 i 列 1 的个数为顶点 i 的度。

（3）矩阵中 1 的个数的一半为图中边的数目。

（4）很容易判断顶点 i 和顶点 j 之间是否有边相连（看矩阵中 i 行 j 列值是否为 1）。

3. 有向图的邻接矩阵相关结论

（1）矩阵不一定是对称的。

（2）第 i 行中 1 的个数为顶点 i 的出度。

（3）第 j 列中 1 的个数为顶点 j 的入度。

（4）矩阵中 1 的个数为图中弧的数目。

（5）很容易判断顶点 i 和顶点 j 是否有弧相连。

4. 网的邻接矩阵表示

类似地可以定义网的邻接矩阵为：

$$A[i][j]= \begin{cases} w_{ij} & (i,j)\in E(G)\text{或}<i,j>\in E(G) \\ 0 & i=j \\ \infty & \text{其他情形} \end{cases}$$

网及网的邻接矩阵见图 7-10。

$$\begin{bmatrix} 0 & 6 & 1 & \infty & 3 \\ 6 & 0 & \infty & 8 & 9 \\ 1 & \infty & 0 & 2 & 4 \\ \infty & 8 & 2 & 0 & 7 \\ 3 & 9 & 4 & 7 & 0 \end{bmatrix}$$

（a）网 G_5　　　　（b）网 G_5 的邻接矩阵示意图

图 7-10　网及其邻接矩阵示意图

5. 图的邻接矩阵数据类型描述

图的邻接矩阵数据类型描述如下：

```
define n maxn              //图中顶点数
define e maxe              //图中边数
struct graph
{
elemtype v[n+1];           //存放顶点信息 v1,v2,…,vn，不使用 v[0]存储空间
int arcs[n+1][n+1]         //邻接矩阵
};
```

6. 建立无向图的邻接矩阵

```
void creatadj1(struct graph &g)
{ int i, j,k;
    for(k=1; k<=n; k++)
      scanf("%c",&g.v[k]);              //输入顶点信息
    for (i=1; i<=n; i++)
       for (j=1; j<=n; j++)
         g.arcs[i][j]=0;                //矩阵的初值为 0
    for (k=1; k<=e; k++)
    {   scanf("%d%d",&i,&j);            //输入一条边(i,j)
        g.arcs[i][j]=1;
        g.arcs[j][i]=1;
    }
}
```

该算法的时间复杂度为 $O(n^2)$。

7. 建立有向图的邻接矩阵

```
void creatadj2(struct graph &g)
{ int i, j,k;
    for(k=1; k<=n; k++)
      scanf("%c",&g.v[k]);              //输入顶点信息
    for (i=1; i<=n;   i++)
       for (j=1; j<=n; j++)
         g.arcs[i][j]=0;
    for (k=1; k<=e; k++)
    {   scanf("%d%d",&i,&j);            //输入一条弧<i,j>
        g.arcs[i][j]=1;
    }
}
```

该算法的时间复杂度为 $O(n^2)$。

8. 建立无向网的邻接矩阵

```
void creatadj3(struct graph &g)
{   int i, j,k;
    float w;
    for(k=1; k<=n; k++)
      scanf("%c",&g.v[k]);              //输入顶点信息
    for (i=1; i<=n;i++)
       for (j=1; j<=n; j++)
         if (i==j) g.arcs[i][j]=0;
         else g.arcs[i][j]=∞;     //∞代表顶点 i 和顶点 j 无边，上机时可以用一个很大的数代替
    for (k=1; k<=e; k++)
    {   scanf("%d%d%f",&i,&j,&w);       //输入一条边(i,j)及权值 w
        g.arcs[i][j]=w;
        g.arcs[j][i]=w;
    }
}
```

该算法的时间复杂度为 $O(n^2)$。

9. 建立有向网的邻接矩阵

```
void creatadj4(struct graph &g)
{
int i, j,k;
float w;
for(k=1; k<=n; k++)
    scanf("%c",&g.v[k]);                 //输入顶点信息
for (i=1; i<=n; i++)
  for (j=1; j<=n; j++)
    if (i==j) g.arcs[i][j]=0;
    else g.arcs[i][j]= ∞;
for (k=1; k<=e; k++)                      //输入 e 条边及权值
{
  scanf("%d%d%f",&i,&j,&w);               //输入一条弧<i,j>及权值 w
  g.arcs[i][j]=w;
}
}
```

该算法的时间复杂度为 $O(n^2)$。

若要将得到的邻接矩阵输出，可以使用如下的语句段：

```
for(int i=1;i<=n;i++)
{ for(int j=1;j<=n;j++)
  printf("%d    ",g.arcs[i][j]);
  printf("\n");
}
```

7.2.2 邻接表

1. 图的邻接表表示

将每个结点的边用一个单链表链接起来，若干个结点可以得到若干个单链表，每个单链表都有一个头结点，为将所有头结点联系起来组成一个整体,所有头结点可看成一个一维数组，称这样的链表为邻接表。

例如，图 7-8 所示的无向图 G_3 和有向图 G_4 的邻接表如图 7-11 所示。

2. 无向图的邻接表相关结论

（1）第 i 个链表中结点数目为顶点 i 的度。

（2）所有链表中结点数目的一半为图中边数。

（3）占用的存储单元数目为 n+2e。

3. 有向图的邻接表相关结论

（1）第 i 个链表中结点数目为顶点 i 的出度。

（2）所有链表中结点数目为图中弧数。

（3）占用的存储单元数目为 n+e。

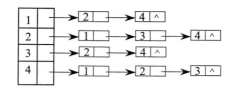

（a）无向图 G_3 的邻接表

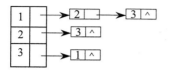

（b）有向图 G_4 的邻接表

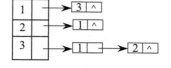

（c）有向图 G_4 的逆邻接表

图 7-11　邻接表示例

从有向图的邻接表可知，不能求出顶点的入度。为此，我们必须另外建立有向图的逆邻接表，以便求出每一个顶点的入度。逆邻接表在图 7-11（c）中已经给出，从该图中可知，有向图的逆邻接表与邻接表类似，只是它是从入度考虑结点，而不是从出度考虑结点。

4.　图的邻接表数据类型描述

图的邻接表数据类型描述如下：

```
#define n maxn                                 // maxn 表示图中最大顶点数
#define e maxe                                 // maxe 表示图中最大边数
struct link                                    //定义链表类型
{
    elemtype data;
    struct link *next;
};

//定义邻接表的表头类型
struct link a[n+1];
```

在本章中，为描述问题方便直观，我们将 elemtype 类型设定为 int 类型，以此代表图中顶点的序号。

5.　无向图的邻接表建立

```
void creatlink1( )
{   int i,j,k;
    struct link *s;
    for(i=1; i<=n;i++)                         //建立邻接表头结点
    {   a[i].data=i;
        a[i].next=NULL;
    }
    for(k=1; k<=e;k++)
    {
        scanf("%d%d",&i,&j);                   //输入一条边(i,j)
        s=(struct link*)malloc(sizeof(struct link));    //申请一个动态存储单元
        s->data=j;
        s->next=a[i].next;                     //头插法建立链表
```

```
            a[i].next=s;
            s=(struct link*)malloc(sizeof(struct link));
            s->data=i;
            s->next=a[j].next;
            a[j].next=s;
        }
    }
```

该算法的时间复杂度为 O(n+e)。

6. 有向图的邻接表建立

```
    void creatlink2( )
    {   int i,j,k;
        struct link *s;
        for(i=1; i<=n;i++)                          //建立邻接表头结点
        {   a[i].data=i;
            a[i].next=NULL;
        }
        for(k=1; k<=e;k++)
        {
            scanf("%d%d",&i,&j);                    //输入一条边(i,j)
            s=(struct link*)malloc(sizeof(struct link));   //申请一个动态存储单元
            s->data=j;
            s->next=a[i].next;                      //头插法建立链表
            a[i].next=s;
        }
    }
```

该算法的时间复杂度为 O(n+e)。

7. 网的邻接表的数据类型描述

网的邻接表的数据类型可描述如下：

```
    #define n maxn              //maxn 表示网中最大顶点数
    #define e maxe              //maxe 表示网中最大边数
    struct link                 //定义链表类型
    {
        elemtype data;
        float w;                //定义网上的权值类型为浮点型
        struct link *next;
    };
    struct link a[n+1];
```

8. 无向网的邻接表建立

```
    void creatlink3( )
    {   int i,j,k;float w;
        struct link *s;
        for(i=1; i<=n;i++)                          //建立邻接表头结点
        { a[i].data=i;
            a[i].w=0;
            a[i].next=NULL;
```

```
        }
        for(k=1; k<=e;k++)
        {
            scanf("%d%d%f",&i,&j,&w);                //输入一条边(i,j,w)
            s=(struct link*)malloc(sizeof(struct link));    //申请一个动态存储单元
            s->data=j;
            s->w=w;
            s->next=a[i].next;                      //头插法建立链表
            a[i].next=s;
            s=(struct link*)malloc(sizeof(struct link));
            s->data=i;
            s->w=w;
            s->next=a[j].next;
            a[j].next=s;
        }
    }
```

该算法的时间复杂度为 O(n+e)。

9. 有向网的邻接表建立

```
    void creatlink4( )
    {   int i,j,k;float w;
        struct link *s;
        for(i=1; i<=n;i++)                          //建立邻接表头结点
        {   a[i].data=i;
            a[i].w=0;
            a[i].next=NULL;
        }
        for(k=1; k<=e;k++)
        {
            scanf("%d%d%f",&i,&j,&w);                //输入一条边(i,j,w)
            s=(struct link*)malloc(sizeof(struct link));    //申请一个动态存储单元
            s->data=j;
            s->w=w;
            s->next=a[i].next;                      //头插法建立链表
            a[i].next=s;
        }
    }
```

该算法的时间复杂度为 O(n+e)。

另外，请注意上面的算法中，建立的邻接表不是唯一的，与用户从键盘输入的边的顺序有关，输入的边的顺序不同，得到的链表也不同。

若要将得到的邻接表输出，可以使用如下的语句：

```
    for (i=1;i<=n;i++)
    {
      p=a[i].next;
      if(p!=NULL)printf("%d->",a[i].data);
      else printf("%d\n",a[i].data);
```

```
    while(p->next!=NULL)
    { printf("%d->",p->data);
        p=p->next;
    }
    printf("%d \n",p->data);
}
```

7.2.3 邻接多重表

在无向图的邻接表中，每条边(V_i,V_j)由两个结点表示，一个结点在第 i 个链表中，另一个结点在第 j 个链表中，当需要对边进行操作时，就需要找到表示同一条边的两个结点，这给操作带来不便，在这种情况下采用邻接多重表比较方便。

在邻接多重表中，每条边用一个结点表示，每个结点由五个域组成，其结点结构为：

Mark	i	next1	j	next2

其中 Mark 为标志域，用来标记这条边是否被访问过，i 和 j 域为一条边的两个顶点，next1和 next2 为两个指针域，分别指向依附于 i 顶点的下一条边和依附于 j 顶点的下一条边。而邻接多重表的表头与邻接表的表头类似。

邻接多重表的形式见图 7-12。

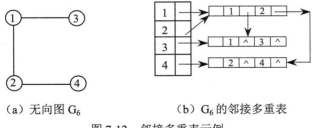

（a）无向图 G_6 （b）G_6 的邻接多重表

图 7-12 邻接多重表示例

7.3 图的遍历

和树的遍历类似，图的遍历也是从某个顶点出发，沿着某条搜索路径对图中所有顶点各做一次访问。若给定的图是连通图，则从图中任一顶点出发顺着边可以访问到该图中所有的顶点，但是，在图中有回路，从图中某一顶点出发访问图中其他顶点时，可能又会回到出发点，而图中可能还剩余顶点没有访问到，因此，图的遍历较树的遍历更复杂。我们可以设置一个全局型标志数组 visited 来标志某个顶点是否被访问过，未访问的值为 false，访问过的值为 true。根据搜索路径的方向不同，图的遍历有两种方法：深度优先搜索遍历和广度优先搜索遍历。

7.3.1 深度优先搜索遍历

1. 深度优先搜索思想
深度优先搜索遍历类似于树的先序遍历。假定给定图 G 的初态是所有顶点均未被访问过，在 G 中任选一个顶点 i 作为遍历的初始点，则深度优先搜索遍历可定义如下：

（1）首先访问顶点 i，并将其访问标记置为访问过，即 visited[i]=true。

（2）然后搜索与顶点 i 有边相连的下一个顶点 j，若 j 未被访问过，则访问它，并将 j 的访问标记置为访问过，visited[j]=true，然后从 j 开始重复此过程，若 j 已访问，再看与 i 有边相连的其他顶点。

（3）若与 i 有边相连的顶点都被访问过，则退回到前一个访问顶点并重复刚才的过程，直到图中所有顶点都被访问完为止。

例如，对图 7-13 所示的无向图 G_7，从顶点 1 出发的深度优先搜索遍历序列可有多种，下面仅给出其中三种，其他可作类似分析写出来。

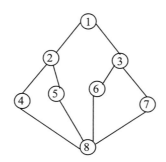

图 7-13　无向图 G_7

在无向图 G_7 中，从顶点 1 出发的深度优先搜索遍历序列（列举三种）为：

1, 2, 4, 8, 5, 6, 3, 7

1, 2, 5, 8, 4, 7, 3, 6

1, 3, 6, 8, 7, 4, 2, 5

2. 连通图的深度优先搜索

若图是连通的或强连通的，则从图中某一个顶点出发可以访问到图中所有顶点，否则只能访问到一部分顶点。

另外，从刚才写出的遍历结果可以看出，从某一个顶点出发的遍历结果是不唯一的。但是若我们给定图的存储结构，则从某一顶点出发的遍历结果应是唯一的。

（1）用邻接矩阵实现图的深度优先搜索

以图 7-13 中无向图 G_7 为例，来说明算法的实现，G_7 的邻接矩阵见图 7-14。算法描述如下：

```
#include<stdio.h>
#define elemtype int
#define n 8                    //图中顶点数
#define e 10                   //图中边数
int visited[n+1];
struct graph
{
    elemtype v[n+1];           //存放顶点信息 v1,v2,…,vn，不使用 v[0]存储空间
    int arcs[n+1][n+1];        //邻接矩阵
};
struct graph g;
```

```
void creatadj( )                      //建立邻接矩阵
{   int i, j,k;
    for (k=1; k<=n; k++)
      scanf("%d",&g.v[k]);            //输入顶点信息
    for (i=1; i<=n; i++)
      for (j=1; j<=n; j++)
        g.arcs[i][j]=0;
    for (k=1; k<=e; k++)
    {
        scanf("%d%d",&i,&j);          //输入一条边(i,j)
        g.arcs[i][j]=1;
        g.arcs[j][i]=1;
    }
}
void dfs (int i)                      //从顶点 i 出发实现深度优先搜索遍历
{   int j;
    printf("%d ",g.v[i]);             //输出访问顶点
    visited[i]=1;                     //全局数组访问标记置1表示已经访问过
    for(j=1; j<=n; j++)
    if ((g.arcs[i][j]==1)&&(!visited[j]))
    dfs(j);
}
void main()
{   int i;
    creatadj( );
    for( i=1;i<=n;i++) visited[i]=0;
    dfs(1);                           //从顶点 1 出发访问
}
```

$$\begin{bmatrix} 0 & 1 & 1 & 0 & 0 & 0 & 0 & 0 \\ 1 & 0 & 0 & 1 & 1 & 0 & 0 & 0 \\ 1 & 0 & 0 & 0 & 0 & 1 & 1 & 0 \\ 0 & 1 & 0 & 0 & 0 & 0 & 0 & 1 \\ 0 & 1 & 0 & 0 & 0 & 0 & 0 & 1 \\ 0 & 0 & 1 & 0 & 0 & 0 & 0 & 1 \\ 0 & 0 & 1 & 0 & 0 & 0 & 0 & 1 \\ 0 & 0 & 0 & 1 & 1 & 1 & 1 & 0 \end{bmatrix}$$

图 7-14　无向图 G_7 的邻接矩阵

　　用上述算法和无向图 G_7，可以描述从顶点 1 出发的深度优先搜索遍历过程，示意图见图 7-15，其中实线表示下一层递归调用，虚线表示递归调用的返回。

　　从图 7-15 中，可以得到从顶点 1 的遍历结果为 1,2,4,8,5,6,3,7。同样可以分析出从其他顶点出发的遍历结果。

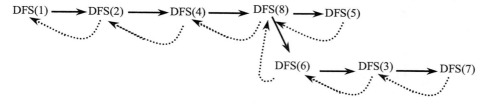

图 7-15 邻接矩阵深度优先搜索示意图

（2）用邻接表实现图的深度优先搜索

仍以图 7-13 中无向图 G_7 为例，来说明算法的实现，G_7 的邻接表见图 7-16，算法描述如下：

```
#include<stdio.h>
#include<stdlib.h>
#define n 8                              // n 表示图中最大顶点数
#define e 10                             // e 表示图中最大边数
#define elemtype int
int visited[n+1];
struct link                              //定义链表类型
{
    elemtype data;
    struct link *next;
};
struct link a[n+1];
void creatlink( )
{   int i,j,k;
    struct link *s;
    for(i=1; i<=n;i++)                   //建立邻接表头结点
    {  a[i].data=i;
       a[i].next=NULL;
    }
    for(k=1; k<=e;k++)
    {
       scanf("%d%d",&i,&j);              //输入一条边(i,j)
       s=(struct link*)malloc(sizeof(struct link));   //申请一个动态存储单元
       s->data=j;
       s->next=a[i].next;               //头插法建立链表
       a[i].next=s;
       s=(struct link*)malloc(sizeof(struct link));
       s->data=i;
       s->next=a[j].next;
       a[j].next=s;
    }
}
void dfs1(int i)
{
    struct link *p;
    printf("%d ",a[i].data);            //输出访问顶点
```

```
            visited[i]=1;              //全局数组访问标记置为1表示已访问
            p=a[i].next;
            while (p!=NULL)
            {
                if(!visited[p->data])
                dfs1(p->data);
                p=p->next;
            }
        }
        void main()
        {   int i;
            creatlink( );
            for(i=1;i<=n;i++) visited[i]=0;
            dfs1(1);            //从顶点1访问
        }
```

用刚才的算法及图 7-16，可以描述从顶点 7 出发的深度优先搜索遍历示意图，见图 7-17，其中实线表示下一层递归，虚线表示递归返回，箭头旁边的数字表示调用的步骤。

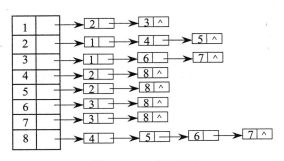

图 7-16　G_7 的邻接表

于是，对于从顶点 7 出发的深度优先搜索遍历序列，从图 7-17 中可得出为 7,3,1,2,4,8,5,6。从其他顶点出发的深度优先搜索序列，请读者自己写出。

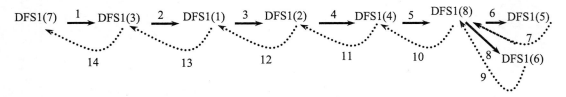

图 7-17　邻接表深度优先搜索示意图

3. 非连通图的深度优先搜索

若图是非连通图或非强连通图，则从图中某一个顶点出发，不能用深度优先搜索访问到图中所有顶点，而只能访问到一个连通子图（即连通分量）或只能访问到一个强连通子图（即强连通分量）。这时，可以在每个连通分量或每个强连通分量中都选一个顶点，进行深度优先搜索遍历，最后将每个连通分量或每个强连通分量的遍历结果合起来，则得到整个非连通图的遍历结果。

非连通图的深度优先搜索遍历算法实现与连通图的只有一点不同，即对所有顶点进行循环，反复调用连通图的深度优先搜索遍历算法即可。具体实现如下：

```
for(int i=1;i<=n;i++)
    if(!visited[i])
        dfs(i);
```

或者为：

```
for(int i=1;i<=n;i++)
    if(!visited[i])
        dfs1(i);
```

7.3.2　广度优先搜索遍历

1．广度优先搜索的思想

广度优先搜索遍历类似于树的按层次遍历。设图 G 的初态是所有顶点均未访问，在 G 中任选一顶点 i 作为初始点，则广度优先搜索的基本思想是：

（1）首先访问顶点 i，并将其访问标志置为已被访问，即 visited[i]=true。

（2）接着依次访问与顶点 i 有边相连的所有顶点 $W_1,W_2,\cdots,W_t$。

（3）然后再按顺序访问与 $W_1,W_2,\cdots,W_t$ 有边相连又未曾访问过的顶点。

（4）依此类推，直到图中所有顶点都被访问完为止。

例如，对图 7-13 所示的无向图 G_7，从顶点 1 出发的广度优先搜索遍历序列可有多种，下面仅给出其中三种，其他可作类似分析。

在无向图 G_7 中，从顶点 1 出发的广度优先搜索遍历序列（列举三种）为：

1, 2, 3, 4, 5, 6, 7, 8

1, 3, 2, 7, 6, 5, 4, 8

1, 2, 3, 5, 4, 7, 6, 8

这对于连通图是可以办到的，但若是非连通图，则只需对每个连通分量都选一顶点作开始点，都进行广度优先搜索，则可以得到非连通图的遍历。

2．连通图的广度优先搜索

（1）用邻接矩阵实现图的广度优先搜索遍历

仍以图 7-13 中无向图 G_7 及图 7-14 所示的邻接矩阵来说明对无向图 G_7 的遍历过程，算法描述如下：

```
#include<stdio.h>
#define elemtype int
#include<stdio.h>
#define n 8                    //图中顶点数
#define e 10                   //图中边数
int visited[n+1];
struct graph
{
    elemtype v[n+1];           //存放顶点信息 v1,v2,…,vn，不使用 v[0]存储空间
    int arcs[n+1][n+1];        //邻接矩阵
};
struct graph g;
void creatadj( )               //建立邻接矩阵
```

```
{   int i, j,k;
    for (k=1; k<=n; k++)
    scanf("%d",&g.v[k]);                 //输入顶点信息
    for (i=1; i<=n;   i++)
      for (j=1; j<=n; j++)
        g.arcs[i][j]=0;
    for (k=1; k<=e; k++)
    {
      scanf("%d%d",&i,&j);                //输入一条边(i,j)
      g.arcs[i][j]=1;
      g.arcs[j][i]=1;
    }
}
void bfs( int i)                         //从顶点 i 出发实现图的广度优先搜索遍历
{   int q[n+1];                          //q 为队列
    int f,r,j;                           //f、r 分别为队列头、尾指针
    f=r=0;                               //设置空队列
    printf("%d ",g.v[i]);                //输出访问顶点
    visited[i]=1;                        //全局数组标记置 true 表示已经访问过
    r++; q[r]=i;                         //入队列
    while (f<r)
    { f++; i=q[f];                       //出队列
    for (j=1; j<=n; j++)
     if ((g.arcs[i][j]==1)&&(!visited[j]))
       {   printf("%d ",g.v[j]);
           visited[j]=1;
           r++; q[r]=j;
       }
    }
}
void main()
{   int i;
    creatadj();
    for( i=1;i<=n;i++) visited[i]=0;
    bfs(1);                              //从顶点 1 出发访问
}
```

根据该算法及图 7-14 中的邻接矩阵，可以得到图 7-13 所示的无向图 G_7 的广度优先搜索遍历序列。若从顶点 1 出发，广度优先搜索遍历序列为：1，2，3，4，5，6，7，8；若从顶点 3 出发，广度优先搜索遍历序列为：3，1，6，7，2，8，4，5；从其他顶点出发的广度优先搜索遍历序列可根据同样类似方法分析得到。

（2）用邻接表实现图的广度优先搜索遍历

仍以无向图 G_7 及图 7-16 所示的邻接表来说明邻接表上实现广度优先搜索遍历的过程。具体算法描述如下：

```
#include<stdio.h>
#include<stdlib.h>
```

```
#define n 8                                      //n 表示图中最大顶点数
#define e 10                                     //e 表示图中最大边数
#define elemtype int
int visited[n+1];
struct link                                      //定义链表类型
{
    elemtype data;
    struct link *next;
};
struct link a[n+1];
void creatlink( )
{   int i,j,k;
    struct link *s;
    for(i=1; i<=n;i++)                           //建立邻接表头结点
    {   a[i].data=i;
        a[i].next=NULL;
    }
    for(k=1; k<=e;k++)
    {
        scanf("%d%d",&i,&j);                     //输入一条边(i,j)
        s=(struct link*)malloc(sizeof(struct link));  //申请一个动态存储单元
        s->data=j;
        s->next=a[i].next;                       //头插法建立链表
        a[i].next=s;
        s=(struct link*)malloc(sizeof(struct link));
        s->data=i;
        s->next=a[j].next;
        a[j].next=s;
    }
}
void bfs1(int i)
{int q[n+1];                                     //定义队列
 int f,r;
 struct link *p;                                 //p 为搜索指针
 f=r=0;
 printf("%d",a[i].data);
 visited[i]=1;
 r++; q[r]=i;                                    //进队
 while (f<r)
 {
  f++; i=q[f] ;                                  //出队
  p=a[i].next;
  while (p!=NULL)
  {if (!visited[p->data])
    {printf("%d",a[p->data].data);
     visited[p->data]=1;
```

```
                r++; q[r]=p->data;
              }
            p=p->next;
          }
        }
      }

      void main()
      { int i;
        creatlink( );
        for(i=1;i<=n;i++) visited[i]=0;
        bfs1(1);          //从顶点 1 访问
      }
```

根据该算法及图 7-16，可以得到图 G₇ 的广度优先搜索遍历序列，若从顶点 1 出发，广度优先搜索遍历序列为：1，2，3，4，5，6，7，8；若从顶点 7 出发，广度优先搜索遍历序列为：7，3，8，1，6，4，5，2；从其他顶点出发的广度优先搜索遍历序列，可根据同样类似方法分析得到。

3．非连通图的广度优先搜索

若图是非连通图或非强连通图，则从图中某一个顶点出发，不能用广度优先搜索遍历访问到图中所有顶点，而只能访问到一个连通子图（即连通分量）或一个强连通子图（即强连通分量）。这时，可以在每个连通分量或每个强连通分量中都选一个顶点，进行广度优先搜索遍历，最后将每个连通分量或每个强连通分量的遍历结果合起来，则得到整个非连通图或非强连通图的广度优先搜索遍历序列。

非连通图的广度优先探索遍历算法实现与连通图的只有一点不同，即对所有顶点进行循环，反复调用连通图的广度优先搜索遍历算法即可。具体可以表示如下：

```
for(int i=1;i<=n;i++)          for(int i=1;i<=n;i++)
  if(!visited[i])        或       if(!visited[i])
  bfs(i);                         bfs1(i);
```

7.4 生成树和最小生成树

7.4.1 基本概念

1．生成树

在图论中，常常将树定义为一个无回路连通图。例如，图 7-18 中的两个图就是无回路连通图。乍一看它似乎不是树，但只要选定某个顶点做根并以树根为起点对每条边定向，就可以将它们变为通常的树。

在一个连通图中，有 n 个顶点，若存在这样一个子图，含有 n 个顶点，n-1 条不构成回路的边，则这个子图称为生成树，或者定义为：一个连通图 G 的子图如果是一棵包含 G 的所有顶点的树，则该子图为图 G 的生成树。

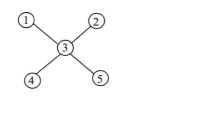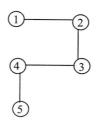

图 7-18 两个无回路的连通图

由于 n 个顶点的连通图至少有 n-1 条边，而所有包含 n-1 条边及 n 个顶点的连通图都是无回路的树，所以生成树是连通图中的极小连通子图。所谓极小是指边数最少。若在生成树中去掉任何一条边，都会使之变为非连通图；若在生成树上任意增加一条边，就会构成回路。那么，对给定的连通图，如何求得它的生成树呢？回到我们前面提到的图的遍历，访问过图中一个顶点后，要访问下一个顶点，一般要求两个顶点有边相连，即必须经过图中的一条边，要遍历图中 n 个顶点且每个顶点都只遍历一次，则必须经过图中的 n-1 条边，这 n-1 条边构成连通图的一个极小连通子图，所以它是连通图的生成树。由于遍历结果可能不唯一，所以得到的生成树也是不唯一的。

要求得生成树，可考虑用刚才讲过的深度优先搜索遍历算法及广度优先搜索遍历算法。对于深度优先搜索算法 dfs 或 dfs1，由 dfs(i)递归到 dfs(j)，中间必经过一条边(i,j)，因此，只需在 dfs(j)调用前输出这条边或保存这条边，即可求得生成树的一条边，整个递归完成后，则可求得生成树的所有边。对于广度优先搜索算法 bfs 或 bfs1，若 i 出队，j 入队，则(i,j)为一条树边。因此，可以在算法的 if 语句中输出这条边，算法完成后，将会输出 n-1 条边，也可求得生成树。

由深度优先搜索遍历得到的生成树，称为深度优先生成树；由广度优先搜索遍历得到的生成树，称为广度优先生成树。

图 7-13 中无向图 G_7 的两种生成树如图 7-19 所示。

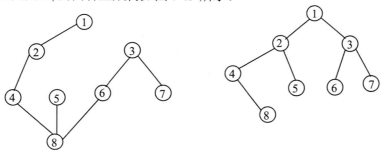

（a）深度优先生成树　　　　　　　　（b）广度优先生成树

图 7-19 两种生成树示意图

若一个图是强连通的有向图，同样可以得到它的生成树。生成树可以利用连通图的深度优先搜索遍历算法或广度优先搜索遍历算法得到。

2. 生成森林

若一个图是非连通图或非强连通图，但有若干个连通分量或强连通分量，则通过深度优先搜索遍历或广度优先搜索遍历，得到的不是生成树，而是生成森林。且若非连通图有 n 个顶点、m 个连通分量或强连通分量，则可以遍历得到 m 棵生成树，合起来为生成森林，森林中包含 n-m 条树边。

生成森林可以利用非连通图的深度优先搜索遍历算法或广度优先搜索遍历算法得到。

3. 最小生成树

在一般情况下，图中的每条边若给定了权值，这时，我们所关心的不是生成树，而是生成树中边上权值之和。若生成树中每条边上权值之和达到最小，称其为最小生成树。

下面将介绍求最小生成树的两种方法：普里姆算法和克鲁斯卡尔算法。

7.4.2　普里姆（Prim）算法

1. 普里姆算法思想

下面仅讨论无向网的最小生成树问题。

普里姆算法的思想是：在图中任取一个顶点 k 作为开始点，令集合 U={k}，集合 W=V−U，其中 V 为图中所有顶点集合，然后找出一个顶点在集合 U 中，另一个顶点在集合 W 中的所有的边中，权值最短的一条边，找到后，将该边作为最小生成树的树边保存起来，并将该边顶点全部加入集合 U 中，并从 W 中删去这些顶点，然后重新调整 U 中顶点到 W 中顶点的距离，使之保持最小，再重复此过程，直到 W 为空集为止。求解过程参见图 7-20。假设开始顶点就选为顶点 1，故首先有 U={1}，W={2,3,4,5,6}。

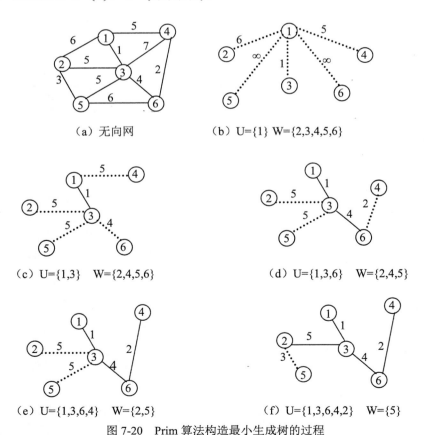

（a）无向网　　　　　　（b）U={1} W={2,3,4,5,6}

（c）U={1,3}　W={2,4,5,6}　　　　（d）U={1,3,6}　W={2,4,5}

（e）U={1,3,6,4}　W={2,5}　　　　（f）U={1,3,6,4,2}　W={5}

图 7-20　Prim 算法构造最小生成树的过程

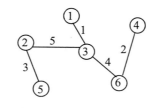

（g）U={1,3,6,4,2,5}　W={ }

图 7-20　Prim 算法构造最小生成树的过程（续图）

2. 普里姆算法实现

普里姆算法的算法实现可描述为如下（假设网用邻接矩阵作存储结构，与图的邻接矩阵类似，只是将 0 变为∞，1 变为对应边上权值，而矩阵中对角线上的元素值为 0，本算法参照的示例为图 7-20（a）中的无向网）：

```c
#include <stdio.h>
#define n 6                        //定义网中顶点数
#define e 10                       //定义网中边数
struct edgeset                     //定义一条生成树的边
{   int fromvex;                   //边的起点
    int endvex;                    //边的终点
    int weight;                    //边上的权值
};
struct tree
{
    int s[n+1][n+1];               //网的邻接矩阵
    struct edgeset ct[n+1];        //最小生成树的边集
};
struct tree t;
void prim( )                       //普里姆算法
{
    struct edgeset temp;
    int i,j,k,min,t1,m,w;
    for(i=1;i<n;i++)               //从顶点 1 出发求最小生成树的树边
    {
        t.ct[i].fromvex=1;
        t.ct[i].endvex=i+1;
        t.ct[i].weight=t.s[1][i+1];
    }
    for(k=2;k<=n;k++)
    {
        min=32767;
        m=k-1;
        for(j=k-1;j<n;j++)         //找权值最小的树边
            if(t.ct[j].weight<min)
```

```
                   {
                       min=t.ct[j].weight;
                       m=j;
                   }
               temp=t.ct[k-1];
               t.ct[k-1]=t.ct[m];
               t.ct[m]=temp;
               j=t.ct[k-1].endvex;
               for(i=k;i<n;i++)              //重新修改树边的距离
               {
                   t1=t.ct[i].endvex;
                   w=t.s[j][t1];
                   if(w<t.ct[i].weight)      //原来的边用权值较小的边取代
                   {t.ct[i].weight=w;
                    t.ct[i].fromvex=j;
                   }
               }
           }
       }
   }
   void main()
   {
       int i,j,k,w;
       for( i=1;i<=n;i++)
             for( j=1;j<=n;j++)
                   if(i==j) t.s[i][j]=0;
                   else t.s[i][j]=32767;         //若(i,j)边上无权值，用 32767 来代替∞
       for( k=1;k<=e;k++)                        //建立网的邻接矩阵
       {
           printf("请输入一条边及边上的权值");
           scanf("%d%d%d",&i,&j,&w);
           t.s[i][j]=w;
           t.s[j][i]=w;
       }
       prim( );                                  //用普里姆算法求最小生成树
       for(i=1;i<n;i++)                          //输出 n-1 条生成树的边
       {
           printf("%d ",t.ct[i].fromvex);
           printf("%d ",t.ct[i].endvex);
           printf("%d \n",t.ct[i].weight);
       }
   }
```

该算法的时间复杂度为 $O(n^2)$，与边数 e 无关。

用普里姆算法求得图 7-20（a）中的无向网的生成树，结果如图 7-21 所示。

	第 1 条边	第 2 条边	第 3 条边	第 4 条边	第 5 条边
fromvex	1	3	4	2	2
endvex	3	6	6	3	5
weight	1	4	2	5	3

图 7-21　普里姆算法求解的结果

7.4.3　克鲁斯卡尔（Kruskal）算法

1. 克鲁斯卡尔算法的基本思想

克鲁斯卡尔算法的基本思想是：将图中所有边按权值递增顺序排列，依次选定权值较小的边，但要求后面选取的边不能与前面选取的边构成回路，若构成回路，则放弃该条边，再去选后面权值较大的边，n 个顶点的图中，选够 n-1 条边即可。

例如，对图 7-20（a）中的无向网，用克鲁斯卡尔算法求最小生成树的过程见图 7-22。

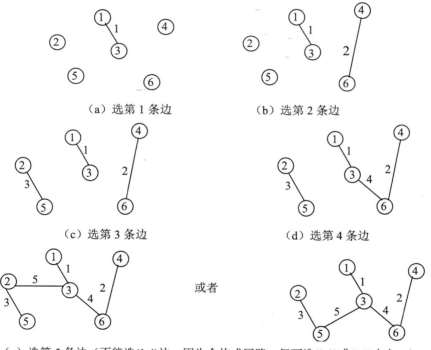

（a）选第 1 条边　　　　　　　（b）选第 2 条边

（c）选第 3 条边　　　　　　　（d）选第 4 条边

或者

（e）选第 5 条边（不能选(1,4)边，因为会构成回路，但可选(2,3)或(5,3)中之一）

图 7-22　克鲁斯卡尔算法求最小生成树的过程

2. 克鲁斯卡尔算法实现

本算法参照的示例为图 7-20（a）中的无向网。

```
#include <stdio.h>
#define n 6
```

```
#define e 10
struct edgeset                    //定义一条边
{
    int fromvex;
    int endvex;
    int weight;
};
struct tree                       //定义生成树
{
    struct edgeset c[n];          //存放生成树边
    struct edgeset ge[e+1];       //存放网中所有边
    int s[n+1][n+1];              //s 为一个集合，一行元素 s[i][0]～s[i][n]表示一个集合
    //若 s[i][t]=1，则表示顶点 t 属于该集合，否则不属于该集合
};
struct tree t;
void kruska( )
{
    int i,j,k,d,m1,m2;
    for(i=1;i<=n;i++)
    for(j=1;j<=n;j++)
      if(i==j) t.s[i][j]=1;
      else t.s[i][j]=0;
    k=1;                          //统计生成树的边数
    d=1;                          //表示待扫描边的下标位置
                                  //m1、m2 记录一条边的两个顶点所在集合的序号
    while(k<n)
    {
        for(i=1;i<=n;i++)
        for(j=1;j<=n;j++)
        { if((t.ge[d].fromvex==j)&&(t.s[i][j]==1))
         m1=i;
         if((t.ge[d].endvex==j)&&(t.s[i][j]==1))
         m2=i;
        }
        if(m1!=m2)
        {
            t.c[k]=t.ge[d];
            k++;
            for(j=1;j<=n;j++)
            {   t.s[m1][j]=t.s[m1][j]||t.s[m2][j];   //求出一条边后，合并两个集合
                t.s[m2][j]=0;                        //另一个集合置为空
            }}
        d++;
    } }
void main()
```

```
{   int i;
    for( i=1;i<=e;i++)                    //按从小到大的顺序输入网中的边的起点、终点及权值
    {   scanf("%d",&t.ge[i].fromvex);
        scanf("%d",&t.ge[i].endvex);
        scanf("%d",&t.ge[i].weight);
    }
    kruska( );
    for( i=1;i<n;i++)                      //输出最小生成树的边的起点、终点及权值
    {   printf("%d ",t.c[i].fromvex);
        printf("%d ",t.c[i].endvex);
        printf("%d\n ",t.c[i].weight);
    }
}
```

　　利用上述算法实现时，要求输入的网中的边上权值必须按从小到大排列。例如，对于图 7-23 （a）所示的无向网，输入的值的顺序见图 7-23 （b），通过算法调用得到的最小生成树的树边见图 7-24。

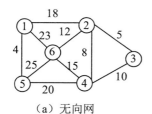

边的数目	1	2	3	4	5	6	7	8	9	10
边的起点	1	2	2	3	2	4	1	4	1	5
边的终点	5	3	4	6	6	6	2	5	6	6
边上权值	4	5	8	10	12	15	18	20	23	25

　　（a）无向网　　　　　　（b）用克鲁斯卡尔算法求最小生成树的输入边的顺序

图 7-23　无向网及用克鲁斯卡尔算法求最小生成树的输入边的顺序

	1	2	3	4	5
开始顶点	1	2	2	2	1
终止顶点	5	3	4	6	2
边上权值	4	5	8	12	18

图 7-24　用克鲁斯卡尔算法求出的最小生成树的树边

7.5　最短路径

　　交通网络中常常提出这样的问题：从甲地到乙地之间是否有公路连通？在有多条通路的情况下，哪一条路最短？交通网络可用带权图来表示。顶点表示城市名称，边表示两个城市有路连通，边上权值可表示两城市之间的距离、交通费或途中所花费的时间等。求两个顶点之间的最短路径，不是指路径上边数之和最少，而是指路径上各边的权值之和最小。

　　另外，若两个顶点之间没有边，则认为两个顶点无通路，但有可能有间接通路（从其他顶点达到）。路径上的开始顶点（出发点）称为源点，路径上的最后一个顶点称为终点，并假定讨论的权值不能为负数。

7.5.1 单源点最短路径

1. 单源点最短路径

单源点最短路径是指：给定一个出发点（单源点）和一个有向网 G=(V,E)，求出源点到其他各顶点之间的最短路径。

例如，对图 7-25 所示的有向网 G，设顶点 1 为源点，则源点到其余各顶点的最短路径如图 7-26 所示。

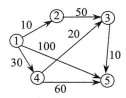

图 7-25　有向网 G

源点	中间顶点	终点	路径长度
1		2	10
1		4	30
1	4	3	50
1	4 3	5	60

图 7-26　源点 1 到其余顶点的最短路径

从图 7-25 可以看出，从顶点 1 到顶点 5 有四条路径：①1→5，②1→4→5，③1→4→3→5，④1→2→3→5，路径长度分别为 100、90、60、70，因此，从源点 1 到顶点 5 的最短路径为 60。

那么怎样求出单源点的最短路径呢？我们可以将源点到终点的所有路径都列出来，然后在里面选最短的一条即可。但是这样做，用手工方式可以，当路径特别多时，就显得特别麻烦，并且没有什么规律，不能用计算机算法实现。

迪杰斯特拉（Dijkstra）在做了大量观察后，首先提出了按路长度递增的顺序产生各顶点的最短路径算法，我们称之为迪杰斯特拉算法。

2. 迪杰斯特拉算法的基本思想

算法的基本思想是：设置并逐步扩充一个集合 S，存放已求出其最短路径的顶点，则尚未确定最短路径的顶点集合是 V-S，其中 V 为网中所有顶点集合。按最短路径长度递增的顺序逐个将 V-S 中的顶点加到 S 中，直至 S 中包含全部顶点，而 V-S 为空。

具体做法是：设源点为 V_1，则 S 中只包含顶点 V_1，令 W=V-S，则 W 中包含除 V_1 外图中所有顶点，V_1 对应的距离值为 0，W 中顶点对应的距离值是这样规定的：若图中有弧 $<V_1,V_j>$，则 V_j 顶点的距离为此弧权值，否则为∞（一个很大的数），然后每次从 W 的顶点中选一个距离值最小的顶点 V_m 加入到 S 中，每往 S 中加入一个顶点 V_m，就要对 W 中的各个顶点的距离值进行一次修改。若加进 V_m 做中间顶点，使 $<V_1,V_m>+<V_m,V_j>$ 的值小于 $<V_1,V_j>$ 值，则用 $<V_1,V_m>+<V_m,V_j>$ 代替原来 V_j 的距离，修改后再在 W 中选距离值最小的顶点加入到 S 中，如此进行下去，直到 S 中包含图中所有顶点为止。

3. 迪杰斯特拉算法实现

下面以邻接矩阵存储来讨论迪杰斯特拉算法（以图 7-27（a）为例说明），为了找到从源点 V_1 到其他顶点的最短路径，引入一个辅助数组 dist，它的每一个分量 dist[i] 表示当前找到的从源点 V_1 到终点 V_i 的最短路径长度，它的初始状态是：若从源点 V_1 到顶点 V_i 有边，则 dist[i] 为该边上的权值，若没有边，则 dist[i]=∞（表示机器中最大正整数）。

算法描述如下：

```
#include <stdio.h>
```

```
#define n 5
#define e 9
#define max 32767                                //max 代表+∞
struct Graph
{    int arcs [n+1][n+1];                         //图的邻接矩阵
     int dist [n+1];                              //存放从源点到各顶点的最短路径
     int path [n+1];                              //存放在最短路径上的顶点的前一顶点号
     int s[n+1];                                  //已求得的在最短路径上的顶点的顶点号
};
struct Graph t;
void shortest_path (int V1)                       //V1 为源点
{ int i,j,u,w,min,pre;
for ( i=1;i<=n;i++)
{t.dist[i]=t.arcs[V1][i];
   t.s[i]=0;                                      //已求出的最短路径上的顶点集合初始化
   if ((i!=V1)&&(t.dist[i]<max)) t.path[i]=V1;
   else t.path[i]=0;
}
t.s[V1]=1; t.dist[V1]=0;
for (i=1; i<n; i++)
{    min=max; u=V1;
     for ( j=1; j<=n;j++)                         //求最短路径
     if (!t.s[j]&& t.dist [j]<min) {u=j,min=t.dist[j];}
     t.s[u]=1;                                    //将距离值最小的顶点并入集合 S 中
     for( w=1; w<=n; w++)                         //修改路径长度
     if (!t.s[w]&&t.arcs [u][w]<max &&t.dist [u]+t.arcs[u][w]<t.dist[w])
     {t.dist [w]=t.dist[u]+t.arcs[u][w]; t.path[w]=u;}
}
for (i=1;i<=n;i++)                                //输出路径长度及路径
{if (i!=V1)
   {printf("%d:",t.dist[i]);
    printf("%d",i);                              //输出终点
    pre=t.path[i];
    while (pre!=0)
    {printf("←%d",pre);
     pre=t.path[pre];}
    printf("\n");
   }
}
}
void main()
{ int i,j,k,w;
   for( i=1;i<=n;i++)
   for( j=1;j<=n;j++)
       if(i==j) t.arcs[i][j]=0;
       else t.arcs[i][j]=max;
```

```
for( k=1;k<=e;k++)
{ scanf("%d%d%d",&i,&j,&w);              //输入一条边
    t.arcs[i][j]=w;   }                  //建立邻接矩阵
shortest_path(1); }                      //顶点 1 为单源点
```

该算法有二重循环嵌套，故时间复杂度为 $O(n^2)$。

利用该算法求得的最短路径如图 7-27 所示。从图 7-27 可知，1 到 2 的最短距离为 3，路径为 1→2；1 到 3 的最短距离为 15，路径为 1→2→4→3；1 到 4 的最短距离为 11，路径为 1→2→4；1 到 5 的最短距离为 23，路径为 1→2→4→5。

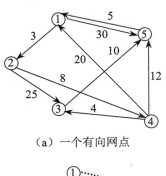

（a）一个有向网点

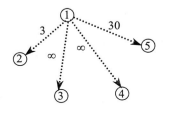

（b）源点 1 到其他顶点的初始距离

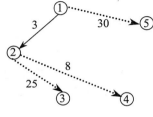

（c）第一次求得的结果

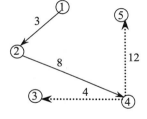

（d）第二次求得的结果

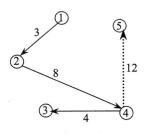

（e）第三次求得的结果

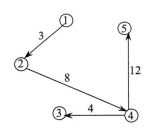

（f）第四次求得的结果

图 7-27　迪杰斯特拉算法求最短路径的过程及结果

7.5.2　所有顶点对之间的最短路径

1．所有顶点对之间的最短路径的概念

所有顶点对之间的最短路径是指：对于给定的有向网 G=(V,E)，要对 G 中任意一对顶点有序对 V、W（V≠W），找出 V 到 W 的最短距离和 W 到 V 的最短距离。

解决此问题的一个有效方法是：轮流以每一个顶点为源点，重复执行迪杰斯特拉算法 n

次，即可求得每一对顶点之间的最短路径, 总的时间复杂度为 $O(n^3)$。

下面将介绍用弗洛伊德（Floyd）算法来实现此功能，时间复杂度仍为 $O(n^3)$，但该方法比调用 n 次迪杰斯特拉方法更直观一些。

2. 弗洛伊德算法的基本思想

弗洛伊德算法仍然使用图的邻接矩阵 arcs[n+1][n+1] 来存储带权有向图。算法的基本思想是：设置一个 n×n 的矩阵 $A^{(k)}$，其中除对角线的元素都等于 0 外，其他元素 $A^{(k)}[i][j]$ 表示顶点 i 到顶点 j 的路径长度，k 表示运算步骤。开始时，以任意两个顶点之间的有向边的权值作为路径长度，没有有向边时，路径长度为∞，当 k=0 时，$A^{(0)}[i][j]$=arcs[i][j]，以后逐步尝试在原路径中加入其他顶点作为中间顶点，如果增加中间顶点后，得到的路径比原来的路径长度减少了，则以此新路径代替原路径，修改矩阵元素。具体做法为：第一步，让所有边上加入中间顶点 1，取 $A^{(0)}[i][j]$ 与 $A^{(0)}[i][1]$+$A^{(0)}[1][j]$ 中较小的值作 $A^{(1)}[i][j]$ 的值，完成后得到 $A^{(1)}$；第二步，让所有边上加入中间顶点 2，取 $A^{(1)}[i][j]$ 与 $A^{(1)}[i][2]$+$A^{(1)}[2][j]$ 中较小的值 $A^{(2)}[i][j]$ 的值，完成后得到 $A^{(2)}$……，如此进行下去，当第 n 步完成后，得到 $A^{(n)}$，$A^{(n)}$ 即为我们所求结果，$A^{(n)}[i][j]$ 表示顶点 i 到顶点 j 的最短距离。

因此，弗洛伊德算法可以描述为：

$A^{(0)}[i][j]$=arcs[i][j];　　　　　　　　//arcs 为图的邻接矩阵
$A^{(k)}[i][j]$=min{$A^{(k-1)}[i][j]$, $A^{(k-1)}[i][k]$+$A^{(k-1)}[k][j]$}
其中　k=1,2,…,n

3. 弗洛伊德算法的实现

在用弗洛伊德算法求最短路径时，为方便求出中间经过的路径，增设一个辅助二维数组 path[n+1][n+1]，其中 path[i][j] 是相应路径上顶点 j 的前一顶点的顶点号。

算法描述如下（以图 7-28 作参考）：

```
#include <stdio.h>
#define n 4
#define e 8
#define max 32767                //max 代表+∞
struct Graph
{
    int arcs[n+1][n+1];          //图的邻接矩阵
    int a[n+1][n+1];
    int path[n+1][n+1];
};
struct Graph t;
void floyd( int n1)
{ int i,j,k,next;
  for ( i=1;i<=n;i++)
  for ( j=1;j<=n; j++)
  {t.a[i][j]=t.arcs[i][j];
   if((i!=j)&&(t.a[i][j]<max))
   t.path[i][j]=i;
   else t.path[i][j]=0;
  }
  for ( k=1; k<=n;k++)
```

```
       {
         for ( i=1;i<=n;i++)
         for ( j=1;j<=n;j++)
         if (t.a[i][k]+t.a[k][j]<t.a[i][j])
         {t.a[i][j]=t.a[i][k]+t.a[k][j];
           t.path[i][j]=t.path[k][j];
         }}
         for ( i=1;i<=n;i++)                              //输出路径长度及路径
         for ( j=1;j<=n;j++)
         {
          if(i!=j)
          {printf("%d:",t.a[i][j]) ;
           next=t.path[i][j];
           printf("%d",j);
           while (next !=i)
           {
            printf("←%d",next);
            next=t.path[i][next];
           }
           printf("←%d\n",i);
          }
         } }
     void main()
     { int i,j,k,w;
       for( i=1;i<=n;i++)
            for( j=1;j<=n;j++)
                 if(i==j) t.arcs[i][j]=0;
                 else t.arcs[i][j]=max;
       for( k=1;k<=e;k++)
       {
         scanf("%d%d%d",&i,&j,&w);                        //输入一条边
         t.arcs[i][j]=w;                                  //建立邻接矩阵
       }
       floyd(n);
     }
```

对图 7-28 所示的图用弗洛伊德算法进行计算，所得结果见图 7-29。

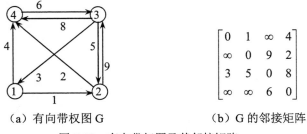

（a）有向带权图 G　　　　　　　　（b）G 的邻接矩阵

图 7-28　有向带权图及其邻接矩阵

	A$^{(0)}$				A$^{(1)}$				A$^{(2)}$				A$^{(3)}$				A$^{(4)}$			
	1	2	3	4	1	2	3	4	1	2	3	4	1	2	3	4	1	2	3	4
1	0	1	4	∞	0	1	∞	4	0	1	10	3	0	1	10	3	0	1	9	3
2	∞	0	∞	9	∞	0	9	2	∞	0	9	2	12	0	9	2	11	0	8	2
3	3	5	0	8	3	4	0	7	3	4	0	6	3	4	0	6	3	4	0	6
4	∞	∞	6	0	∞	∞	6	0	∞	∞	6	0	9	10	6	0	9	10	6	0

	path$^{(0)}$				path$^{(1)}$				path$^{(2)}$				path$^{(3)}$				path$^{(4)}$			
	1	2	3	4	1	2	3	4	1	2	3	4	1	2	3	4	1	2	3	4
1	0	1	0	1	0	1	0	1	0	1	2	2	0	1	2	2	0	1	4	2
2	0	0	2	2	0	0	2	2	0	0	2	2	3	0	2	2	3	0	4	2
3	3	3	0	3	3	1	0	1	3	1	0	2	3	1	0	2	3	1	0	2
4	0	0	4	0	0	0	4	0	0	0	4	0	3	1	4	0	3	1	4	0

图 7-29 弗洛伊德算法求解结果

从图 7-29 可知，A$^{(4)}$为所求结果，于是有如下的最短路径：

1 到 2 的最短路径距离为 1，路径为 2←1。

1 到 3 的最短路径距离为 9，路径为 3←4←2←1。

1 到 4 的最短路径距离为 3，路径为 4←2←1。

2 到 1 的最短路径距离为 11，路径为 1←3←4←2。

2 到 3 的最短路径距离为 8，路径为 3←4←2。

2 到 4 的最短路径距离为 2，路径为 4←2。

3 到 1 的最短路径距离为 3，路径为 1←3。

3 到 2 的最短路径距离为 4，路径为 2←1←3。

3 到 4 的最短路径距离为 6，路径为 4←2←1←3。

4 到 1 的最短路径距离为 9，路径为 1←3←4。

4 到 2 的最短路径距离为 10，路径为 2←1←3←4。

4 到 3 的最短路径距离为 6，路径为 3←4。

7.6 有向无环图及其应用

一个无环的有向图称为有向无环图，简称为 DAG 图（Directed Acyclic Graph）。DAG 图是一类较有向树更一般的特殊有向图，图 7-30（a）、（b）、（c）分别列出了有向树、DAG 图和有向图。

有向无环图是描述含有公共式子的表达式的有效工具。例如，对于下面的表达式：((a+b)*(b*(c+d))+(c+d)*e)*((c+d)*e)，可以用第 6 章介绍的二叉树来表示，见图 7-31。但是，通过仔细观察该表达式，可以发现有一些相同的子表达式，如(c+d)和(c+d)*e，在二叉树中，它们也重复出现。若利用 DAG 图，则可以实现对相同式子的共享，从而节省存储空间。例如，图 7-32 就是上面同一表达式的 DAG 图表示。

检查一个有向图是否存在环要比无向图复杂。对于无向图而言，若深度优先搜索遍历过程中遇到回边，则一定存在环；而对于有向图而言，这条回边有可能是指向深度优先生成森林中另一棵生成树上顶点的弧。因此，要检查有向图是否有回边，可以用下面介绍的拓扑排序来实现。另外，DAG 图还可以应用于下面将要介绍的关键路径。

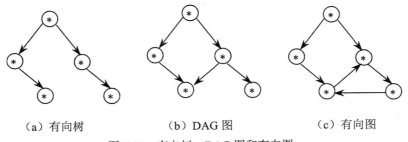

（a）有向树　　　　（b）DAG 图　　　　（c）有向图

图 7-30　有向树、DAG 图和有向图

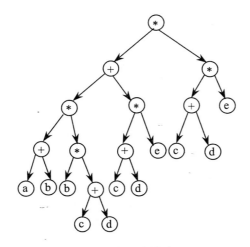

图 7-31　用二叉树描述表达式

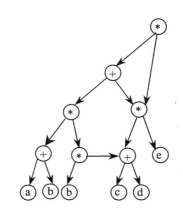

图 7-32　描述表达式的 DAG 图

7.6.1　拓扑排序

1. 基本概念

通常我们把计划、施工过程、生产流程、程序流程等都当成一个工程，一个大的工程常常被划分成许多较小的子工程，这些子工程称为活动，这些活动完成时，整个工程也就完成了。例如，计算机专业学生的课程开设可看成是一个工程，每一门课程就是工程中的活动，图 7-33给出了若干门所开设的课程，其中有些课程的开设有先后关系，有些则没有先后关系，有先后关系的课程必须按先后关系开设，如开设数据结构课程之前必须先开设程序设计基础及离散数学，而开设离散数学之前则必须开设高等数学。

在图 7-33（b）中，我们用一种有向图来表示课程开设，在这种有向图中，顶点表示活动，有向边表示活动的优先关系，这种有向图叫做顶点表示活动的网络，简称为 AOV 网（Active On Vertices）。

在 AOV 网中，<i,j>有向边表示 i 活动优先于 j 活动开始，即 i 活动必须完成后，j 活动才可以开始，并称 i 为 j 的直接前驱，j 为 i 的直接后继。这种前驱与后继的关系有传递性，此外，任何活动 i 不能以它自己作为自己的前驱或后继，这叫做反自反性。从前驱和后继的传递性和反自反性来看，AOV 网中不能出现有向回路（或称有向环）。在 AOV 网中如果出现了有向环，则意味着某项活动应以自己作为先决条件。这是不对的，工程将无法进行，对程序流程而言，将出现死循环。因此，对于给定的 AOV 网，应先判断它是否存在有向环。判断 AOV 网是否存在有向环的方法是对该 AOV 网进行拓扑排序，将 AOV 网中顶点排列成一个线性有序序列，若该线性序列中包含 AOV 网全部顶点，则 AOV 网无环，否则，AOV 网中存在有向环，该 AOV 网所代表的工程是不可行的。

课程代码	课程名称	先修课程
C1	高等数学	
C2	程序设计基础	
C3	离散数学	C1,C2
C4	数据结构	C2,C3
C5	高级语言程序设计	C2
C6	编译方法	C5,C4
C7	操作系统	C4,C9
C8	普遍物理	C1
C9	计算机原理	C8

（a）课程开设

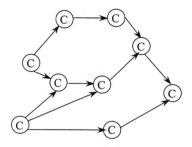

（b）课程开设优先关系的有向图

图 7-33　学生课程开设工程图

2. 拓扑排序

下面将介绍怎样实现拓扑排序，实现步骤如下：

（1）在 AOV 网中选一个入度为 0 的顶点且将其输出。

（2）从 AOV 网中删除上述顶点及该顶点发出来的所有有向边。

（3）重复（1）、（2）两步，直到 AOV 网中所有顶点都被输出或网中不存在入度为 0 的顶点。

从拓扑排序的步骤可知，若在第（3）步中，网中所有顶点都被输出，则表明网中无有向环，拓扑排序成功。若仅输出部分顶点，网中已不存在入度为 0 的顶点，则表明网中存在有向环，拓扑排序不成功。对于图 7-34 所示的 AOV 网，可以得到的拓扑序列有：1,2,3,4,5 或 2,1,3,4,5。因此，一个 AOV 网的拓扑序列是不唯一的。

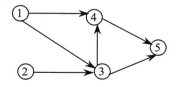

图 7-34　一个 AOV 网示意图

3. 拓扑排序的数据类型描述

假设以邻接表作 AOV 网的存储结构，表头中的 data 域存放每个顶点的入度值，为节省存储单元，就利用入度域作为栈空间来实现栈的基本操作，数据类型描述如下：

```
#define n maxn          //maxn 表示图中顶点数
struct link             //定义链表中的结点
{
    elemtype data;
```

```
        struct link *next;
    };
    struct link a[n+1];                    //定义表头结点
```

4. 拓扑排序的算法实现

```
//本算法中采用图7-34所示的AOV网作示范
#include <stdio.h>
typedef int elemtype;
#define n 5                    //n 表示图 7-34 中顶点数
#define e 6                    //e 表示图 7-34 中弧的数目
struct link
{
    elemtype data;
    struct link *next;
};
struct link a[n+1];
void creatlink3( )             //建立带入度的邻接表
{
    int i,j,k;
    struct link *s;
    for(i=1; i<=n;i++)         //建立邻接表头结点
    {
        a[i].data=0;           //入度值为 0
        a[i].next=NULL;
    }
    for(k=1; k<=e;k++)
    {
        printf("请输入一条弧： ");
        scanf("%d%d",&i,&j);                          //输入一条弧<i,j>
        s=(struct link*)malloc(sizeof(struct link));  //申请一个动态存储单元
        s->data=j;
        s->next=a[i].next;
        a[i].next=s;
        a[j].data++;                                  //入度加 1
    }
}
void topsort ( )                                      //拓扑排序
{   int i,k,top=0,m=0;
    struct link *p;
    for (i=1;i<=n;i++)                                //入度为 0 的顶点进栈
    if (a[i].data==0) {a[i].data=top; top=i;}
    while (top>0)
    {i=top; top=a[top].data;                          //出栈
     printf("%d", i);                                 //输出入度为 0 的顶点
     m++;                                             //输出的结点个数增 1
     p=a[i].next;
```

```
        while (p!=NULL)
        { k=p->data;
          a[k].data--;                              //删除一条边，顶点入度值减 1
          if(a[k].data==0)  { a[k].data=top; top=k;}  //入度为 0 的顶点进栈
          p=p->next;
        }
      }
      if (m<n) printf("网络中出现环路\n");
    }
    void main()
    {
      creatlink3( );
      topsort( );
    }
```

用本算法对图 7-34 进行跟踪，它的邻接表见图 7-35，则得到的拓扑序列是唯一的，得到的结果为：2,1,3,4,5。

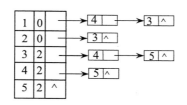

图 7-35　图 7-34 中 AOV 网的邻接表

7.6.2　关键路径

1．基本概念

与 AOV 网相对应的是 AOE 网（Activity On Edge Network）。AOE 网是一种带权的 DAG 图，在 AOE 网中，用顶点表示事件（Event），有向边表示活动的优先关系，边上的权值表示活动的持续时间。一般情形下，AOE 网可以用来估算工程的完成时间。

例如，图 7-36 所示是一个 AOE 网，在该网中，有 9 个事件 v_1、v_2、v_3、v_4、v_5、v_6、v_7、v_8、v_9，有 11 项活动 a_1、a_2、a_3、a_4、a_5、a_6、a_7、a_8、a_9、a_{10}、a_{11}，边上的权值表示活动的持续时间。

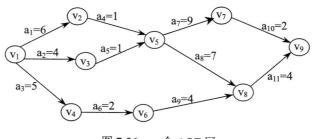

图 7-36　一个 AOE 网

由于整个工程只有一个开始点和一个完成点，因此，在无环的情况下，AOE 网中只有一个入度为 0 的顶点（称为源点）和一个出度为 0 的顶点（称为汇点）。

和 AOV 网不同的是，AOE 网有待研究的问题是：①完成整个工程需要多少时间？②哪些活动是影响工程进度的关键？

由于 AOE 网中有些活动可以并行地进行，所以完成工程的最短时间是从开始点到完成点的最长路径的长度（权值之和最大）。路径长度最长的路径叫关键路径。

假设开始点是 v_1，从 v_1 到 v_i 的最长路径叫做事件 v_i 的最早发生时间。这个时间决定了所有以 v_i 为尾的弧所表示的活动的最早开始时间。用 $e(i)$ 表示活动 a_i 的最早开始时间，用 $l(i)$ 表示活动的最迟开始时间。两者之差 $l(i)-e(i)$ 意味着完成活动 a_i 的时间余量。我们把 $l(i)=e(i)$ 的活动叫做关键活动。显然，关键路径上的所有活动都是关键活动，因此，提前完成非关键活动并不能加快工程的进度。要求出活动的最早开始时间 $e(i)$、最迟开始时间 $l(i)$，必须先求出事件的最早开始时间 $ve(j)$ 和最迟开始时间 $vl(j)$。事件的最早开始时间 $ve(j)$ 和最迟开始时间 $vl(j)$ 可以按下面的公式求出：

（1）求出 $ve(j)$

$ve(0)=0$

$ve(j)=\max\{ve(i)+dut(<i,j>)\}$

其中 $dut(<i,j>)$ 表示顶点 i 到顶点 j 的权值，$j=1,2,3,\cdots,n$。

（2）求出 $vl(j)$

$vl(n)=ve(n)$

$vl(i)=\min\{vl(j)-dut(<i,j>)\}$

其中 $i=n-1,n-2,\cdots,1$。

活动的最早开始时间 $e(i)=ve(j)$，其中活动 i 对应的边为顶点 j 到顶点 k。

活动的最迟开始时间 $l(i)=vl(k)-dut(<j,k>)$。例如，对于图 7-36 所示的 AOE 网，可以求得如下的结果：

事件的最早开始时间为：

$ve(1)=0$

$ve(2)=6$

$ve(3)=4$

$ve(4)=5$

$ve(5)=7$

$ve(6)=7$

$ve(7)=16$

$ve(8)=14$

$ve(9)=18$

事件的最迟开始时间为：

$vl(9)=18$

$vl(8)=14$

$vl(7)=16$

$vl(6)=10$

vl(5)=7
vl(4)=8
vl(3)=6
vl(2)=6
vl(1)=0

活动的最早开始时间、最迟开始时间见图 7-37。

活动	活动的最早开始时间 e(i)	活动的最迟开始时间 l(i)
a_1	0	0
a_2	0	2
a_3	0	3
a_4	6	6
a_5	4	6
a_6	5	8
a_7	7	7
a_8	7	7
a_9	7	10
a_{10}	16	16
a_{11}	14	14

图 7-37　图 7-36 中的 AOE 网的活动的最早、最迟开始时间

从图 7-37 可以看出，e(i)=l(i)的活动为关键活动，具体有 a_1、a_4、a_7、a_8、a_{10}、a_{11} 等活动，只有加快关键活动，才能使整个工程提前完成。于是得到的关键路径如图 7-38 所示。

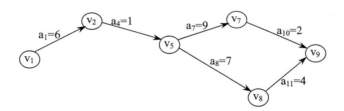

图 7-38　求得的 AOE 网的关键路径

2. 算法实现

本算法以图 7-36 为示例进行说明，AOE 网用邻接表存储，表头结点的 data 域存放顶点的入度。邻接表如图 7-39 所示。

```
#include <stdio.h>
#include <stdlib.h>
typedef int elemtype;
#define n 9                    //n 表示图 7-36 中顶点数
#define e 11                   //e 表示图 7-36 中弧的数目
struct link
{
    elemtype data;            //顶点序号
    int w;                    //权值
```

```
        struct link *next;
    };
```

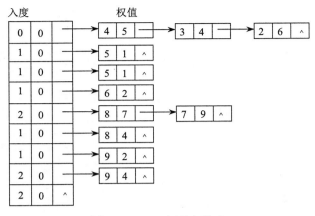

图 7-39 AOE 网的邻接表

```
struct node
{
    int ve[n+1],vl[n+1];                                    //顶点的最早开始时间、最迟开始时间
    int s1[100],s2[100];                                    //两个栈
    int top1,top2;                                          //两个栈的栈顶指针
    struct link a[n+1];                                     //邻接表的表头
};
struct node g;
void creatlink4( )                                         //建立带入度的邻接表
{
    int i,j,k,w;
    struct link *s;
    for(i=1; i<=n;i++)                                      //建立邻接表头结点
    {
        g.a[i].data=0;                                      //入度值为 0
        g.a[i].next=NULL;
        g.a[i].w=0;
    }
    for(k=1; k<=e;k++)
    {
        printf("请输入一条弧：");
        scanf("%d%d%d",&i,&j,&w);                           //输入一条弧<i,j>及权值 w
        s=(struct link*)malloc(sizeof(struct link));        //申请一个动态存储单元
        s->data=j;s->w=w;
        s->next=g.a[i].next;
        g.a[i].next=s;
        g.a[j].data++;                                      //入度加 1
    }
}
```

```
void topsort( )                          //求顶点的最早开始时间
{int x,i,j,k,m=0;struct link *p;
 g.top1=0,g.top2=0;
 for( x=1;x<=n;x++) g.ve[x]=0;
 for ( i=1;i<=n;i++)                      //入度为 0 的顶点进栈
 if (g.a[i].data==0) {g.top1++;g.s1[g.top1]=i;}
 while (g.top1>0)
 {j=g.s1[g.top1--];
    g.s2[++g.top2]=j; m++;
    p=g.a[j].next;
    while(p!=NULL)
   {   k=p->data;
       g.a[k].data--;
       if(g.a[k].data==0) g.s1[++g.top1]=k;
       if(g.ve[j]+p->w>g.ve[k]) g.ve[k]=g.ve[j]+p->w;
       p=p->next;
   }
  }
}
void critical_path( )                    //求关键路径
{   int j,k,kk,ee,el,y; struct link *p;
    for( y=1;y<=n;y++) g.vl[y]=g.ve[n];
    while(g.top2>0)
    {  j=g.s2[g.top2--];p=g.a[j].next;
       while(p!=NULL)
       { k=p->data;kk=p->w;
         if(g.vl[k]-kk<g.vl[j]) g.vl[j]=g.vl[k]-kk;      //求顶点的最迟开始时间
            p=p->next;
       }
    }
    printf("关键路径为： ");
    for(j=1;j<=n;j++)
    {   p=g.a[j].next;
        while(p!=NULL)
        {   k=p->data;kk=p->w;
            ee=g.ve[j];el=g.vl[k]-kk;            //求事件的最早开始时间、最迟开始时间
            if(ee==el)
            printf("顶点%d 到顶点%d ",j,k);        //关键路径
            p=p->next;
        }
    }
    printf("\n");
}
void main()
{
    creatlink4( );
```

```
        topsort( );
        critical_path( );
    }
```

本章小结

1. 图是一种网状型的数据结构，属于多对多的非线性结构，图中每个结点可以有多个直接前驱和多个直接后继。

2. 图的存储包括存储图中顶点信息和边的信息两个方面。这两个方面可以分开来单独存储，也可以用结构体形式一起存储。

3. 图的存储结构有邻接矩阵、邻接表、邻接多重表等，一般情形下采用前面两种。

4. 对于一个具有 n 个顶点 e 条边的图，它的邻接矩阵是一个 n×n 阶的方阵，其若为无向图，则一定为对称矩阵，若为有向图，则不一定是对称矩阵。图的邻接矩阵中元素只能是 0 和 1，而网的邻接矩阵中元素为对应边上的权值、0 及 ∞（代表两个顶点之间无边）。

5. 对于一个具有 n 个顶点 e 条边的图，它的邻接表由 n 个单链表组成，无向图的邻接表占用的存储单元数目为 n+2e，有向图的邻接表占用的存储单元数目为 n+e。

6. 图的遍历包含深度优先搜索遍历和广度优先搜索遍历。对于用邻接矩阵作存储结构的图，从某个给定顶点出发的图的遍历得到的访问顶点次序是唯一的，而对于用邻接表作存储结构的图，从某个给定顶点出发的图的遍历得到的访问顶点次序随建立的邻接表的不同而可能不同。

7. 一个连通图的生成树含有该图的全部 n 个顶点和其中的 n-1 条边（不构成回路），其中权值之和最小的生成树称为最小生成树。求最小生成树有两种不同的方法：一种是普里姆算法，另一种是克鲁斯卡尔算法。所采用的方法不同，得到的最小生成树中边的次序也可能不同，但最小生成树的权值之和相同。

8. AOV 网是一个有向无环图，若把图中所有顶点排成一个线性序列，使得每个顶点的前驱都被排在它的前面，或者每个顶点的后继都被排在它的后面，则称此序列为图的一种拓扑序列。求 AOV 网的拓扑序列过程，称为拓扑排序。

9. 最短路径有两种：其一是单源点的最短路径，用迪杰斯特拉（Dijkstra）算法来实现，时间复杂度为 $O(n^2)$；其二是所有顶点对的最短路径，用弗洛伊德（Floyd）算法来实现，时间复杂度为 $O(n^3)$。

习题七

7-1 对于图 7-40 所示的有向图，请给出：
（1）每个顶点的入度和出度。
（2）它的邻接矩阵。
（3）它的邻接表。
（4）它的逆邻接表。
（5）它的强连通分量。

7-2　对于图 7-41 所示的无向图，写出从顶点 2 出发的深度优先搜索遍历序列和广度优先搜索遍历序列，以及它的深度优先生成树和广度优先生成树（得到的结果可以不唯一）。

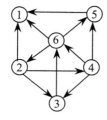

图 7-40　有向图

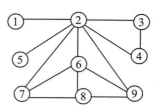

图 7-41　无向图

7-3　根据题 7-2 的要求，写出图的邻接矩阵和邻接表，并利用写出的邻接矩阵和邻接表，再写出从顶点 2 出发的深度优先搜索遍历序列和广度优先搜索遍历序列（得到的结果应该是唯一的）。

7-4　对于图 7-42 所示的非连通图，建立它的邻接表，并根据邻接表，写出它的深度优先搜索遍历算法。

7-5　对于图 7-43 所示的无向网，要求：

（1）首先写出它的邻接矩阵，然后再按普里姆（Prim）算法求其最小生成树，要求写出求解的顺序步骤。

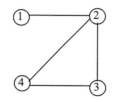
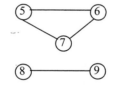

图 7-42　非连通图

（2）首先写出它的邻接表，然后再按克鲁斯卡尔（Kruskal）算法求其最小生成树，要求写出求解的顺序步骤。

（3）若调用克鲁斯卡尔算法，怎样从键盘输入边的权值？

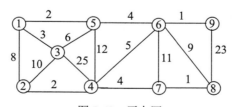

图 7-43　无向网

7-6　对于图 7-44 所示的有向网，用迪杰斯特拉（Dijkstra）算法求顶点 1 到其他顶点的最短路径。

7-7　对于图 7-45 所示的有向图，用弗洛伊德（Floyd）算法求所有顶点对之间的最短路径。

7-8　对于图 7-46 所示的 AOV 网，试给出它的五种拓扑序列，然后给出它的带入度值的邻接表，从该邻接表中，得到的拓扑序列为哪种？试写出来。

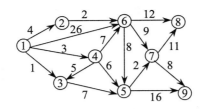

图 7-44　有向网

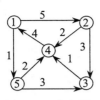

图 7-45　有向图

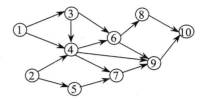

图 7-46　AOV 网

7-9　编写算法，将有向图的邻接矩阵存储形式转换成邻接表存储形式，邻接矩阵和邻接表的数据类型描述见本章 7.2 节中的算法描述部分。

7-10　试用算法实现邻接矩阵中插入一个顶点若干条边的操作 insert(G,x,n)，其中，G 代表图，x 代表插入的顶点，n 代表依附该顶点的边的数目。

7-11　对于图 7-47 所示的 AOE 网，计算各活动的最早开始时间 e(i) 和最迟开始时间 l(i)，各事件的最早开始时间 ve(i) 和最迟开始时间 vl(i)，列出各关键路径，并回答：工程完成的最短时间是什么？哪些活动是关键活动？是否有某些活动提高速度后能导致整个工程缩短工期？

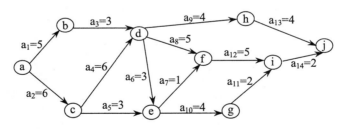

图 7-47　AOE 网

7-12　试设计一个算法，将无向图的邻接表形式的存储结构转换成邻接矩阵的形式（无向图的顶点数目和边的数目由参数传递）。

7-13　对于图 7-48 所示的图，画出它的邻接多重表存储结构。

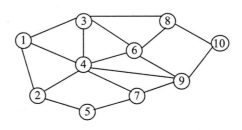

图 7-48　图

7-14　利用有向图的邻接矩阵建立一个带入度值的邻接表（有向图的顶点数目和边的数目由参数传递）。提示：邻接表类似于 AOV 网的邻接表。

7-15　对于图 7-49 所示的非连通图，写出它的邻接表，并根据此邻接表，写出得到广度优先生成森林的算法（输出森林中的每一条边）。

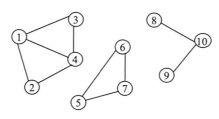

图 7-49　非连通图

第 8 章　查找

本章学习目标

本章主要介绍数据处理中的各种查找方法，其中包含顺序查找、二分查找、索引查找、分块查找、二叉排序树查找、AVL 树查找、B 树、B^+树、键树、散列查找等。通过本章的学习，读者应掌握如下内容：

- 线性表上进行顺序查找的思想及算法，相应的时间复杂度、空间复杂度，查找成功时的平均查找长度
- 二分查找的条件、思想及算法，二分查找的判定树及查找成功时的平均查找长度，相应的时间复杂度、空间复杂度
- 二叉排序树的建立，查找思想及算法实现，相应的时间复杂度、空间复杂度，查找成功时的平均查找长度
- B 树、B^+树、键树的定义及基本查找思想
- 散列查找的基本思想、散列函数的构造，采用线性探查法和链接法（也称为链地址法或拉链法）解决冲突建立散列表及其算法的实现，散列查找在查找成功时的平均查找长度

8.1　查找的基本概念

在前面几章中，我们介绍了线性表、栈和队列、串等线性结构及多维数组、广义表、树和图等非线性结构，讨论了它们的逻辑结构、存储结构及运算，并且在运算中，曾经讨论过一些简单的查找运算。由于查找运算的使用频率相当高，几乎在任何一个计算机系统中都会涉及到，所以当问题的规模相当大时，查找算法的效率就显得十分重要。因此，本章将着重讨论各种查找方法，并通过对它们的效率分析来比较各种查找方法的优劣。

查找也称为检索。在我们的日常生活中，随处可见查找的实例，如查找某人的地址、电话号码，查某单位 45 岁以上职工等，都属于查找范畴。本书中，我们规定查找是按关键字进行的。所谓关键字（key）是数据元素（或记录）中某个数据项的值，用它可以标识（或识别）一个数据元素。例如，描述一个考生的信息，可以包含：考号、姓名、性别、年龄、家庭住址、电话号码、成绩等关键字。但有些关键字不能唯一标识一个数据元素，而有的关键字可以唯一标识一个数据元素。如刚才的考生信息中，姓名不能唯一标识一个数据元素（因有同名同姓的人），而考号可以唯一标识一个数据元素（每个考生的考号是唯一的，不能相同）。我们将能唯一标识一个数据元素的关键字称为主关键字，而其他关键字称为辅助关键字或从关键字。

有了主关键字及从关键字后，我们可以给查找作一个完整的定义。所谓查找，就是根据给定的值，在一个表中查找出其关键字等于给定值的数据元素。若表中有这样的元素，

则称查找是成功的，此时查找的信息为给定的整个数据元素的输出或指出该元素在表中的位置；若表中不存在这样的记录，则称查找是不成功的，或称查找失败，并可给出相应的提示。

因为查找是对已存入计算机中的数据所进行的操作，所以采用何种查找方法，首先取决于使用哪种数据结构来表示"表"，即表中结点是按何种方式组织的。为了提高查找速度，我们经常使用某些特殊的数据结构来组织表。因此在研究各种查找算法时，我们必须首先弄清这些算法所要求的数据结构，特别是存储结构。

查找有内查找和外查找之分。若整个查找过程全部在内存进行，则称这样的查找为内查找；反之，若在查找过程中还需要访问外存，则称之为外查找。本书仅介绍内查找。

要衡量一种查找算法的优劣，主要是看要查找的值与关键字的比较次数，我们将给定值与关键字的比较次数的平均值来作为衡量一个查找算法好坏的标准,对于一个含有 n 个元素的表，查找成功时的平均查找长度可表示为 $ASL=\sum_{i=1}^{n}p_ic_i$，其中 p_i 为查找第 i 个元素的概率，且 $\sum_{i=1}^{n}p_i=1$，一般情形下我们认为查找每个元素的概率相等，c_i 为查找第 i 个元素所用到的比较次数。

8.2　线性表的查找

8.2.1　顺序查找

1. 顺序查找的基本思想

顺序查找是一种最简单的查找方法，它的基本思想是：从表的一端开始，顺序扫描线性表，依次将扫描到的结点关键字和待找的值 K 相比较，若相等，则查找成功，若整个表扫描完毕，仍未找到关键字等于 K 的元素，则查找失败。

顺序查找既适用于顺序表，也适用于链表。若用顺序表，查找可从前往后扫描，也可从后往前扫描；但若采用单链表，则只能从前往后扫描。另外，顺序查找的表中元素可以是无序的。

下面以顺序表的形式来描述算法。

2. 顺序查找算法实现

```
#define n maxn                          //n 为表的最大长度
struct node
{…
elemtype key;                           //key 为关键字，类型设定为 elemtype
};

int seqsearch (struct node R[n+1],elemtype k)   //在表 R 中查找关键字值为 k 的元素
{
R[0].key=k; int i=n;                     //从表尾开始向前扫描
while(R[i].key!=k) i--;
return i;
}
```

在函数 seqsearch 中，若返回的值为 0 表示查找不成功，否则查找成功。函数中查找的范围为从 R[n]到 R[1]，R[0]为监视哨，起两个作用：其一，是为了省去判定 while 循环中下标越界的条件 i≥1，从而节省比较时间；其二，保存要找的值的副本，若查找时遇到它，表示查找不成功。若算法中不设立监视哨 R[0]，程序花费的时间将会增加，这时的算法可写为下面的形式：

```
int seqsearch(node R[n+1]，elemtype k)
{int i=n;
while(R[i].key!=k)&&(i>=1) i--;
return i;
}
```

当然上面的算法也可以改成从表头向后扫描，将监视哨设在右边，这种方法请读者自己完成。

3. 顺序查找性能分析

假设在每个位置查找的概率相等，即有 $p_i=1/n$，由于查找是从后往前扫描，则有每个位置的查找比较次数 $c_n=1,c_{n-1}=2,\cdots,c_1=n$，于是，查找成功的平均查找长度 $ASL=\sum_{i=1}^{n}p_ic_i=\sum_{i=1}^{n}\left[\frac{1}{n}(n-i+1)\right]=\frac{n+1}{n}$，即它的时间复杂度为 O(n)。这就是说，查找成功的平均比较次数约为表长的一半。若 k 值不在表中，则必须进行 n+1 次比较之后才能确定查找失败。另外，从 ASL 可知，当 n 较大时，ASL 值较大，查找的效率较低。

顺序查找的优点是算法简单，对表结构无任何要求，无论是用向量还是用链表来存放结点，也无论结点之间是否按关键字有序或无序，它都同样适用。顺序查找的缺点是查找效率低，当 n 较大时，不宜采用顺序查找，而必须寻求更好的查找方法。

8.2.2　二分查找

1. 二分查找的基本思想

二分查找也称折半查找，它是一种高效率的查找方法。但二分查找有条件限制：要求表必须用向量作存储结构，且表中元素必须按关键字有序（升序或降序均可）。我们不妨假设表中元素为升序排列。二分查找的基本思想是：首先将待查值 k 与有序表 R[1]～R[n]的中点 mid 上的关键字 R[mid].key 进行比较，若相等，则查找成功，否则，若 R[mid].key>k，则在 R[1]～R[mid-1]中继续查找，若有 R[mid].key<k，则在 R[mid+1]～R[n]中继续查找。每通过一次关键字的比较，查找区间的长度就缩小一半，如此不断循环下去，直到找到关键字为 k 的元素为止；或者，若当前的查找区间为空，则表示查找失败。

从上述查找思想可知，每进行一次关键字比较，区间数目增加一倍，故称为二分（区间一分为二），而区间长度缩小一半，故也称为折半（查找的范围缩小一半）。

2. 二分查找算法实现

```
int binsearch(struct node R[n+1], elemtype k)
{   int low=1, high=n;
    while(low<=high)
    {   int mid=(low +high)/2;          //取区间中点
        if(R[mid].key==k)
          return mid;                    //查找成功
        else if(R[mid].key>k)
```

```
            high=mid-1;                    //在左子区间中查找
            else low=mid+1;                //在右子区间中查找
        }
        return 0;                          //查找失败
    }
```

例如,假设给定的有序表中关键字为8,17,25,44,68,77,98,100,115,125,将查找 k=17 和 k=120 的情况描述为图 8-1 和图 8-2 的形式。

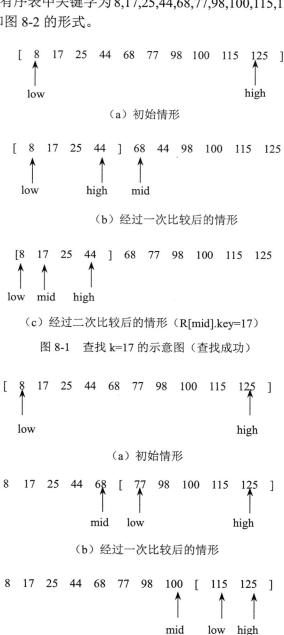

（a）初始情形

（b）经过一次比较后的情形

（c）经过二次比较后的情形（R[mid].key=17）

图 8-1　查找 k=17 的示意图（查找成功）

（a）初始情形

（b）经过一次比较后的情形

（c）经过二次比较后的情形

图 8-2　查找 k=120 的示意图（查找不成功）

8　17　25　44　68　77　98　100　115　[125]

mid　low high

（d）经过三次比较后的情形

17　25　44　77　98　100　115　125

high low mid

（e）经过四次比较后的情形（high<low）

图 8-2　查找 k=120 的示意图（查找不成功）（续图）

3. 二分查找的性能分析

为了分析二分查找的性能，可以用二叉树来描述二分查找过程。把当前查找区间的中点作为根结点，左子区间和右子区间分别作为根的左子树和右子树，左子区间和右子区间再按类似的方法操作，由此得到的二叉树称为二分查找的判定树。例如，图 8-1 给定的关键字序列的判定树见图 8-3。

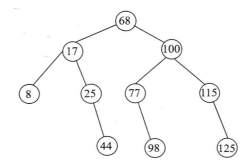

图 8-3　具有 10 个关键字的序列的二分查找判定树

从图 8-3 可知，查找根结点 68，需一次查找，查找 17 和 100，各需二次查找，查找 8、25、77、115 各需三次查找，查找 44、98、125 各需四次查找。于是，可以得到结论：二叉树第 k 层结点的查找次数各为 k 次（根结点为第 1 层），而第 k 层结点数最多为 2^{k-1} 个。假设该二叉树的深度为 h，则二分查找成功的平均查找长度为（假设每个结点的查找概率相等）：

$ASL=\sum_{i=1}^{n}p_i c_i = \frac{1}{n}\sum_{i=1}^{n}c_i \leq \frac{1}{n}(1+2\times2+3\times2^2+\cdots+h\times2^{h-1})$，因此，在最坏情形下，上面的不等号将会成立，并根据二叉树的性质，最大的结点数 $n=2^h-1$，$h=\log_2(n+1)$，于是可以得到平均查找长度 $ASL=\frac{n+1}{n}\log_2(n+1)-1$。该公式可以按如下方法推出：

设 $s=\sum_{k=1}^{h}k2^{k-1}=2^0+2\times2^1+3\times2^2+\cdots+(h-1)\times2^{h-2}+h\times2^{h-1}$

则 $2s=2^1+2\times2^2+\cdots+(h-2)\times2^{h-2}+(h-1)\times2^{h-1}+h\times2^h$

$s=2s-s$

$=h\times2^h-(2^0+2^1+2^2+\cdots+2^{h-2}+2^{h-1})$

$$=h \times 2^h-(2^h-1)$$
$$=\log_2(n+1)(n+1)-n$$

所以，$ASL=\dfrac{1}{n}s=\dfrac{n+1}{n}\log_2(n+1)-1$。

当 n 很大时，$ASL \approx \log_2(n+1)-1$ 可以作为二分查找成功时的平均查找长度，它的时间复杂度为 $O(\log_2 n)$。而二分查找在查找不成功时的平均查找长度不会超过判定树的深度。而判定树有一个特点：它的中序序列是一个有序序列，即为二分查找的初始序列。在判定树中，所有根结点值大于左子树而小于右子树，因此在判定树上查找很方便，与根结点比较时若相等则查找成功，若待找的值小于根结点，进入左子树继续查找，否则进入右子树查找。若找到叶子结点时还没有找到所需元素，则查找失败。现将图 8-1 中查找 k=17 的过程用判定树形式来进行描述，见图 8-3，首先找到根结点 68，比 17 大，进入左子树查找，左子树的根结点值 17 与待查值相同，故通过两次查找就可以成功地找到 k=17。再看查找 k=120 的过程。仍以图 8-3 为例说明，首先进入根结点 68，比 120 要小，进入右子树查找，右子树根结点 100，还比 120 要小，再进入以 100 为根的右子树继续查找，根的值为 115，仍然比 120 小，再进入以 115 为根的右子树查找，根的值为 125，比 120 要大，则再进入以 125 为根的左子树查找，而 125 为叶子结点，无左子树，故通过 4 次查找以后，发现查找 k=120 是不成功的。

二分查找的优点是比较次数较顺序查找少，查找速度快，执行效率高。缺点是表的存储结构只能是顺序存储，不能是链式存储，且表中元素必须是有序的。

8.2.3　索引查找

1. 索引查找的思想

索引查找又称分级查找，它既是一种查找方法，又是一种存储方法，也称为索引存储。它在我们的日常生活中有着广泛的应用。例如，在汉语字典中查找某个汉字时，若知道某个汉字读音，则可以先在音节表中查找到对应正文中的页码，然后再在正文所对应的页中查出待查的汉字；若知道该汉字的字形，但不知道读音，则可以先在部首表中根据字的部首查找到对应检字表中的页码，再在检字表中根据字的笔画找到该汉字所在的页码。在这里，整个字典就是索引查找的对象，字典的正文是字典的主要部分，被称为主表，而检字表、部首表和音节表都有是为了方便查找主表而建立的索引，所以被称为索引表。

在索引查找中，主表只有一个，其中包含的是待查找的内容，而索引表可以有多个，包含一级索引、二级索引……，所需的级数可根据具体问题而定，如刚才利用读音查找汉字为一级索引，而利用字形查找汉字为二级索引（部首表→检字表→汉字）。在此，我们仅讨论一级索引。

索引查找是在线性表（主表）的索引存储结构上进行的，而索引存储的基本思想是：首先将一个线性表（主表）按照一定的规则分成若干个逻辑上的子表，并为每个子表分别建立一个索引项，由所有这些索引项得到主表的一个索引表，然后，可采用顺序或链接的方法来存储索引表和各个子表。索引表中的每个索引项通常包含三个域：一是索引值域，用来存储标识对应子表的索引值，它相当于记录的关键字，在索引表中由此索引值来唯一标识一个索引项（子表）；二是子表的开始位置，用来存储对应子表的第一个元素的存储位置；三是子表的长度，用来存储对应子表的元素个数。

于是，索引表的类型可定义如下：

```
struct indexlist
{   indextype index;            //索引值域
    int start;                  //子表中第一个元素在主表中的下标位置
    int length;                 //子表的长度

}
```

例如，设有一个学校部分教师档案表如表 8-1 所示，设编号为主关键字，则该表可以用一个线性表 $L=(a_1,a_2, a_3,a_4,a_5,a_6,a_7,a_8,a_9,a_{10})$ 来表示，其中 a_i（$1 \leqslant i \leqslant n$）表示第 i 位教师的信息（包含编号、姓名、部门、职称），而它的索引表可以按部门进行，也可以按职称进行，按部门的索引表中有 4 个子表，分别为：

科学系 $J=(a_1,a_2,a_3,a_4)$
工程系 $D=(a_5,a_6,a_7)$
通信系 $G=(a_8,a_9)$
应用系 $C=(a_{10})$

表 8-1　教师档案表

编号	姓名	部门	职称
J001	赵一	科学系	教授
J002	钱二	科学系	讲师
J003	张三	科学系	副教授
J004	李四	科学系	助教
D001	王五	工程系	讲师
D002	孙六	工程系	助教
D003	刘七	工程系	副教授
G001	朱八	通信系	教授
G002	杨九	通信系	讲师
C001	罗十	应用系	副教授

上述 4 个子表可表示成一个索引表，如表 8-2 所示。

表 8-2　按部门的索引表

index	start	length
K	0	4
G	4	3
T	7	2
Y	9	1

若按职称进行索引，则得到的索引表中也有 4 个子表，分别为：

教授=(a_1,a_8)
副教授=(a_3,a_7,a_{10})
讲师=(a_2,a_5,a_9)
助教=(a_4,a_6)

　　这时的主表用顺序存储不太方便，因相同职称的教师没有连在一起，故用链式存储得到主表较方便。具体的存储如图 8-4 所示。在图 8-4 中，箭头上面的数字表示该元素在主表中的下标位置（指针），每个子表中最后一个元素的指针为-1，表示为空指针。

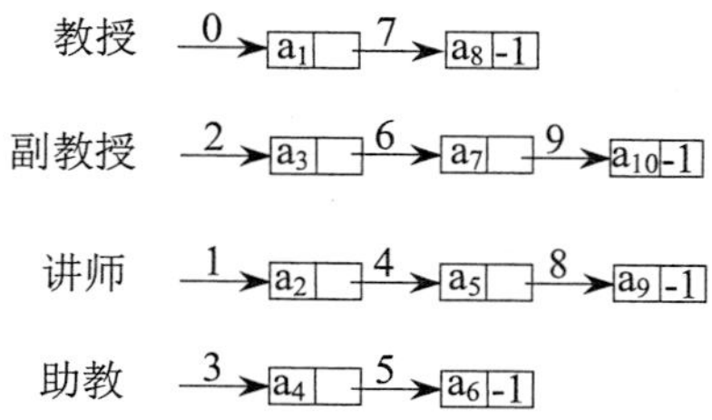

教授　$\xrightarrow{0}$ a₁ $\xrightarrow{7}$ a₈ -1

副教授　$\xrightarrow{2}$ a₃ $\xrightarrow{6}$ a₇ $\xrightarrow{9}$ a₁₀ -1

讲师　$\xrightarrow{1}$ a₂ $\xrightarrow{4}$ a₅ $\xrightarrow{8}$ a₉ -1

助教　$\xrightarrow{3}$ a₄ $\xrightarrow{5}$ a₆ -1

图 8-4　按职称存储的链式结构

　　于是，可以得到如表 8-3 所示的职称索引表。

表 8-3　按职称的索引表

index	start	length
教授	0	2
副教授	2	3
讲师	1	3
助教	3	2

　　从刚才的两种索引表中，可以给出索引查找的基本思想如下：

　　第一步，在索引表中按 index 域查找所给值 K_1，这时可得到子表起始位置 start 和长度 length，若找不到 K_1，结束查找，表示查找不成功。

　　第二步，在主表的 start 位置开始、长度为 length 的范围内查找所给值 K_2，若找到，查找成功，否则，查找不成功。

　　例如，对于按部门的索引查找，主表可以用顺序存储，假设 K_1="G"，"G"代表工程系，K_2="孙六"，则先在表 8-2 所示的索引表中找到的 index 域为"G"的项，得到 start=4, length=3，然后从主表的第 4 个位置开始（即 a₅）找姓名为"孙六"的人，则在主表的第 5 个位置可以找到，故查找成功。若假设 K_1="G"，K_2="杨九"，则索引表中的查找与上面相同，然后从主表的第 4 个位置开始查找，没找到，进入第 5 个位置查找，还没找到，进入第 6 个位置查找，仍然没找到，但查找的 length=3，即只允许 3 次查找，故查找不成功。若假设 K_1="F"，K_2="张三"，则首先在索引表中就找不到"F"，故无需进入主表进行查找，查找不成功。

　　对于按职称的索引查找，主表是用链式存储（见图 8-4），假设 K_1="副教授"，K_2="刘七"，则首先在表 8-3 所示的索引表中找到 index 域为"副教授"的项，得到 start=2，length=3，然后进入主表（见图 8-4），找到指针为 2（start=2）的那个链表，即找到 a₃，它的姓名域为"张三"，故再往后找，找到 a₇，它的姓名域为"刘七"，因此，查找成功。不成功的形式可类似地分析出来。

　　2. 索引查找的算法实现

　　假设索引表和主表都用顺序存储实现。

```
#define n maxn                           //定义主表中的元素个数
#define m maxm                           //定义索引表中的分类数
struct indexlist
{   indextype index;
    int start;
    int length;
};
struct node
{   elemtype key;
    …
}
struct indexlist B[m];                   //为一个索引表，有 m 个子表
struct node A[n];                        //为一个主表，有 n 个元素
int indexsearch(struct indexlist B[m],struct node A[n],indextype k1,elemtype k2)
//先在索引表 B 中查找 index=k1 的项，然后在主表 A 中查找 key=k2 的项的位置
{for(int i=0; i<m; i++)
if (k1==B[i]. index) break;
//若 index 域为字符串类型，则判断条件应为 if strcmp(k1,B[i]index)==0
if (i==m) return -1;                     //查找不成功
int j=B[i]. start;
while(j<B[i]. star+B[i]. length)
if (k2==A[j].key) break;
else j++;
if (j<B[i].start+B[i]. length)
    return j;                            //查找成功
else return -1;                          //查找不成功
}
```

该算法的主表若采用链式存储，则只需改动在主表中的查找算法和循环 if 语句，这时，可将 while 循环改为：

```
while(j!=-1)
    if (k2==A[j].key) break;
    else j=A[j].next;
```

而循环结束后的 if 语句可省去，直接改成 return j;即可。

3．索引查找的性能分析

由于索引查找中涉及两方面查找，第一个是索引表的查找，第二个是主表的查找，假设两种查找都按顺序查找方式进行，则索引表的平均查找长度为(m+1)/2，主表中的平均查找长度为(s+1)/2（m 为索引表的长度，s 为主表中相应子表的长度），则索引查找的平均查找长度为：ASL=(m+1)/2+(s+1)/2。若假定每个子表具有相同的长度，而主表的长度为 n，则有 n=m*s，这时当 s=$\sqrt{n}$ 时，索引查找具有最小的平均查找长度，即 ASL=1+$\sqrt{n}$。从该公式可以看出，索引查找的性能优于顺序查找，但比二分查找要差，时间复杂度介于 O($\log_2 n$)～O(n)之间。

8.2.4　分块查找

1．分块查找的思想

分块查找实际上就是一种索引查找，但查找的性能优于索引查找，其原因是分块查找的

索引表是一个有序表，故可以用二分查找来代替顺序查找，实现索引表的快速查找。

　　具体实现如下：将一个含有 n 个元素的主表分成 m 个子表，但要求子表之间元素是按关键字有序排列的，而子表中元素可以无序，然后建立索引表，索引表中索引域的值用每个子表的最大关键字代替，则可以按索引查找思想找到表中元素。

　　例如，给定关键字序列如下：18，7，26，34，15，42，36，70，60，55，83，90，78，72，74，假设 m=3，s=5，即将该序列分成 3 个子表，每个子表有 5 个元素，则得到的主表和索引表如图 8-5 所示。

0	1	2	3	4	5	6	7	8	9	10	11	12	13	14
18	7	26	34	15	42	36	70	60	55	83	90	78	72	74

（a）15 个关键字序列得到的主表

index	start	length
34	0	5
70	5	5
90	10	5

（b）按关键字序列递增得到的索引表

图 8-5　分块查找的主表和索引表

　　假设在上述表中查找 60，则可以先在索引表中查找 60 所在的子表，由于 34≤60≤70，故 60 应在第二块中，这时 start=5，length=5，故 60 应在主表的第 5 个位置到第 9 个位置中查找。

2. 分块查找的算法实现

```
{   int low=0,high=m-1,i;
    while(low<=high)
    { int mid=(low+high)/2;
        if (k==B[mid].index) { i=mid;break;}
        else if (k<B[mid].index) high=mid-1;
        else low=high+1;
    }
    if (low>high) i=low;
    if (i==m) return -1;                //查找不成功
    int j=B[i].start;
    while (j<B[i].start+B[i].length)
        if (k==A[j].key) break;
        else j++;
    if (j<B[i].start+B[i].length)
        return j;                       //查找成功
    else return -1;                     //查找不成功
}
```

　　当然，在上面的算法中，第一个循环用的是二分查找，也可以改成顺序查找的形式，则与索引查找的算法完全相同。

3. 分块查找的性能分析

分块查找实际上就是索引查找，但分块查找中索引域的类型与主表的关键字域的类型相同，且索引表按索引域递增（或递减）有序，故它的平均查找长度与索引查找接近，且优于索引查找。

8.3 树表查找

8.3.1 二叉排序树查找

1. 什么是二叉排序树

对于二叉排序树（binary sorting tree），它或者是一棵空树，或者是一棵具有如下特征的非空二叉树：

（1）若它的左子树非空，则左子树上所有结点的关键字均小于根结点的关键字。

（2）若它的右子树非空，则右子树上所有结点的关键字均大于等于根结点的关键字。

（3）左、右子树本身又都是一棵二叉排序树。

从上述定义可知，二叉排序树的中序遍历序列是一个从小到大排列的有序序列（与二分查找的判定树类似）。

2. 二叉排序树的数据类型描述

和第 6 章类似，可以用一个二叉链表来描述一棵二叉排序树，具体为：

```
struct btreenode
{
    elemtype data;                    //代表关键字
    struct btreenode *left,*right;    //代表左、右孩子
};
```

3. 二叉排序树的基本运算

（1）二叉排序树的插入

若二叉排序树为空，则待插入元素作为根结点插入，否则，若待插入的值小于根结点值，则作为左子树插入，否则作为右子树插入，算法描述为：

```
void Insert (struct btreenode *BST,elemtype X)
{    //在二叉排序树 BST 中，插入值为 x 的结点
    if(BST==NULL)
    {    struct btreenode *p;
        p=( struct btreenode*)malloc(sizeof(struct btreenode));
        p->data=X;
        p->left=p->right=NULL;
        BST=p;
    }
    else if (BST->data >= X)
        Insert (BST -> left,X);           //在左子树中插入
    else Insert (BST->right,X);           //在右子树中插入
}
```

（2）二叉排序树的建立

只要反复调用二叉排序树的插入算法即可，算法描述为：

```
struct btreenode *Creat (int n)              //建立含有 n 个结点的二叉排序树
{
    struct btreenode *BST= NULL;
    for ( int i=1; i<=n; i++)
    {   scanf("%d",&x);                      //输入关键字序列
        Insert(BST,x);
    }
    return BST;
}
```

　　例如，给定关键字序列 79，62，68，90，88，89，17，5，100，120，生成二叉排序树的过程如图 8-6 所示（注：二叉排序树与关键字排列顺序有关，排列顺序不一样，得到的二叉排序树也不一样）。

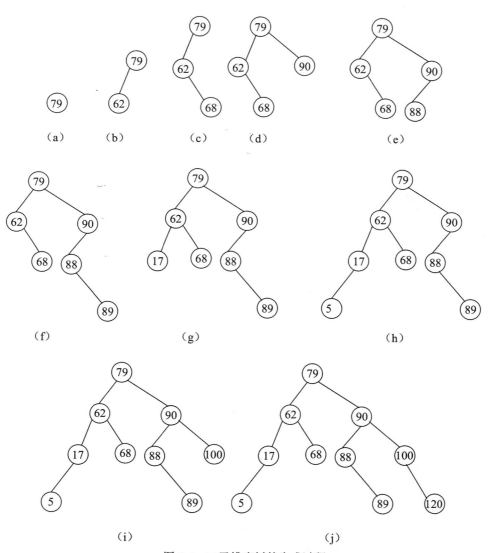

图 8-6　二叉排序树的生成过程

（3）二叉排序树的删除

二叉排序树的删除比插入要复杂得多，因为被插入的结点都被链接到树中的叶子结点上，故不会破坏树的结构，而删除则不同，它可能是删除叶子结点，也可能是删除非叶子结点，当删除非叶子结点时，就会破坏原有结点的链接关系，需要重新修改指针，使得删除后仍为一棵二叉排序树。

具体算法如下：

```
int Delete (struct treenode *BST, elemtype x)
//删除以 BST 为根指针的二叉排序树中值为 x 的结点
{ struct treenode *t=BST, *S= NULL;
  while (t!=NULL)                              //查找值为 x 的结点
  {   if (t->data ==x) break;
      else if (t->data >x)
         { s=t;t=t->left;}
      else
         { s=t;t=t->right;}
  }
  if (t==NULL) return 0;                       //没找到
  if (t->left ==NULL)&&(t->right ==NULL)       //待删结点为叶子结点
  {   if(t==BST) BST= NULL;
      else if (t==s->left) s->left=NULL;
      else s->right=NULL;
      free( t);
  }
  else if(t->left==NULL)||(t->right==NULL)     //待删除结点仅有左孩子或仅有右孩子
  {   if(t==BST)                               //删除根结点
      {   if (t->left==NULL) BST=t->right;
          else BST=t->left;
      }
      else                                     //删除非根结点
      {   if (t==s->left)&&(t->left!=NULL)
             s->left=t->left;
          else if(t==s->left)&&(t->right !=NULL)
             s->left =t->right;
          else if(t==s->right)&&(t->left!=NULL)
             s->right=t->left;
          else if (t ==s->right)&&(t->right!=NULL)
             s->right =t->right;
      }
  free( t);
  }
  else if(t->left!=NULL)&&(t->right!=NULL)     //待删除结点同时具有左右孩子
  {   struct treenode *p=t, *q=t->left;
      while(q->right!=NULL)                    //查找待删除结点的前驱
      {p=q; q=q->right;}
      t->data=q->data;                         //待删结点的值用前驱结点值代替
      if (p==t) t->left=q->left;
      else p->right=q->left;
```

```
            free(q)                          //删除前驱结点 q 来代替删除 t
        }
        return 1;                            //表示已找到要删除的结点并成功删除
    }
```

4. 二叉排序树上的查找

（1）二叉排序树的查找思想

若二叉排序树为空，则查找失败，否则，先拿根结点值与待查值进行比较，若相等，则查找成功，若根结点值大于待查值，则进入左子树重复此步骤，否则，进入右子树重复此步骤，若在查找过程中遇到二叉排序树的叶子结点时，还没有找到待找结点，则查找不成功。

（2）二叉排序树查找的算法实现

```
        struct treenode *find(struct btreenode *BST, elemtype x)
        //在以 BST 为根指针的二叉排序树中查找值为 x 的结点
        {
         if ( BST==NULL)
             return NULL;                    //查找失败
         else
         {
             if (BST->data==x)               //查找成功
               return BST;
             else if (BST->data>x)           //进入左子树查找
               return find ( BST->left,x);
             else                            //进入右子树查找
               return find (BST->right,x);
         }
        }
```

当然，上述算法也可以改成如下的非递归算法：

```
        struct btreenode *find1 (struct btreenode *BST, elemtype x)
        {
            if(BST==NULL)
              return NULL;                   //查找失败
            else
            {   struct btreenode *p=BST;
                while (p!=NULL)
                {   if (p->data==x) break;
                    else if (p->data>x) p=p->left;
                    else p=p->right;
                }
                if(p!=NULL) return P;         //查找成功
                else return NULL;             //查找不成功
            }
        }
```

5. 二叉排序树查找的性能分析

在二叉排序树查找中，成功的查找次数不会超过二叉树的深度，而具有 n 个结点的二叉排序树的深度，最好为 $\log_2 n$，最坏为 n。因此，二叉排序树查找的最好时间复杂度为 $O(\log_2 n)$，最坏时间复杂度为 $O(n)$，一般情形下，其时间复杂度大致可看成 $O(\log_2 n)$，比顺序查找效率要好，但比二分查找要差。

【**例 8-1**】给定关键字序列 1,2,3，试写出它的所有二叉排序树。

分析：由于关键字序列 1,2,3 有 6 种排列，故最多有 6 棵二叉排序树。

第一棵的关键字序列为 1,2,3，生成的二叉排序树见图 8-7（a）；

第二棵的关键字序列为 1,3,2，生成的二叉排序树见图 8-7（b）；

第三棵的关键字序列为 2,1,3，生成的二叉排序树见图 8-7（c）；

第四棵的关键字序列为 2,3,1，生成的二叉排序树见图 8-7（d）；

第五棵的关键字序列为 3,2,1，生成的二叉排序树见图 8-7（e）；

第六棵的关键字序列为 3,1,2，生成的二叉排序树见图 8-7（f）。

从图 8-7 可知，（c）和（d）的结果一样，故关键字序列 1,2,3 实际上只能组成 5 种形式的二叉排序树，而（c）是最好的二叉排序树，平均查找长度 ASL=(1+2+2)/3≈1.67，与复杂度 $O(\log_2 n)$接近，（a）、（b）、（e）、（f）是最坏的二叉排序树，平均查找长度 ASL=(1+2+3)/3=2，与复杂度 O(n)相同，即相当于顺序查找的平均查找长度。

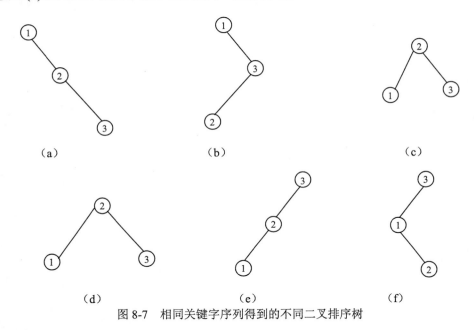

图 8-7　相同关键字序列得到的不同二叉排序树

8.3.2　平衡二叉树查找

1. 平衡二叉树的概念

平衡二叉树（balanced binary tree）是由阿德尔森-维尔斯（Adelson-Velskii）和兰迪斯（Landis）于 1962 年首先提出的，所以又称为 AVL 树。

若一棵二叉树中每个结点的左、右子树的深度之差的绝对值不超过 1，则称这样的二叉树为平衡二叉树。该结点的左子树深度减去右子树深度的值，称为该结点的平衡因子（balance factor）。也就是说，一棵二叉排序树中，所有结点的平衡因子只能为 0、1、-1 时，则该二叉排序树就是一棵平衡二叉树，否则就不是一棵平衡二叉树。图 8-8 所示的二叉排序树是一棵平衡二叉树，而图 8-9 所示的二叉排序树就不是一棵平衡二叉树。

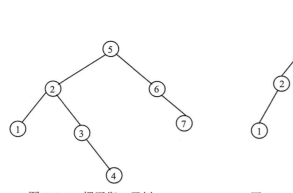

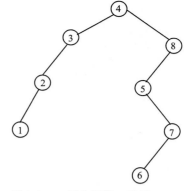

图 8-8　一棵平衡二叉树　　　　　　　图 8-9　一棵非平衡二叉树

2．非平衡二叉树的平衡处理

若一棵二叉排序树是平衡二叉树，插入某个结点后，可能会变成非平衡二叉树，这时，就可以对该二叉树进行平衡处理，使其变成一棵平衡二叉树。处理的原则应该是处理与插入点最近的，而平衡因子又比 1 大或比-1 小的结点。下面将分四种情况讨论平衡处理。

（1）LL 型（左左型）的处理

如图 8-10 所示，在 C 的左孩子 B 上插入一个左孩子结点 A，使 C 的平衡因子由 1 变成了 2，成为不平衡的二叉排序树。这时的平衡处理为：将 C 顺时针旋转，成为 B 的右子树，而原来 B 的右子树则变成 C 的左子树，待插入结点 A 作为 B 的左子树（注：图中结点旁边的数字表示该结点的平衡因子）。

图 8-10　LL 型的平衡处理

（2）LR 型（左右型）的处理

如图 8-11 所示，在 C 的左孩子 A 上插入一个右孩子 B，使得 C 的平衡因子由 1 变成了 2，成为不平衡的二叉排序树。这时的平衡处理为：将 B 变到 A 与 C 之间，使之成为 LL 型，然后按第（1）种情形 LL 型处理。

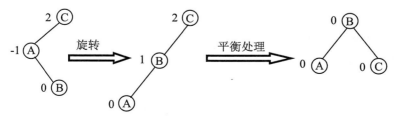

图 8-11　LR 型的平衡处理

（3）RR 型（右右型）的处理

如图 8-12 所示，在 A 的右孩子 B 上插入一个右孩子 C，使 A 的平衡因子由-1 变成-2，成为不平衡的二叉排序树。这时的平衡处理为：将 A 逆时针旋转，成为 B 的左子树，而原来 B 的左子树则变成 A 的右子树，待插入结点 C 成为 B 的右子树。

图 8-12　RR 型的平衡处理

（4）RL 型（右左型）的处理

如图 8-13 所示，在 A 的右孩子 C 上插入一个左孩子 B，使 A 的平衡因子由-1 变成-2，成为不平衡的二叉排序树。这时的平衡处理为：将 B 变到 A 与 C 之间，使之成为 RR 型，然后按第（3）种情形 RR 型处理。

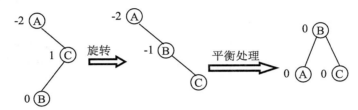

图 8-13　RL 型的平衡处理

【例 8-2】给定一个关键字序列 4，5，7，2，1，3，6，试生成一棵平衡二叉树。

分析：平衡二叉树实际上也是一棵二叉排序树，故可以按建立二叉排序树的思想建立平衡二叉树，在建立的过程中，若遇到不平衡，则进行相应平衡处理，最后就可以建成一棵平衡二叉树。具体生成过程见图 8-14。

3. 平衡二叉树的查找及性能分析

平衡二叉树本身就是一棵二叉排序树，故它的查找与二叉排序树完全相同，但它的查找性能优于二叉排序树，不像二叉排序树那样，会出现最坏的时间复杂度 $O(n)$，它的时间复杂度与二叉排序树的最好时间复杂度相同，都为 $O(\log_2 n)$。

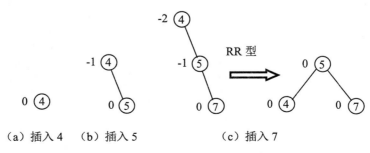

（a）插入 4　（b）插入 5　　　（c）插入 7

图 8-14　平衡二叉树的生成过程

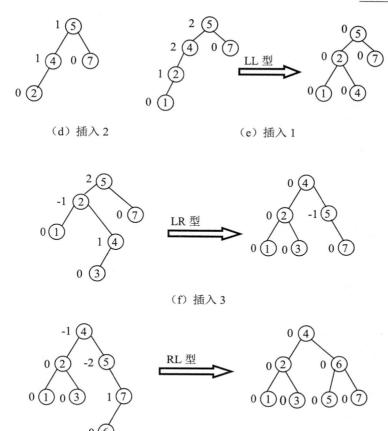

（d）插入 2　　　　　　　　　　（e）插入 1

（f）插入 3

（g）插入 6

图 8-14　平衡二叉树的生成过程（续图）

【例 8-3】对例 8-2 给定的关键字序列 4，5，7，2，1，3，6，试用二叉排序树和平衡二叉树两种方法查找，给出查找 6 的次数及成功的平均查找长度。

分析：由于关键字序列的顺序已经确定，故得到的二叉排序树和平衡二叉树都是唯一的。得到的平衡二叉树见图 8-14，得到的二叉排序树见图 8-15。

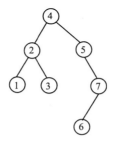

图 8-15　由关键字序列 4，5，7，2，1，3，6 生成的二叉排序树

从图 8-15 所示的二叉排序树可知，查找 6 需 4 次，平均查找长度

ASL=(1+2+2+3+3+3+4)/7=18/7≈2.57。

从图 8-14 所示的平衡二叉树可知，查找 6 需 2 次，平均查找长度
ASL=(1+2+2+3+3+3+3)=17/7≈2.43。

从结果可知，平衡二叉树的查找性能优于二叉排序树。

8.3.3 B 树及 B$^+$树上的查找

1. B 树的定义

B 树是一种平衡的多路查找树，一棵 m 阶 B 树定义如下：

一棵 m 阶 B 树，或者为空树，或者为满足下列特性的 m 叉树：

（1）树中每个结点至多有 m 棵子树。

（2）若根结点不是叶子结点，则至少有两棵子树。

（3）除根结点以外的所有非终端结点至少有$\lceil m/2 \rceil$棵子树。

（4）所有的非终端结点中包含下列信息数据：

$(n, A_0, K_1, A_1, K_2, A_2, K_3, \cdots, A_{n-1}, K_n, A_n)$

其中：K_i（i=1,2,…,n）为关键字，且 $K_i < K_{i+1}$（i=1,2,…,n-1）；A_i（i=0,1,…,n）为指向子树根结点的指针，且指针 A_{i-1} 所指子树中所有结点的关键字均小于 K_i（i=1,2,…,n），A_n 所指子树中所有结点的关键字均大于 K_n，n 为关键字的个数（$\lceil m/2 \rceil - 1 \leqslant n \leqslant m-1$）。

（5）所有叶子结点都出现在同一层次上，并且不带信息（可以看作外部结点或查找失败的结点，实际上这些结点不存在，用 F 表示）。

例如，图 8-16 所示为一棵 4 阶 B 树，其深度为 4。

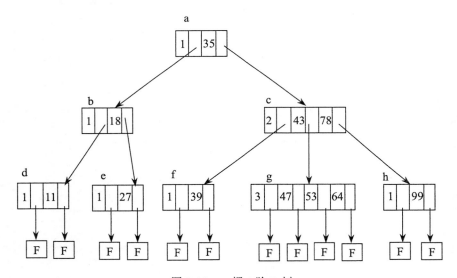

图 8-16　一棵 4 阶 B 树

2. B 树的查找

B 树的查找类似于平衡二叉树的查找。例如，在图 8-16 中，查找 47 的步骤如下：从根结点开始，找到 35，由于 47>35，进入 A_1 指针所指结点 c，该结点有两个关键字 43、78，由于有 43<47<78，故进入 A_1 指针所指结点 g，g 中有三个关键字 47、53、64，正好有符合条件的值 47，所以查找成功。同理，若查找 25，先找到根结点 a，由于 25<35，进入 A_0 指针所指结

点 b，由于 18<25，进入 A_1 指针所指结点 e，由于 25<27，进入 A_1 指针所指结点（27 的左边），该结点为 F，所以查找不成功。

3．B⁺树的定义

B⁺树是 B 树的一种变型树。一棵 m 阶 B⁺树和 m 阶 B 树的差异在于：

（1）有 n 棵子树的结点中含有 n 个关键字。

（2）所有的叶子结点中包含了全部关键字的信息，及指向含这些关键字记录的指针，且叶子结点本身依关键字的大小自小而大顺序链接。

（3）所有的非终端结点可以看成是索引部分，结点中仅含有其子树（根结点）中的最大（或最小）关键字。

例如，图 8-17 所示为一棵 3 阶 B⁺树。

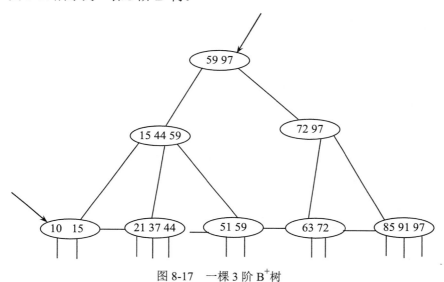

图 8-17　一棵 3 阶 B⁺树

4．B⁺树的查找

B⁺树的查找与 B 树类似，但除了从根结点出发进行查找外，还可以从最小关键字的结点开始查找。

与 B 树、B⁺树类似的还有一种树，称为 2-3 树。一棵 2-3 树符合下面的定义：

（1）一个结点包含一个或两个关键字。

（2）每个内部结点有两个子结点（包含一个关键字）或三个子结点（包含两个关键字）。

（3）所有叶子结点都在树的同一层。

例如，图 8-18 所示的是一棵 2-3 树。

8.3.4　键树

键树又称数字查找树，它是一棵度大于或等于 2 的树，树中的每个结点中不是包含一个或几个关键字，而是只含有组成关键字的符号。若关键字是数值，则结点中只包含一个数位；若关键字是单词，则结点中只包含一个字母字符。

例如，给定关键字的集合{CAI、CAO、LI、LIU、YUE、YANG、WANG、WU、WEN}，

可以对关键字按第一个字母分成四个子集合：{CAI、CAO}、{LI、LIU}、{YUE、YANG}、
{WANG、WU、WEN}，对于每一个子集合，又可以按第二、第三、第四个字母继续划分成多
个子集合，直到每个子集合的关键字只含有一个字母为止，则按此规则可以得到一棵键树。例
如，图 8-19 所示为上面给定关键字的一棵键树，图中的$结点表示字符串的结束。

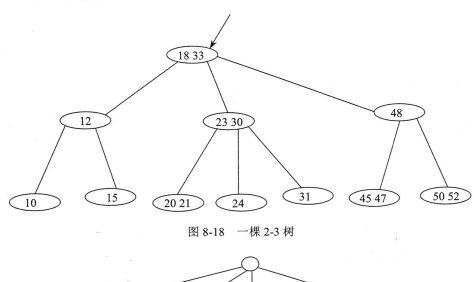

图 8-18　一棵 2-3 树

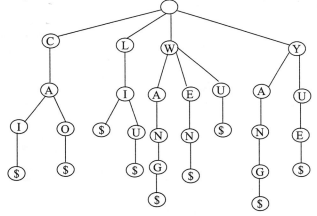

图 8-19　一棵键树

为了查找和插入方便，我们规定键树是有序树，即同一层中兄弟结点之间依所含符号自
左至右有序，并约定结束符$小于任何字符。

键树的查找与 B 树类似，在此不作进一步介绍，有兴趣的读者可以参考其他数据结构教材。

8.4　散列查找

8.4.1　基本概念

散列查找也称为哈希查找。它既是一种查找方法，又是一种存储方法，称为散列存储。
散列存储的内存存放形式也称为散列表。

散列查找与前面介绍的查找方法完全不同。前面介绍的所有查找都是基于待查关键字与表中元素进行比较而实现的查找方法,而散列查找是通过构造散列函数来得到待查关键字的地址,按理论分析真正不需要用到比较的一种查找方法。例如,要找关键字为 k 的元素,则只需求出函数值 $H(k)$,$H(k)$ 为给定的散列函数,代表关键字 k 在存储区中的地址,而存储区为一块连续的内存单元,可用一个一维数组(或链表)来表示。

【例 8-4】假设有一批关键字序列 18,75,60,43,54,90,46,给定散列函数 $H(k)=k\%13$,存储区的内存地址从 0 到 15,则可以得到每个关键字的散列地址为:

$H(18)=18\%13=5$

$H(75)=75\%13=10$

$H(60)=60\%13=8$

$H(43)=43\%13=4$

$H(54)=54\%13=2$

$H(90)=90\%13=12$

$H(46)=46\%13=7$

于是,根据散列地址,可以将上述 7 个关键字序列存储到一个一维数组 HT(散列表)中,具体表示为:

	0	1	2	3	4	5	6	7	8	9	10	11	12	13	14	15
HT			54		43	18		46	60		75		90			

其中 HT 就是散列存储的表,称为散列表。从散列表中查找一个元素相当方便,例如,查找 75,只需计算出 $H(75)=75\%13=10$,则可以在 HT[10]中找到 75。

上面讨论的散列表是一种理想的情形,即每一个关键字对应一个唯一的地址。但是有可能出现这样的情形,即两个不同的关键字有可能对应同一个内存地址,这样将导致后放的关键字无法存储,我们把这种现象叫做冲突(collision)。在散列存储中,冲突是很难避免的,除非构造出的散列函数为线性函数。散列函数选得比较差,则发生冲突的可能性越大。我们把相互发生冲突的关键字互称为"同义词"。

在散列存储中,若发生冲突,则必须采取特殊的方法来解决冲突问题,才能使散列查找能顺利进行。虽然冲突不可避免,但发生冲突的可能性却与三个方面因素有关。第一是与装填因子 α 有关,所谓装填因子是指散列表中已存入的元素个数 n 与散列表的大小 m 的比值,即 $α=n/m$。当 α 越小时,发生冲突的可能性越小,α 越大(最大为 1)时,发生冲突的可能性就越大。但是,为了减少冲突的发生,不能将 α 变得太小,这样将会造成大量存储空间的浪费,因此必须兼顾存储空间和冲突两个方面。第二是与所构造的散列函数有关(前面已介绍)。第三是与解决冲突的方法有关,这些内容后面将再作进一步介绍。

8.4.2　散列函数的构造

散列函数的构造目标是使散列地址尽可能均匀地分布在散列空间上,同时使计算尽可能简单。具体常用的构造方法有如下几种:

1. 直接定址法

散列函数可表示为 $H(k)=a*k+b$,其中 a、b 均为常数。

这种方法计算特别简单，并且不会发生冲突，但当关键字分布不连续时，会出现很多空闲单元，造成大量存储单元的浪费。

2. 数字分析法

对关键字序列进行分析，取那些位上变化多的、频率大的数字作为散列函数地址。

例如，对于如下的关键字序列：

    430104681015355
    430101701128352
    430103720818350
    430102690605351
    430105801226356
    ......

通过对上述关键字序列分析，发现前 5 位相同，第 6、8、10 位上的数字变化多些，若规定地址取 3 位，则散列函数可取它的第 6、8、10 位。于是有：

    H(430104681015355)=480
    H(430101701128352)=101
    H(430103720818350)=328
    H(430102690605351)=296
    H(430105801226356)=502

3. 平方取中法

取关键字平方后的中间几位为散列函数地址。这是一种比较常用的散列函数构造方法，但在选定散列函数时不一定知道关键字的全部信息，取其中哪几位也不一定合适，而一个数平方后的中间几位数和数的每一位都相关，因此，可以使用随机分布的关键字得到函数地址。

图 8-20 中，随机给出一些关键字，取平方后的第 2 位到第 4 位为函数地址。

关键字	(关键字)^2	函数地址
0100	0010000	010
1100	1210000	210
1200	1440000	440
1160	1370400	370
2061	4310541	310

图 8-20 利用平方取中法得到散列函数地址

4. 折叠法

将关键字分割成位数相同的几部分（最后一部分的位数可以不同），然后取这几部分的叠加和（舍去进位）作为散列函数地址，称为折叠法。

例如，假设关键字为某人身份证号码 430104681015355，则可以用 4 位为一组进行叠加，即有 5355+8101+1046+430=14932，舍去高位，则有 H(430104681015355)=4932 为该身份证号码关键字的散列函数地址。

5．除留余数法

除留余数法是用关键字序列中的关键字 k 除以散列表长度 m 而所得的余数作为散列函数的地址，即有 H(k)=k%m。

除留余数法计算简单，适用范围广，是一种最常使用的方法。这种方法的关键是选取较理想的 m 值，使得每一个关键字通过该函数转换后映射到散列空间上任一地址的概率都相等，从而尽可能减少发生冲突的可能性。一般情形下，m 取为一个素数较理想，并且要求装填因子 α 最好是在 0.6～0.9 之间，所以 m 最好取 1.1n～1.7n 之间的一个素数较好，其中 n 为散列表中待装元素个数。

8.4.3　解决冲突的方法

由于散列存储中选取的散列函数不是线性函数，故不可避免地会产生冲突，下面给出常见的解决冲突的方法。

1．开放定址法

开放定址法就是从发生冲突的那个单元开始，按照一定的次序，从散列表中找出一个空闲的存储单元，把发生冲突的待插入关键字存储到该单元中，从而解决冲突的发生。

在开放定址法中，散列表中的空闲单元（假设地址为 K）不仅向散列地址为 K 的同义词关键字开放，即允许它们使用，而且还向发生冲突的其他关键字开放（它们的散列地址不为 K），这些关键字称为非同义词关键字。例如，设有关键字序列 14，27，40，15，16，散列函数为 H(k)=k%13，则 14，27，40 的散列地址都为 1，因此发生冲突，即 14，27，40 互为同义词，这时，假设处理冲突的方法是从冲突处顺序往后找空闲位置，找到后放入冲突数据即可。14 放入第 1 个位置，27 只能放入第 2 个位置，40 就只能放入第 3 个位置，接着往后有关键字 15，16 要放入散列表中，而 15，16 的散列地址分别为 2 和 3，即 15 应放入第 2 个位置，16 应放入第 3 个位置，而第 2 个位置已放入了 27，第 3 个位置已放入了 40，故也发生冲突，但这时是非同义词冲突，即 15 和 27、16 和 40 相互之间是非同义词。这时，解决冲突后，15 应放入第 4 个位置，16 应放入第 5 个位置。因此，在使用开放定址法处理冲突的散列表中，地址为 K 的单元到底存储的是同义词中的一个关键字，还是非同义词关键字，就要看谁先占用它。

在开放定址法中，解决冲突时具体使用下面一些方法。

（1）线性探查法

假设散列表的地址为 0～m-1，则散列表的长度为 m。若一个关键字在地址 d 处发生冲突，则依次探查 d+1,d+2,…,m-1（当达到表尾 m-1 时，又从 0,1,2,…开始探查）等地址，直到找到一个空闲位置来装冲突处的关键字，这种方法称为线性探查法。假设发生冲突时的地址为 d_0=H(k)，则探查下一位置的公式为 d_i=$(d_{i-1}+1)$%m（1≤i≤m-1），最后将冲突位置的关键字存入 d_i 地址中。

【例 8-5】给定关键字序列为 19，14，23，1，68，20，84，27，55，11，10，79，散列函数 H(k)=k%13，散列表空间地址为 0～12，试用线性探查法建立散列存储结构（散列表）。

得到的散列表如图 8-21 所示，对于关键字序列有：H(19)=6，故 19 放入第 6 个位置，H(14)=1，故 14 应放入第 1 个位置，H(23)=10，故 23 放入第 10 个位置，H(1)=1，故 1 应放入第 1 个位置，但与 H(14)发生同义词冲突，于是只能从第 2 个位置开始顺序找空闲位置，由于第 2 个位置为空闲，故可以将 1 放入第 2 个位置，接着有 H(68)=3，故 68 应放入第 3 个位置

H(20)=7，故 20 放入第 7 个位置，H(84)=6，与 H(19)=6 发生同义词冲突，故 84 应放入第 7 个位置，而第 7 个位置有关键字 20，故再往后找到一个空闲位置 8，即 84 应放入第 8 个位置，接着有 H(27)=1，与 H(14)=1 发生同义词冲突，故顺序往后找到空闲位置 4，即 27 应放入第 4 个位置，接着有 H(55)=3，与 H(68)=3 发生同义词冲突，故顺序往后找到空闲位置 5，即 55 应放入第 5 个位置，接着有 H(11)=11，H 放入第 11 个位置，H(10)=10 与 H(23)=10 发生同义词冲突，故顺序往后找到一个空闲位置 12，即 10 放入第 12 个位置，接着有 H(79)=1，与 H(14)=1 发生同义词冲突，故顺序往后找到空闲位置 9，即 79 放入第 9 个位置。这样就建立了如图 8-21 所示的散列存储结构（散列表）。

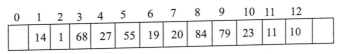

图 8-21　用线性探查法建立的散列表

算法描述如下：

```
void creatl (elemtype HT[m], int n)
//建立散列表 HT，表长为 m，表中元素个数为 n
{   int i, j; elemtype k;
    for (i=0;i<m;i++) HT[i]=NULL;
    for (i=1;i<=n; i++)
    {   scanf("%d",&k);           //输入一个关键字
        j=H(k);                   //j=H(k)为散列函数
        while (HT[j]!=NULL)
        j=(j+1)%m;                //发生冲突时，查找空闲位置
        HT[j]=k;
    }
}
```

利用线性探查法处理冲突容易造成关键字的"堆积"，这是因为当连续 n 个单元被占用后，散列到这些单元上的关键字和直接散列到后面一个空闲单元上的关键字都要占用这个空闲，致使该空闲单元很容易被占用，从而发生非同义冲突，造成平均查找长度的增加。

例如，在图 8-21 中，若将插入关键字 79 改为插入关键字 15，由于 H(15)=2，故 15 应放个位置，但第 2 个位置已放入数据 1，发生冲突（1 与 15 不是同义词，故为非同义词冲时，只能从第 3 个位置开始顺序查找到一个空闲位置 9，才能放入关键字 15。从图 8-21，第 9 个位置是空闲位置，可以为在第 1 个到第 8 个位置发生冲突的关键字所占用（看关键字先占用），这样将造成第 1 个到第 9 个位置存储的关键字在第 9 个位置的大量造成某些关键字的查找次数增加，使平均查找长度加大。为了克服堆积现象的发生，方法替代线性探查法。

探查法

规定，若在 d 地址发生冲突，下一次探查位置为 $d+1^2, d+2^2, \cdots$，直到找到一个

elemtype HT[m],int n)

```
{   int i, j, d; elemtype k;
    for (i=0;i<m; i++) HT[i]=NULL;
    for(i=1;i=n; i++)
    {   scanf("%d",&k);
        j=H(k);
        d=1;
        while (HT[j]!=NULL)
        {   j=(j+d*d)%m;
            d++;
        }
        HT[j]=k;
    }
}
```

平方探查法是一种比较理想的处理冲突方法，它能够较好地避免堆积现象。它的缺点是不能探查到散列表上的所有单元，但至少能探查到一半单元。例如，若表长 m=13，假设在第 3 个位置发生冲突，则后面探查的位置依次为 4、7、12、6、2、0，即可以探查到一半单元。若解决冲突时，探查到一半单元仍找不到一个空闲单元，则表明此散列表太满，需重新建立散列表。

（3）双散列函数探查法

本方法使用两个散列函数 H 和 T，用 H 作散列函数建立散列存储结构（散列表），用 T 来解决冲突。具体实施时，若 H(k)在 d_0 位置发生冲突，即 d_0=H(k)，则下一个探查位置序列应该是 $d_i=(d_{i-1}+T(k))\%m$ (1≤i≤m-1)。

算法描述如下：

```
void creat3 (elemtype HT[m],int n)
{   int i,j,d; elemtype k;
    for(i=0;i<m;i++) HT[i]=NULL;
    for(i=1;i<=n;i++)
    {   scanf("%d",&k);
        j=H(k); d=T(k);
        while (HT[j]!=NULL)
        j=(j+d)%m;
        HT[j]=k;
    }
}
```

2. 拉链法

拉链法也称链地址法，是把相互发生冲突的同义词用一个单链表链接起来，若干组同义词可以组成若干个单链表。

【例 8-6】对于例 8-5 给定的关键字序列 19，14，23，1，68，20，84，27，55，11，10，79，给定散列函数为 H(k)=k%13，试用拉链法解决冲突建立散列表。

由于 H(14)=H(1)=H(27)=H(79)=1，故 14、1、27、79 互为同义词，组成一个单链表；H(68)=H(55)=3，故 68、55 互为同义词，组成一个单链表；H(19)=H(84)=6，故 19、84 互为同义词，组成一个单链表；H(23)=H(10)=10，故 23、10 互为同义词，组成一个单链表；H(20)=7 单独组成一个单链表，H(11)=11 单独组成一个单链表。H(k)为 0，2，4，5，8，9，12 时，无对应关键字，故这些单链表为空。图 8-22 所示为用尾插法建立的关于例 8-6 的用拉链法解决冲突的散列表。

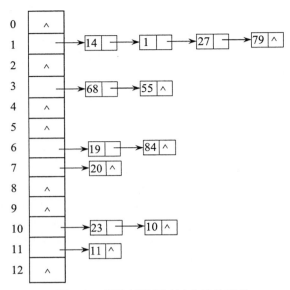

图 8-22　用拉链法解决冲突的散列表

拉链法建立散列表的算法描述如下（类似于图的邻接表）：

```
struct Lnode
{   elemtype data;
    struct Lnode *next;
};
#define m maxm                                    //maxm 代表散列表长度
#define n maxn                                    //maxn 代表关键字个数
void creat4 (struct Lnode *HT[m],int n)
{   int i, j; elemtype k;
    for (i=0;i<m;i++) HT[i]=NULL;
    for(i=1;i<=n;i++)
    {   scanf("%d",&k);                           //输入一个关键字
        j=H(k);                                   //H(k)为散列函数
        s=(struct Lnode*)malloc(sizeof(struct Lnode));   //申请一个结点
        s->data=k;
        s->next=HT[j]->next;                      //头插法建链表
        HT[j]->next=s;                            //头插法建链表
    }
}
```

8.4.4　散列查找算法实现

1.　线性探查法的查找

```
int find1 (elemtype HT[m],elemtype k)
//在散列表 HT 中查找关键字 k
    {
```

```
    int j=H(k);
    if (HT[j]==NULL) rerun -1;                    //查找失败
    else if(HT[j]==k) return j;                    //一次查找成功
    else
    {
        while (HT[j]!=k)&&(HT[j]!=NULL)
        j=(j+1)%m;
        if(HT[j]==NULL) return -1;                //多次查找失败
        else return j;                            //多次查找成功
    }
}
```

2. 平方探查法的查找

```
    int find2 (elemtype HT[m],elemtype k)
    //在散列表 HT 中查找关键字 k
    {
        int j,d;
        j=H(k);
        if (HT[j]==NULL) return -1;
        else if(HT[j]==k) return j;
        else
        {
            d=1;
            while (HT[j]!=k)&&(HT[j]!=NULL)
            { j=(j+d*d)%m;d++;}
            if (HT[j]==NULL) return -1;
            else return j;
        }
    }
```

3. 双散列函数探查法的查找

```
    int find3(elemtype HT[m],elemtype k)
    //在散列表 HT 中查找关键字 k
    {
        int j, d;
        j=H(k);                                    //建立散列表的散列函数
        if (HT[j]==NULL) return -1;
        else if (HT[j]==k) return j;
        else
        {
            d=T(k);                                //解决冲突的散列函数
            while(HT[j]!=k)&&(HT[j]!=NULL)
            j=(j+d)%m;
            if (HT[j]==NULL) return -1;
            else return j;
        }
    }
```

4. 拉链法的查找

```
struct Lnode *find4 (struct Lnode *HT[m],elemtype k)
//在散列表 HT 中查找关键字 k
{
    int j=H(k);
    struct Lnode *p=HT[j];
    While (p!=NULL)&&( p->data!=k)
    {p=p->next;
     if (p!=NULL)
     return p;                          //查找成功
     else return NULL;                  //查找失败
    }
}
```

8.4.5 散列查找的性能分析

散列查找按理论分析，它的时间复杂度应为 O(1)，它的平均查找长度应为 1，但实际上由于冲突的存在，它的平均查找长度将会比 1 大。下面将分析几种方法的平均查找长度。

1. 线性探查法的性能分析

由于线性探查法解决冲突是线性地查找空闲位置，平均查找长度与表的大小 m 无关，只与所选取的散列函数 H 及装填因子 α 的值和该处理方法有关，查找成功时的平均查找长度为 $ASL=\dfrac{1}{2}\left(1+\dfrac{1}{1-\alpha}\right)$。

例如，对图 8-21 所示的散列表，查找关键字 14、1、68、27、55、19、20、84、79、23、11、10 的查找次数分别为 1、2、1、4、3、1、1、3、9、1、1、3，则查找成功时的平均查找长度 ASL=(1+2+1+4+3+1+1+3+9+1+1+3)/12=30/12=2.5。

该方法优于二叉排序树查找（二叉排序树的平均查找长度为 $\log_2 n=\log_2 12$）。

2. 拉链法查找的性能分析

由于拉链法查找就是在单链表上查找，查找单链表中第一个结点的次数为 1，第二个结点的次数为 2，其余依此类推。它的平均查找长度 $ASL=1+\alpha/2$。

例如，对于图 8-22 所示的散列表，查找 14、68、19、20、23、11 的次数都为 1，查找 1、55、84、10 的次数都为 2，查找 27、79 的次数分别为 3 和 4，则平均查找长度 ASL=(1*6+2*4+3+4)/12=21/12=1.75。

关于平方探查法、双散列函数探查法就不再讨论了，其平均查找长度为 $-\dfrac{1}{\alpha}\ln(1-\alpha)$。

【例 8-7】给定关键字序列 11，78，10，1，3，2，4，21，试分别用顺序查找、二分查找、二叉排序树查找、平衡二叉树查找、散列查找（用线性探查法和拉链法）来实现查找，试画出它们的对应存储形式（顺序查找的顺序表，二分查找的判定树，二叉排序树查找的二叉排序树及平衡二叉树查找的平衡二叉树，两种散列查找的散列表），并求出每一种方法查找成功时的平均查找长度。散列函数 H(k)=k%11。

顺序查找的顺序表（一维数组）如图 8-23 所示，二分查找的判定树（中序序列为从小到大排列的有序序列）如图 8-24 所示，二叉排序树（关键字顺序已确定，该二叉排序树应唯一如图 8-25（a）所示，平衡二叉树（关键字顺序已确定，该平衡二叉树也应该是唯一的）如图 8-25（b）所示，用线性探查法解决冲突的散列表如图 8-26 所示，用拉链法解决冲突的散列表如图 8-27 所示。

0	1	2	3	4	5	6	7	8	9	10
11	78	10	1	3	2	4	21			

图 8-23　顺序查找的顺序表

从图 8-23 可以得到顺序查找成功时的平均查找长度为：

$ASL=(1+2+3+4+5+6+7+8)/8=4.5$

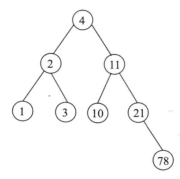

图 8-24　二分查找的判定树

从图 8-24 可以得到二分查找成功时的平均查找长度为：

$ASL=(1+2*2+3*4+4)/8=2.625$

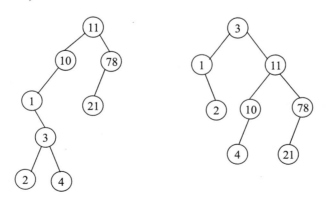

（a）二叉排序树　　　　　　　（b）平衡二叉树

图 8-25　二叉排序树及平衡二叉树

从图 8-25（a）可以得到二叉排序树查找成功时的平均查找长度为：

$ASL=(1+2*2+3*2+4+5*2)=3.125$

从图 8-25（b）可以得到平衡二叉树查找成功时的平均查找长度为：

$ASL=(1+2*2+3*3+4*2)/8=2.75$

0	1	2	3	4	5	6	7	8	9	10
11	78	1	3	2	4	21				10

图 8-26　用线性探查法解决冲突的散列表

从图 8-26 可以得到线性探查法查找成功时的平均查找长度为：

ASL=(1+1+2+1+3+2+1+8)/8=2.375

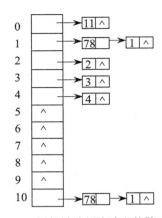

图 8-27　用拉链法解决冲突的散列表

从图 8-27 可以得到拉链法查找成功时的平均查找长度为：

ASL=(1*6+2*2)/8=1.25

从上面求出的结果可以得到如下结论：

各种方法查找成功时的平均查找长度按从小到大排列为：拉链法<线性探查法<二分查找<平衡二叉树查找<二叉排序树查找<顺序查找。

本章小结

1. 顺序查找对表无任何要求，既适合于顺序表，也适合于链表，既适合于无序表，又适合于有序表。顺序查找成功时的平均查找长度为 $\dfrac{n+1}{2}$，故时间复杂度为 O(n)。

2. 二分查找仅适用于有序的顺序表，它的平均查找长度为 $\dfrac{n+1}{2}\log_2(n+1)-1$，故时间复杂度为 O($\log_2 n$)。二分查找可以划分成一棵判定树形式，查找过程从根结点开始，相等则已找到，算法结束，否则，若待查找值小于根结点，进入左子树重复，否则进入右子树重复，若遇到树叶还没有找到，则算法结束，查找不成功。

3. 索引查找也称索引存储，包含查找索引表和查找主表两个阶段，查找性能介于二分查找和顺序查找之间。

4. 分块查找是一种特殊的索引查找，其索引表中的索引值与主表中每个元素的关键字具有相同的数据类型。

5. 二叉排序树是一种特殊的二叉树，它的中序序列是一个有序序列，在它上面的查找类似于二分查找的判定树上的查找。它的查找性能介于二分查找和顺序查找之间。

6. 平衡二叉树查找和二叉排序树查找类似，但它的性能优于二叉排序树查找。2-3 树、B树、B$^+$树是几种特殊的树形结构，它们的查找与平衡二叉树类似。

7. 散列查找是通过构造散列函数来计算关键字的存储地址的一种查找方法，按理论分析，不需要用到比较，时间复杂度为 O(1)。

8. 由于散列函数不一定是线性函数，故散列查找中会出现不同的关键字得到的函数值相同的情形，即会出现冲突。常用的解决冲突的方法有线性探查法、平方探查法、拉链法等。

9. 散列查找中，冲突的发生与装填因子α有关，α越大，发生冲突的可能性越大，反之越小。

习题八

8-1　试分别画出在线性表（a,b,c,d,e,f,g）中进行二分查找，以查关键字等于 a、b 和 c 的过程。

8-2　画出对长度为 10 的有序表进行二分查找的判定树，并求其在等概率情形下查找成功时的平均查找长度。

8-3　给定关键字序列 10，20，30，40，试画出它的所有二叉排序树。

8-4　给定关键字序列 40，30，20，50，60，35，25，28，80，70，试按此顺序建立二叉排序树和平衡二叉树，并求其在等概率情形下查找成功时的平均查找长度。

8-5　设有关键字序列，表示为一个线性表（32,75,29,63,48,94,25,46,18,70），散列地址为 HT[0]～HT[12]，散列函数 H(k)=k%13，试用线性探查法和拉链法解决冲突，实现散列存储，画出每种形式的散列表，并求出每种方法查找成功时的平均查找长度。

8-6　给定关键字序列 22，41，53，46，30，13，1，67，散列函数 H(k)=3k%11，解决冲突时，d_0=H(k)；d_i=i×((7k)%10+1)（i=1,2,3,…），试构造出散列表，并求其在等概率情形下查找成功时的平均查找长度。

8-7　假定有一个 100×100 的稀疏矩阵，其中 1%的元素为非零元素，现要求对其非零元素进行散列存储，使之能够按照元素的行、列值存取矩阵元素（即元素的行值、列值联合为元素的关键字），试采用除留余数法构造散列函数并用线性探查法处理冲突，分别写出建立散列表和散列查找的算法。

8-8　对于有 25 个元素的有序表，求出分块查找（分成 5 块，每块 5 个元素）成功时的平均查找长度。

8-9　顺序查找的时间复杂度为 O(n)，二分查找的时间复杂度为 O(log$_2$n)，散列查找的时间复杂度为 O(1)，为什么有高效率的检索方法而低效率的方法没有被放弃？

8-10　在有 n 个关键字的线性表中进行顺序查找，若查找的概率不相等，即每个关键字的查找概率不相等，分别为 p_1=1/2, p_2=1/4, …, p_n=1/2^n，求查找成功时的平均查找长度。

8-11　将建立二叉排序树的算法改成非递归算法。

8-12　可以生成如图 8-28 所示二叉排序树的关键字的初始序列有几种？试写出其中任意 5 种。

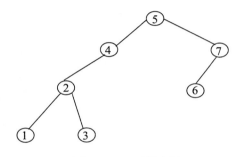

图 8-28　二叉排序树

8-13　试从空树开始，画出按以下次序向 2-3 树（即 3 阶 B 树）中插入关键字的建树过程：20，30，50，52，60，68，70。如果此后删除 50 和 68，画出每一步执行后 2-3 树的状态。

第 9 章　内排序

本章学习目标

本章主要介绍数据处理中各种内排序方法的思想及算法实现、稳定性分析、时间复杂度、空间复杂度等。通过本章的学习，读者应掌握如下内容：

- 内排序方法的分类、稳定性分析
- 每一种内排序方法在最好、最坏和平均情形下的时间复杂度、空间复杂度
- 每一种内排序方法的思想及每一趟排序结果
- 各种不同内排序方法所适应的不同场合
- 每一种内排序方法的算法实现

9.1　基本概念

9.1.1　排序介绍

排序（sorting）是计算机的数据处理中一种很重要的运算，同时也是很常用的运算，一般计算机中的数据处理工作 20%～30%的时间都在进行排序。因此，人们自然已对排序进行了深入细致的研究，并且设计出了一些巧妙的算法。但是，仍然有一些与排序相关的问题尚未解决，适应各种不同要求的新算法也被不断开发出来并得到了改进。

由于排序涉及的数据量可能很大，因此，排序可以分为内排序和外排序。所谓内排序，就是所有数据可以全部装入到计算机内存进行的排序。而外排序，是指数据量特别大，不能一次性装入内存进行，而必须分批装入内存进行，即在排序过程中还必须借助外存。本章仅讨论一些常用的内排序方法及算法的实现。外排序方法将在第 10 章介绍。

所谓排序，简单地说，就是把一组记录（元素）按照某个域的值的递增（即由小到大）或递减（即由大到小）的次序重新排列的过程。

例如，在表 9-1 中，若以每个记录的学号为关键字，按排序码年龄的递增（由小到大）排序，则所有记录的排序结果可简记为：

{（99006, 16），（99003, 17），（99001, 18），（99004, 18），（99002, 19），（99005, 20）}；

也可能为：

{（99006, 16），（99003, 17），（99004, 18），（99001, 18），（99002, 19），（99005, 20）}；

这两个结果都是表 9-1 按年龄的递增排序结果。若按排序码姓名来进行递增排序，则得到的排序结果为：

{（99006，李燕），（99002，林鹏），（99001，王晓），（99003，谢宁），（99004，张娟），（99005，周涛）}

当然，我们还可以按排序码性别来进行递增排序，在此不再作进一步的分析。

表 9-1　学生档案表

学号	姓名	年龄	性别
99001	王晓	18	男
99002	林鹏	19	男
99003	谢宁	17	女
99004	张娟	18	女
99005	周涛	20	男
99006	李燕	16	女

9.1.2　基本概念

1. 排序码（sort key）

作为排序依据的记录中的一个属性。它可以是任何一种可比的有序数据类型，可以是记录的关键字，如表 9-1 中的学生年龄，也可以是任何非关键字。在此我们认为对任何一种记录都可找到一个取得它排序码的函数 Skey（一个或多个关键字的组合）。

2. 有序表与无序表

一组记录按排序码的递增或递减次序排列得到的结果被称为有序表，相应地，把排序前的状态称为无序表。

3. 正序表与逆序表

若有序表是按排序码升序排列的，则称为升序表或正序表，否则称为降序表或逆序表。不失普遍性，我们一般只讨论正序表。

4. 排序定义

若给定一组记录序列 r_1, r_2,…,r_n，其排序码分别为 s_1, s_2,…,s_n，将这些记录排成顺序为 r_{k1}, r_{k2},…,r_{kn} 的一个序列 R′，满足条件 $s_{k1} \leq s_{k2} \leq$,…,$\leq s_{kn}$，获得这些记录排成顺序为 r_{p1}, r_{p2},…,r_{pn} 的一个序列 R″，满足条件 $s_{p1} \leq s_{p2} \leq$,…,$\leq s_{pn}$ 的过程称为排序。

也可以说，将一组记录按某排序码递增或递减排列的过程，称为排序。

5. 稳定与不稳定

因为排序码可以不是记录的关键字，同一排序码值可能对应多个记录。对于具有同一排序码的多个记录来说，若采用的排序方法使排序后记录的相对次序不变，则称此排序方法是稳定的，否则称为不稳定的。在 9.1.1 节的示例中（见表 9-1，按年龄排序），如果一种排序方法使排序后的结果必为前一个结果，则称此方法是稳定的；若一种排序方法使排序后的结果可能为后一个结果，则称此方法是不稳定的。

6. 内排序与外排序

按照排序过程中使用内外存的不同将排序方法分为内排序和外排序。若排序过程全部在内存中进行，则称为内排序；若排序过程需要不断地进行内存和外存之间的数据交换，则称为外排序（9.1.1 节中已介绍）。内排序大致可分为五类：插入排序、交换排序、选择排序、归并排序和分配排序。本章仅讨论内排序。

7. 排序的时间复杂度

排序过程主要是对记录的排序码进行比较和记录的移动过程。因此排序的时间复杂度可以以算法执行中的数据比较次数及数据移动次数来衡量。若一种排序方法使排序过程在最坏或平均情况下所进行的比较和移动次数越少，则认为该方法的时间复杂度就越好。分析一种排序方法，不仅要分析它的时间复杂度，而且要分析它的空间复杂度、稳定性和简单性等。

为了以后讨论方便，我们直接将排序码写成一个一维数组的形式，具体类型设为 elemtype，并且在没有声明的情形下，所有排序都按排序码的值递增排列。

9.2　插入排序

9.2.1　直接插入排序

1. 直接插入排序的基本思想

直接插入排序（straight insertion sorting）的基本思想是：把 n 个待排序的元素看成一个有序表和一个无序表，开始时有序表中只包含一个元素，无序表中包含 n-1 个元素，排序过程中每次从无序表中取出第一个元素，把它的排序码依次与有序表元素的排序码进行比较，将它插入到有序表中的适当位置，使之成为新的有序表。

2. 直接插入排序的算法实现

```
void insertsort(elemtype R[],int n)
//待排序元素用一个数组 R 表示，数组有 n 个元素
{
    for ( int i=1; i<n; i++)              //i 表示插入次数，共进行 n-1 次插入
    {
        elemtype temp=R[i];              //把待排序元素赋给 temp
        int j=i-1;
        while ((j>=0)&& (temp<R[j]))
        {
            R[j+1]=R[j]; j--;            //顺序进行比较和移动
        }
        R[j+1]=temp;
    }
}
```

例如，n=6，数组 R 的六个排序码分别为：17，3，25，14，20，9。它的直接插入排序的执行过程如图 9-1 所示。

3. 直接插入排序的效率分析

从上面的叙述可以看出，直接插入排序算法十分简单。那么它的效率如何呢？首先从空间来看，它只需要一个元素的辅助空间，用于元素的位置交换。从时间分析，首先外层循环要进行 n-1 次插入，每次插入最少比较一次（正序），移动两次；最多比较 i 次，移动 i+2 次（逆序）（i=1,2,…,n-1）。若分别用 C_{min}、C_{max} 和 C_{ave} 表示元素的总比较次数的最小值、最大值和平均值，用 M_{min}、M_{max} 和 M_{ave} 表示元素的总移动次数的最小值、最大值和平均值，则上述直接插入算法对应的这些量为：

$C_{min}=n-1$ $M_{min}=2(n-1)$

$C_{max}=1+2+\cdots+n-1=(n^2-n)/2$ $M_{max}=3+4+\cdots+n+1=(n^2+3n-4)/2$

$C_{ave}=(n^2+n-2)/4$ $M_{max}=(n^2+7n-8)/4$

因此，直接插入排序的时间复杂度为 $O(n^2)$。

因为直接插入算法的元素移动是顺序的，因此该方法是稳定的。

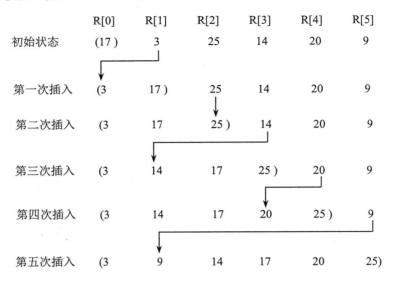

图 9-1　直接插入排序示例

9.2.2　二分插入排序

1. 二分插入排序的基本思想

二分插入排序（binary insert sorting）的基本思想是：在有序表中采用二分查找的方法查找待排元素的插入位置。

其处理过程为：先将第一个元素作为有序序列，进行 n-1 次插入，用二分查找的方法查找待排元素的插入位置，将待排元素插入。

2. 二分插入排序的算法实现

算法如下：

```
void binaryinsertsort(elemtype R[],int n)
{
  for(int i=1; i<n; i++)                  //i 表示插入次数，共进行 n-1 次插入
  {
    int left=0,right=i-1;elemtype temp=R[i];
    while(left<=right)
    {
      int middle=(left+right)/2;          //取中点
      if(temp<R[middle])
        right=middle-1;                   //取左区间
      else
```

```
            left=middle+1;                      //取右区间
        }
        for(int j=i-1;j>=left;j--)
            R[j+1]=R[j];                         //元素后移空出插入位
        R[left]=temp;
    }
}
```

3．二分插入排序的效率分析

二分插入排序算法与直接插入排序算法相比，需要辅助空间，与直接插入排序基本一致；时间上，前者的比较次数比直接插入排序的最坏情况好，比最好情况坏，两种方法元素的移动次数相同，因此二分插入排序的时间复杂度仍为 $O(n^2)$。

二分插入排序算法与直接插入排序算法的元素移动一样，是顺序的，因此该方法也是稳定的。

9.2.3　希尔排序

1．希尔排序的基本思想

希尔排序（shell sorting）又称为"缩小增量排序"，是 1959 年由 D.L.Shell 提出来的。该方法的基本思想是：先将整个待排元素序列分割成若干个子序列（由相隔某个"增量"的元素组成的）分别进行直接插入排序，待整个序列中的元素基本有序（增量足够小）时，再对全体元素进行一次直接插入排序。因为直接插入排序在元素基本有序的情况下（接近最好情况），效率是很高的，因此希尔排序在时间效率上比前两种方法有较大提高。

2．希尔排序的算法实现

下面给出希尔排序算法：

```
void shellsort(elemtype R[],int n)
{
    for(int d=n/2; d>=1; d/=2)           //d 表示增量大小，增量每次整除 2，第一次为 n/2
    { for(int i=d; i<n; i++)
        {                                 //将每个元素直接插入到对应子序列的有序表中
            elemtype temp=R[i];           //将待插入对象暂存到 temp
            for(int j=i-d;j>=0;j-=d)
            {                             //在组内向前顺序进行比较和移动
                if(temp<R[j])
                    R[j+d]=R[j];
                else break;               //查找到合适位置就退出 j 循环
            }
            R[j+d]=temp;
        }
    }
}
```

例如，n=8，数组 R 的八个元素分别为：17，3，30，25，14，17，20，9。下面用图 9-2 给出希尔排序算法的执行过程。

3．希尔排序的效率分析

虽然我们给出的算法是三层循环，最外层循环为 $\log_2 n$ 数量级，中间的 for 循环是 n 数量级的，内循环远远低于 n 数量级，因为当分组较多时，组内元素较少，此循环次数少，但当分组较少时，组内元素增多，但已接近有序，循环次数并不增加。因此，希尔排序的时间复杂度在 $O(n\log_2 n)$ 和 $O(n^2)$ 之间，大致为 $O(n^{1.3})$。

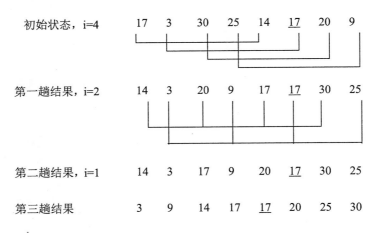

图 9-2　希尔排序算法的执行过程

由于希尔排序对每个子序列单独比较，在比较时进行元素移动，有可能改变相同排序码元素的原始顺序，因此希尔排序是不稳定的。例如，给定排序码 3，4，2，2，则希尔排序的结果变成 2，2，3，4。

9.3　交换排序

交换排序的基本思想是两两比较待排序元素的排序码，如发现逆序则交换之，直到所有元素形成有序表。选择比较对象的方法不同，对应有不同的交换排序算法。交换排序主要包括冒泡排序和快速排序。

9.3.1　冒泡排序

1. 冒泡排序的基本思想

冒泡排序（bubble sorting）的基本思想是：对排序序列从后向前（从下标较大的元素开始）依次比较相邻元素的排序码，若发现逆序则交换，使排序码较小的元素逐渐从后部移向前部（从下标较大的单元移向下标较小的单元），就像水底下的气泡一样逐渐向上冒。

因为排序的过程中，各元素不断接近自己的位置，如果一趟比较下来没有进行过交换，就说明序列有序，因此要在排序过程中设置一个标志 flag 判断元素是否进行过交换，从而减少不必要的比较。

2. 冒泡排序的算法实现

下面给出冒泡排序算法：

```
void bubblesort(elemtype R[],int n)
{
    int flag=1;                //若 flag 为 0 则停止排序
```

```
for(int i=1; i<n; i++)
{   //i 表示趟数，最多 n-1 趟
    flag=0;//开始时元素未交换
    for (int j=n-1; j>=i; j--)
        if (R[j]<R[j-1])
        { //发生逆序
            elemtype t=R[j];
            R[j]=R[j-1];
            R[j-1]=t;flag=1;      //交换，并标记发生了交换
        }
        if(flag==0) return;
}}
```

例如，n=6，数组 R 的六个排序码分别为：17，3，25，14，20，9。下面用图 9-3 给出冒泡排序算法的执行过程。

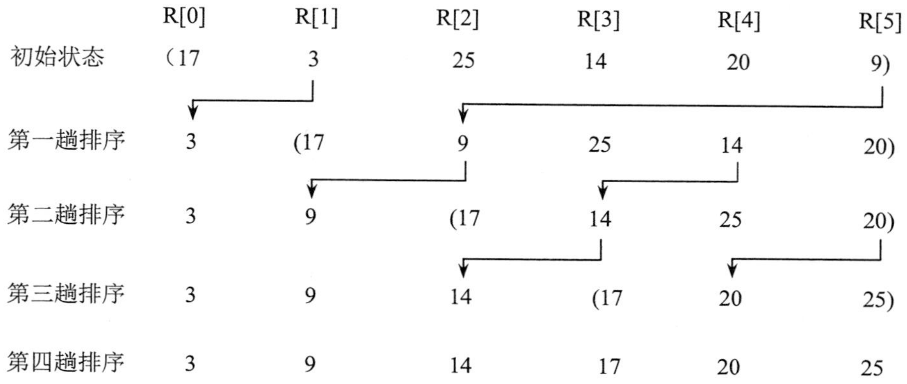

图 9-3　冒泡排序示例

3. 冒泡排序的效率分析

从上面的例子可以看出，当进行完第三趟排序时，数组已经有序，所以第四趟排序的交换标志为 0，即没进行交换，所以不必进行第四趟排序。

从冒泡排序的算法可以看出，若待排序的元素为正序，则只需进行一趟排序，比较次数为(n-1)次，移动元素次数为 0；若待排序的元素为逆序，则需进行 n-1 趟排序，比较次数为$(n^2-n)/2$，移动次数为$3(n^2-n)/2$，因此冒泡排序算法的时间复杂度为$O(n^2)$。由于其中的元素移动较多，所以属于内排序中速度较慢的一种。

因为冒泡排序算法只进行元素间的顺序移动，所以其是一个稳定的算法。

9.3.2　快速排序

1. 快速排序的基本思想

快速排序（quick sorting）是迄今为止所有内排序算法中速度最快的一种。它的基本思想是：任取待排序序列中的某个元素作为基准（一般取第一个元素），通过一趟排序，将待排元素分为左右两个子序列，左子序列元素的排序码均小于或等于基准元素的排序码，右子序列的排序码则大于基准元素的排序码，然后分别对两个子序列继续进行排序，直至整个序列有序。

快速排序是对冒泡排序的一种改进方法，算法中元素的比较和交换是从两端向中间进行的，排序码较大的元素一次就能够交换到后面单元，排序码较小的元素一次就能够交换到前面单元，元素每次移动的距离较远，因而总的比较和移动次数较少。

快速排序的过程为：把待排序区间按照第一个元素（即基准元素）的排序码分为左右两个子序列，此过程叫做一次划分，设待排序序列为 R[left]~R[right]，其中 left 为下限，right 为上限，left＜right，R[left]为该序列的基准元素，为了实现一次划分，令 i、j 的初值分别为 left 和 right。在划分过程中，首先让 j 从它的初值开始，依次向前取值，并将每一元素 R[j]的排序码同 R[left]的排序码进行比较，直到 R[j]<R[left]时，交换 R[j]与 R[left]的值，使排序码相对较小的元素交换到左子序列，然后让 i 从 i+1 开始，依次向后取值，并使每一元素 R[i]的排序码同 R[j]的排序码（此时 R[j]为基准元素）进行比较，直到 R[i]＞R[j]时，交换 R[i]与 R[j]的值，使排序码大的元素交换到后面子区间；再接着让 j 从 j-1 开始，依次向前取值，重复上述过程，直到 i 等于 j，即指向同一位置为止，此位置就是基准元素最终被存放的位置。此次划分得到的前后两个待排序的子序列分别为 R[left]~R[i-1]和 R[i+1]~R[right]。例如，给定排序码为：46，55，13，42，94，05，17，70，具体划分如图 9-4 所示。

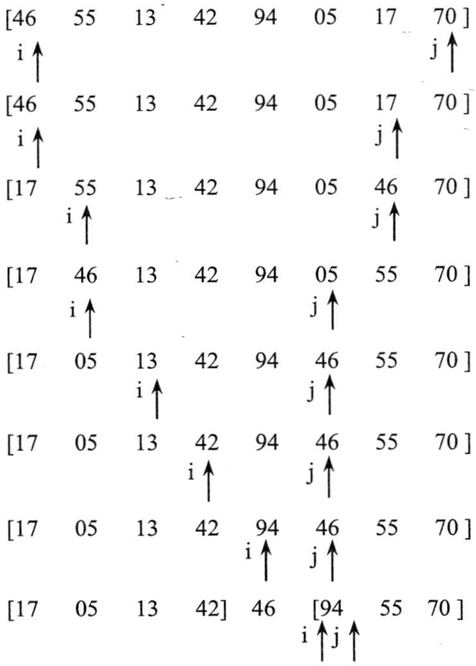

图 9-4 快速排序的一次划分

从图 9-4 可知，通过一次划分，将一个区间以基准值分成两个子区间，左子区间的值小于或等于基准值，右子区间的值大于基准值。对剩下的子区间重复此划分步骤，则可以得到快速排序的结果。

2. 快速排序的算法实现

下面给出快速排序算法的递归算法：

```
void quicksort(elemtype R[],int left, int right)
```

```
{
    int i=left, j=right;
    elemtype temp=R[i];
    while (i<j)
    {
        while ((R[j]>temp)&&(j>i))
            j=j-1;
        if (j>i)
        {
            R[i]=R[j];
            i=i+1;
        }
        while ((R[i]<=temp)&&(j>i))
            i=i+1;
        if (i<j)
        {
            R[j]=R[i];
            j=j-1;
        }
    }
    //一次划分得到基准值的正确位置
    R[i]=temp;
    if (left<i-1) quicksort(R,left,i-1);          //递归调用左子区间
    if (i+1<right) quicksort(R,i+1,right);         //递归调用右子区间
}
```

3. 快速排序的效率分析

在快速排序中，若把每次划分所用的基准元素看成根结点，把划分得到的左子区间和右子区间分别看成根结点的左、右子树，那么整个排序过程就对应着一棵具有 n 个结点的二叉排序树，所需划分的层数等于二叉排序树的深度，所需划分的所有区间数等于二叉排序树分枝结点数，而在快速排序中，元素的移动次数通常小于元素的比较次数。因此，在讨论快速排序的时间复杂度时，仅考虑元素的比较次数即可。

若快速排序出现最好的情形（左、右子区间的长度大致相等），则结点数 n 与二叉树深度 h 应满足 $\log_2 n < h < \log_2 n + 1$，所以总的比较次数不会超过 $(n+1)\log_2 n$。因此，快速排序的最好时间复杂度应为 $O(n\log_2 n)$。而且在理论上已经证明，快速排序的平均时间复杂度也为 $O(n\log_2 n)$。

若快速排序出现最坏的情形（每次能划分成两个子区间，但其中一个是空），则这时得到的二叉树是一棵单分枝树，得到的非空子区间包含 n-i 个元素（i 代表二叉树的层数，$1 \leqslant i \leqslant n$），每层划分需要比较 n-i+2 次，所以总的比较次数为 $(n^2+3n-4)/2$。因此，快速排序的最坏时间复杂度为 $O(n^2)$。

快速排序所占用的辅助空间为栈的深度，故最好的空间复杂度为 $O(\log_2 n)$，最坏的空间复杂度为 $O(n)$。

快速排序是一种不稳定的排序方法。

9.4　选择排序

9.4.1　直接选择排序

1. 直接选择排序的基本思想

直接选择排序（straight select sorting）也是一种简单的排序方法。它的基本思想是：第一次从 R[0]～R[n-1]中选取最小值，与 R[0]交换，第二次从 R[1]～R[n-1]中选取最小值，与 R[1]交换，第三次从 R[2]～R[n-1]中选取最小值，与 R[2]交换……，第 i 次从 R[i-1]～R[n-1]中选取最小值，与 R[i-1]交换……，第 n-1 次从 R[n-2]～R[n-1]中选取最小值，与 R[n-2]交换，总共通过 n-1 次，得到一个按排序码从小到大排列的有序序列。

例如，给定 n=8，数组 R 中的 8 个元素的排序码为：8，3，2，1，7，4，6，5，则直接选择排序过程如图 9-5 所示。

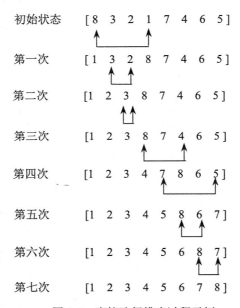

初始状态　　[8　3　2　1　7　4　6　5]

第一次　　　[1　3　2　8　7　4　6　5]

第二次　　　[1　2　3　8　7　4　6　5]

第三次　　　[1　2　3　8　7　4　6　5]

第四次　　　[1　2　3　4　7　8　6　5]

第五次　　　[1　2　3　4　5　8　6　7]

第六次　　　[1　2　3　4　5　6　8　7]

第七次　　　[1　2　3　4　5　6　7　8]

图 9-5　直接选择排序过程示例

2. 直接选择排序的算法实现

```
void selectsort(elemtype R[],int n)
{
    int i, j,m; elemtype t;
    for(i=0;i<n-1;i++)
    {
        m=i;
        for(j=i+1;j<n;j++)
            if(R[j]<R[m])  m=j;
        if (m!=i)
```

```
        {
          t=R[i];
          R[i]=R[m];
          R[m]=t;
        }
      }
    }
```

3. 直接选择排序的效率分析

在直接选择排序中，共需进行 n-1 次选择和交换，每次选择需要进行 n-i 次比较（1≤i≤n-1），而每次交换最多需要 3 次移动，因此，总的比较次数 $C=\sum_{i=1}^{n-1}(n-1)=\frac{1}{2}(n^2-n)$，总的移动次数 $M=\sum_{i=1}^{n-1}3=3(n-1)$。由此可知，直接选择排序的时间复杂度为 $O(n^2)$，所以当记录占用的字节数较多时，通常比直接插入排序的执行速度要快一些。

由于在直接选择排序中存在着不相邻元素之间的互换，因此，直接选择排序是一种不稳定的排序方法。例如，给定排序码为 3，7，<u>3</u>，2，1，排序后的结果为 1，2，<u>3</u>，3，7。

9.4.2　树形选择排序

从直接选择排序可知，在 n 个排序码中，找出最小值需 n-1 次比较，找出第二小值需 n-2 次比较，找出第三小值需 n-3 次比较，其余依此类推。所以，总的比较次数为(n-1)+(n-2)+…+3+2+1=(n²-n)/2，那么，能否对直接选择排序算法加以改进，使总的比较次数比(n²-n)/2 小呢？显然，在 n 个排序码中选出最小值，至少进行 n-1 次比较，但是，继续在剩下的 n-1 个关键字中选第二小的值，就并非一定要进行 n-2 次比较，若能利用前面 n-1 次比较所得的信息，则可以减少以后各趟选择排序中所用的比较次数，比如 8 队运动员中决出前三名，不需要 7+6+5=18 场比赛（前提是，若甲胜乙，而乙胜丙，则认为甲胜丙），最多需要 11 场比赛即可（通过 7 场比赛产生冠军后，第二名只能在输给冠军的三个队中产生，需两场比赛，而第三名只能在输给亚军的三个队中产生，也需两场比赛，总共需要 11 场比赛）。具体如图 9-6 所示。

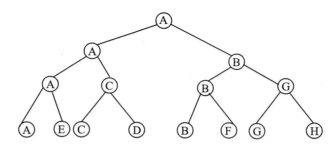

（a）8 个队决出冠军的情形（共 7 场比赛）

图 9-6　决出比赛前三名的过程示意图

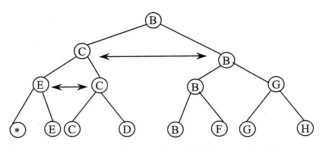

（b）决出亚军的情形（共两场比赛，少于6场）

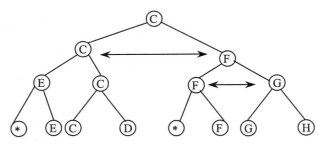

（c）决出第三名的情形（共两场比赛，少于6场）

图9-6　决出比赛前三名的过程示意图（续图）

从图9-6（a）可知，8个队经过4场比赛，获胜的4个队进入半决赛，再经过两场半决赛和1场决赛即可知道冠军是谁（共7场比赛），按照锦标赛的传递关系，亚军只能分别从在决赛、半决赛和第一轮比赛中输给冠军的队中选取，于是亚军只能在B、C、E这3个队中产生（见图9-6（b）），即进行两场比赛（E与C一场，E与C的胜队与B一场）后，即可知道亚军是谁。同理，第三名只需在C、F、G这3个队中产生（见图9-6（c）），即进行两场比赛（F与G一场，F与G的胜队与C一场），即可知道第三名是谁。

树形选择排序（tree selection sorting）又称锦标赛排序（tournament sorting），是一种按照锦标赛的思想进行选择排序的方法。首先对n个记录的排序码进行两两比较，然后在其中$\lceil n/2 \rceil$个较小者之间再进行两两比较，如此重复，直到选出最小排序码为止。

例如，给定排序码50、37、66、98、75、12、26、49，树形选择排序的过程见图9-7。

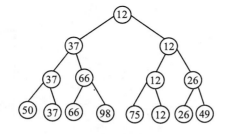

（a）经过7次比较得到最小值12

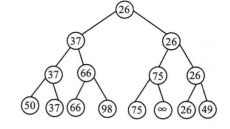

（b）输出12后，经过两次比较得到第二小值26

图9-7　树形选择排序过程示意

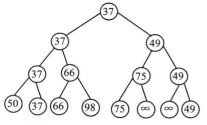

（c）输出 12、26 后，经过两次比较
得到第三小值 37

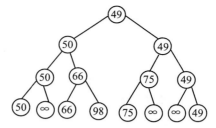

（d）输出 12、26、37 后，经过两次比较
得到第四小值 49

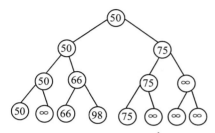

（e）输出 12、26、37、49 后，经过 1 次比较
得到第五小值 50

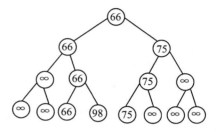

（f）输出 12、26、37、49、50 后，经过 1 次
比较得到第六小值 66

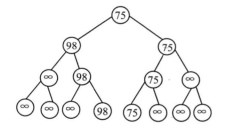

（g）输出 12、26、37、49、50、66 后，经过 1 次比较
得到第七小值 75

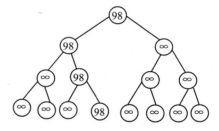

（h）输出 12、26、37、49、50、66、75 后，经过 1 次
比较得到第八小值 98

图 9-7　树形选择排序过程示意（续图）

在树形选择排序中，含有 n 个叶子结点的完全二叉树的深度为 $\lceil\log_2 n\rceil+1$，除了最小排序码外，每选择一次小排序码时，仅需进行 $\lceil\log_2 n\rceil$ 次比较，因此，该排序算法的时间复杂度为 $O(n\log_2 n)$。但这种排序方法需要用很多临时指针来保存比较的中间信息，占用较多的辅助单元，故树形选择排序一般很少采用，而一般采用另一种形式的选择排序——堆排序。

9.4.3　堆排序

1. 堆的定义

若有 n 个元素的排序码 $k_1,k_2,k_3,\cdots,k_n$，满足如下条件：

① $\begin{cases} k_i \leqslant k_{2i} \\ k_i \leqslant k_{2i+1} \end{cases}$ 　或　② $\begin{cases} k_i \geqslant k_{2i} \\ k_i \geqslant k_{2i+1} \end{cases}$ 　其中 $i=1,2,\cdots,\lfloor n/2\rfloor$

则称此 n 个元素的排序码 $k_1,k_2,k_3,\cdots,k_n$ 为一个堆。

若将此排序码按顺序组成一棵完全二叉树，则①称为小根堆（二叉树的所有根结点值小于或等于左右孩子的值），②称为大根堆（二叉树的所有根结点值大于或等于左右孩子的值）。

若 n 个元素的排序码 $k_1,k_2,k_3,\cdots,k_n$ 满足堆，且让结点按 $1,2,3,\cdots,n$ 顺序编号，根据完全二叉树的性质（若 i 为根结点，则左孩子为 2i，右孩子为 2i+1）可知，堆排序实际与一棵完全二叉树有关。若将排序码初始序列组成一棵完全二叉树，则堆排序可以包含建立初始堆（使排序码变成能符合堆的定义的完全二叉树）和利用堆进行排序两个阶段。

2. 堆排序的基本思想

将排序码 $k_1,k_2,k_3,\cdots,k_n$ 表示成一棵完全二叉树，然后从第 $\lfloor n/2\rfloor$ 个排序码开始筛选，使由该结点作根结点组成的子二叉树符合堆的定义，然后从第 $\lfloor n/2\rfloor-1$ 个排序码重复刚才的操作，直到第一个排序码止。这时，该二叉树符合堆的定义，初始堆已经建立。接着，可以按如下方法进行堆排序：将堆中第一个结点（二叉树根结点）和最后一个结点的数据进行交换（k_1 与 k_n），再将 $k_1\sim k_{n-1}$ 重新建堆，然后 k_1 和 k_{n-1} 交换，再将 $k_1\sim k_{n-2}$ 重新建堆，然后 k_1 和 k_{n-2} 交换，如此重复下去，每次重新建堆的元素个数不断减 1，直到重新建堆的元素个数仅剩一个为止。这时堆排序已经完成，则排序码 $k_1,k_2,k_3,\cdots,k_n$ 已排成一个有序序列。

若排序是从小到大排列，则可以用建立大根堆实现堆排序，若排序是从大到小排列，则可以用建立小根堆实现堆排序。

例如，给定排序码 46，55，13，42，94，05，17，70，建立初始堆的过程如图 9-8 所示。

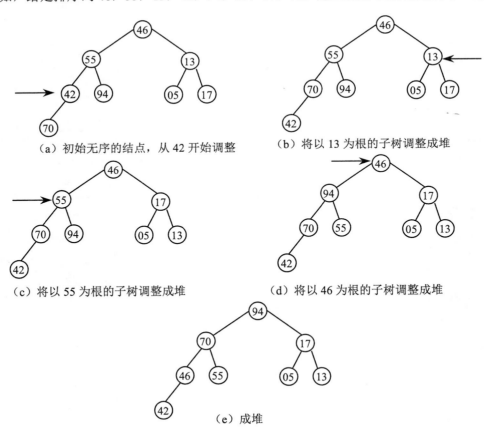

图 9-8　建立初始大根堆的过程示意图

对于排序码 46，55，13，42，94，05，17，70，建成如图 9-8（e）所示的大根堆后，堆排序的过程如图 9-9 所示。

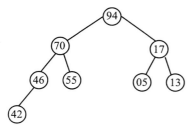

（a）初始堆

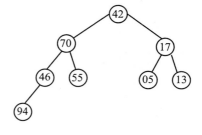

（b）94 与 42 交换

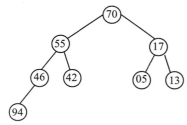

（c）前 7 个排序码重新建成堆

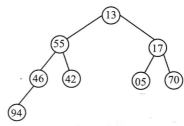

（d）70 和 13 交换

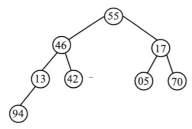

（e）前 6 个排序码重新建成堆

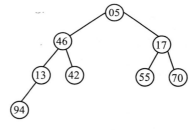

（f）55 和 05 交换

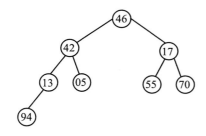

（g）前 5 个排序码重新建成堆

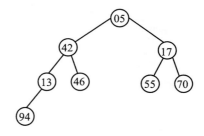

（h）46 和 05 交换

图 9-9　堆排序过程示意图

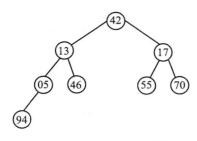

（i）前 4 个排序码重新建成堆

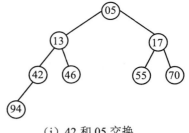

（j）42 和 05 交换

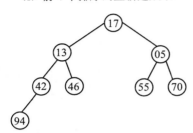

（k）前 3 个排序码重新建成堆

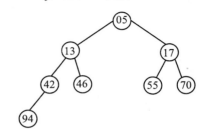

（l）17 和 05 交换

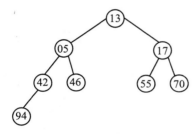

（m）前 2 个排序码重新建成堆

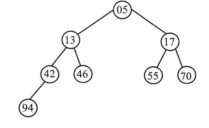

（n）13 和 05 交换

图 9-9　堆排序过程示意图（续图）

从图 9-9（n）可知，将其结果按完全二叉树形式输出，则得到的结果为：05，13，17，42，46，55，70，94，即为堆排序的结果。

3. 堆排序的算法实现

```
void creatheap(ElemType R[],int i,int n)
//建立大根堆
{int j;ElemType t;
 t=R[i];j=2*i;
 while(j<n)
 { if((j<n)&&(R[j]<R[j+1]))
   j++;
   if(t<R[j])
   { R[i]=R[j];
     i=j;
     j=2*i;
   }
   else j=n;
```

```
        R[i]=t;
    }
  }
  void heapsort(ElemType R[],int n)
  { ElemType t;
    for(int i=n/2;i>=0;i--)
    createheap(R,i,n);
    for(i=n-1;i>=0;i--)
    {t=R[0];
     R[0]=R[i];
     R[i]=t;
     createheap(R,0,i-1);
    }
  }
```

4．堆排序的效率分析

在整个堆排序中，共需进行 $n+\lfloor n/2 \rfloor-1$ 次筛选运算，每次筛选运算进行双亲和孩子或兄弟结点的排序码的比较和移动次数都不会超过完全二叉树的深度，所以，每次筛选运算的时间复杂度为 $O(\log_2 n)$，故整个堆排序过程的时间复杂度为 $O(n\log_2 n)$。

堆排序占用的辅助空间为 1（供交换元素用），故它的空间复杂度为 $O(1)$。

堆排序是一种不稳定的排序方法，例如，给定排序码 2，1，2，它的排序结果为 1，2，2。

9.5　归并排序

9.5.1　二路归并排序

1．二路归并排序的基本思想

二路归并排序的基本思想是：将两个有序子区间（有序表）合并成一个有序子区间，一次合并完成后，有序子区间的数目减少一半，而区间的长度增加一倍，当区间长度从 1 增加到 n（元素个数）时，整个区间变为一个，则该区间中的有序序列即为我们所需的排序结果。

例如，给定排序码 46，55，13，42，94，05，17，70，二路归并排序过程如图 9-10 所示。

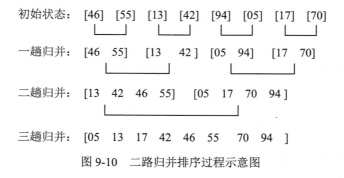

图 9-10　二路归并排序过程示意图

2. 二路归并排序的算法实现

二路归并排序包含两两归并排序、一趟归并排序和二路归并排序三部分。两两归并排序是将两个有序子区间合并成一个有序子区间，一趟归并排序是对相同长度的有序子区间进行两两归并，使子区间的数目减少，区间的长度增加。

```
void merge(elemtype R[],elemtype A[],int s,int m,int t)
//将两个子区间 R[s]~R[m]和 R[m+1]~R[t]合并，结果存入 A 中
{ int i,j,k;
  i=s;j=m+1;k=s;
  while((i<=m)&&(j<=t))
   if(R[i]<=R[j])
   { A[k]=R[i];i++;k++;}
   else
   {A[k]=R[j];j++;k++;}
   while(i<=m)                        //复制第一个区间中剩下的元素
   { A[k]=R[i];i++;k++;}
   while(j<=t)                        //复制第二个区间中剩下的元素
   { A[k]=R[j];j++;k++;}
}
void mergepass(elemtype R[],elemtype A[],int n,int c)
//对 R 数组做一趟归并，结果存入 A 数组中，n 为元素个数，c 为区间长度
{ int i,j;
    i=0;
    while(i+2*c-1<=n-1)
    {                                 //长度均为 c 的两个区间合并成一个区间
       merge(R,A,i,i+c-1,i+2*c-1);
       i+=2*c;
    }
    if(i+c-1<n)                       //长度不等的两个区间合并成一个区间
       merge(R,A,i,i+c-1,n-1);
    else
        for(j=i;j<=n-1;j++)           //仅剩一个区间时，直接复制到 A 中
        A[j]=R[j];
}
void mergesort(elemtype R[],int n)
{int c=1;elemtype A[100];
  while(c<n)
  {
         mergepass(R,A,n,c);          //一次合并，结果存入 A 中
         c*=2;                        //区间长度扩大一倍
         mergepass(A,R,n,c);          //再次合并，结果存入 R 中
         c*=2;
  }
}
```

3. 二路归并排序的效率分析

二路归并排序的时间复杂度等于归并趟数与每一趟时间复杂度的乘积。而归并趟数为

$\lfloor \log_2n \rfloor$（当$\lfloor \log_2n \rfloor$为奇数时，则归并趟数为$\lfloor \log_2n \rfloor$+1）。因为每一趟归并就是将两两有序子区间合并成一个有序子区间，而每一对有序子区间归并时，记录的比较次数均小于或等于记录的移动次数（即由一个数组复制到另一个数组中的记录个数），而记录的移动次数等于这一对有序表的长度之和，所以，每一趟归并的移动次数均等于数组中记录的个数 n，即每一趟归并的时间复杂度为 O(n)。因此，二路归并排序的时间复杂度为 O(n$\log_2$n)。

利用二路归并排序时，需要利用与待排序数组相同的辅助数组作临时单元，故该排序方法的空间复杂度为 O(n)，比前面介绍的其他排序方法占用的空间大。

由于二路归并排序中，每两个有序表合并成一个有序表时，若分别在两个有序表中出现相同的排序码，则会使前一个有序表中相同的排序码先复制，后一个有序表中相同的排序码后复制，从而保持它们的相对次序不会改变。所以，二路归并排序是一种稳定的排序方法。

9.5.2 多路归并排序

将三个或三个以上的有序子区间合并成一个有序子区间的排序，称为多路归并排序。常见的有三路归并排序（三个有序子区间合并成一个有序子区间）、四路归并排序（四个有序子区间合并成一个有序子区间）等，具体实现的方法与二路归并排序类似，在此不再赘述。

9.6 分配排序

9.6.1 多关键字排序

在实际应用中，有时的排序会需要按几种不同排序码来排序。例如，描述一个单位的职工信息，既要按出生日期排序，又要按工资排序，这是一种典型的多关键字排序。又如，将一副扑克牌中的 52 张牌按从小到大排列（规定花色大小为：梅花<方块<红桃<黑桃。面值大小规定为：2<3<4<…<10<J<Q<K<A），则一副扑克牌的排序也是多关键字排序。

对于多关键字排序（假设有 d 个关键字），则可以按第 1,2,…,d 个关键字的顺序排序，也可以按第 d,d-1,d-2,…,2,1 个关键字的顺序排序。例如，刚才的扑克牌排序，可以先按花色排成 4 堆，然后将每一堆再按面值排序，则可以得到 52 张牌的有序序列。具体实现此处不再介绍。

9.6.2 基数排序

1. 基数排序的基本思想

基数排序（radix sorting）是和前面所述各类排序方法完全不同的一种排序方法。在前面几节中，实现排序主要是通过排序码之间的比较和移动两项操作来进行的，而基数排序不需要进行排序码的比较，它是一种借助多关键字（多个排序码）排序的思想来实现单关键字排序的排序方法。

具体实现时，假设每个元素有 d 个排序码，则可以先按第 1 个排序码对每个元素排序，然后再按第 2 个排序码排序……，最后再按第 d 个排序码排序。最后的结果即为基数排序的结果。

例如，给定排序码序列 123，78，65，9，108，7，8，3，68，309，基数排序的步骤见图 9-11。

初始状态：	123	78	65	9	108	7	8	3	68	309
一趟（按个位）：	123	3	65	7	78	108	8	68	9	309
二趟（按十位）：	3	7	8	9	108	309	123	65	68	78
三趟（按百位）：	3	7	8	9	65	68	78	108	123	309

图 9-11 基数排序的步骤

具体实现时，基数排序包含分配和收集，分配是将第 k（1≤k≤d）个排序码相同的元素放到一个队列中（按第 k 个排序码排序），收集是得到这一趟的排序结果。例如，对于刚才图 9-11 所示的初始排序码，分配和收集过程见图 9-12。

2. 基数排序的算法实现

假设每个元素有 d 个排序码（在图 9-12 中，d=3，各排序码分别代表个位、十位、百位上的数字），而每个排序码的取值范围为 c1 到 crd（在图 9-12 中，c1=0，crd=9），基数排序算法描述如下：

```
#define c1 0
#define crd 9
#define d 3
typedef int elemtype;
struct rcdnode
{ elemtype key[d+1];              //有 d 个关键字，存放在 key[1]～key[d]中
  int next;
};
int f[crd-c1+1],e[crd-c1+1];      //定义队列的头、尾指针
int radixsort()
{ int i,j,p,t;
  p=1;
  for(i=d;i>=1;i--)               //对 d 个关键字进行循环
  {   for(j=c1;j<=crd;j++)
       f[j]=0;
     while(p!=0)                  //分配算法
     {j=r[p].key[i];
       f(f[j]==0) f[j]=p;else r[e[j]].next=p;
       e[j]=p;
       p=r[p].next;
     }
     j=c1;
     while(f[j]==0) j++;
     p=f[j];t=e[j];
     while(j<crd)                 //收集算法
     {j++;
        while((j<crd)&&(f[j]==0))
        j++;
```

```
            if(f[j]!=0)
            {r[t].next=f[j];t=e[j];}
        }
        r[t].next=0;
    }
    return p;
}
```

$\longrightarrow$ 123 $\longrightarrow$ 78 $\longrightarrow$ 65 $\longrightarrow$ 9 $\longrightarrow$ 108 $\longrightarrow$ 7 $\longrightarrow$ 8 $\longrightarrow$ 3 $\longrightarrow$ 68 $\longrightarrow$ 309

（a）初始状态

e[0]　e[1]　e[2]　e[3]　e[4]　e[5]　e[6]　e[7]　e[8]　e[9]

			3					68	
			123		65		7	8	309
								108	9
								78	

f[0]　f[1]　f[2]　f[3]　f[4]　f[5]　f[6]　f[7]　f[8]　f[9]

（b）第一趟分配（按个位，有十个队列）

$\longrightarrow$ 123 $\longrightarrow$ 3 $\longrightarrow$ 65 $\longrightarrow$ 7 $\longrightarrow$ 78 $\longrightarrow$ 108 $\longrightarrow$ 8 $\longrightarrow$ 68 $\longrightarrow$ 9 $\longrightarrow$ 309

（c）第一趟收集

e[0]　e[1]　e[2]　e[3]　e[4]　e[5]　e[6]　e[7]　e[8]　e[9]

309
108
9
8
7
3
f[0]　f[1]　123 f[2]　f[3]　f[4]　f[5]　68 f[6]　78 f[7]　f[8]　f[9]
                               65

f[0]　f[1]　f[2]　f[3]　f[4]　f[5]　f[6]　f[7]　f[8]　f[9]

（d）第二趟分配（按十位，有十个队列）

$\longrightarrow$ 3 $\longrightarrow$ 7 $\longrightarrow$ 8 $\longrightarrow$ 9 $\longrightarrow$ 108 $\longrightarrow$ 309 $\longrightarrow$ 123 $\longrightarrow$ 65 $\longrightarrow$ 68 $\longrightarrow$ 78

（e）第二趟收集

图 9-12　基数排序过程示意图

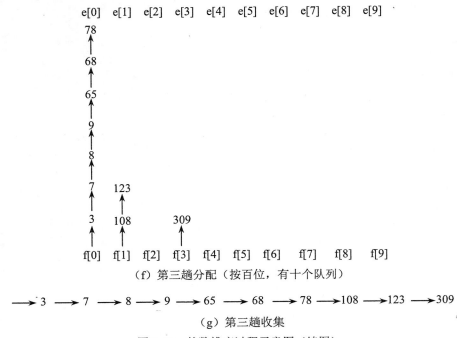

（f）第三趟分配（按百位，有十个队列）

→ 3 → 7 → 8 → 9 → 65 → 68 → 78 →108 →123 →309

（g）第三趟收集

图 9-12　基数排序过程示意图（续图）

3．基数排序的效率分析

对于含有 n 个元素的关键字（每个关键字有 d 个排序码，每个排序码的取值范围从 c1 到 crd），每一趟分配和收集的时间复杂度为 O(n+crd-c1+1)，由于有 d 个排序码，故需进行 d 趟分配和收集，因此，基数排序的时间复杂度为 O(d(n+crd-c1+1))。

在基数排序中，由于每个排序码的取值范围从 c1 到 crd，故需要 crd-c1+1 个队头和队尾指针，它的空间复杂度为 O(n+crd-c1+1)。

由于基数排序中值相同的元素的相对位置在分配和收集中不会发生变化，所以基数排序是一种稳定的排序方法。

9.7　各种内排序方法的比较和选择

9.7.1　各种内排序方法的比较

1．从时间复杂度比较

从平均时间复杂度来考虑，直接插入排序、冒泡排序、直接选择排序是三种简单的排序方法，时间复杂度都为 $O(n^2)$，而快速排序、堆排序、二路归并排序的时间复杂度都为 $O(n\log_2 n)$，希尔排序的时间复杂度介于这两者之间。若从最好的时间复杂度考虑，则直接插入排序和冒泡排序的时间复杂度最好为 $O(n)$，其他排序的最好情形同平均情形相同。若从最坏的时间复杂度考虑，则快速排序的时间复杂度最坏为 $O(n^2)$，直接插入排序、冒泡排序、希尔排序同平均情形相同，但系数大约增加一倍，所以运行速度将降低一半，最坏情形对直接选择排序、堆排序和归并排序影响不大。

2. 从空间复杂度比较

归并排序的空间复杂度最大，为 $O(n)$，快速排序的空间复杂度为 $O(\log_2 n)$，其他排序的空间复杂度为 $O(1)$。

3. 从稳定性比较

直接插入排序、冒泡排序、归并排序是稳定的排序方法，而直接选择排序、希尔排序、快速排序、堆排序是不稳定的排序方法。

4. 从算法简单性比较

直接插入排序、冒泡排序、直接选择排序都是简单的排序方法，算法简单，易于理解，而希尔排序、快速排序、堆排序、归并排序都是改进型的排序方法，算法比上述简单排序要复杂得多，也难于理解。

9.7.2　各种内排序方法的选择

1. 从时间复杂度选择

对元素个数较多的排序，可以选快速排序、堆排序、归并排序，元素个数较少时，可以选简单的排序方法。

2. 从空间复杂度选择

尽量选空间复杂度为 $O(1)$ 的排序方法，其次选空间复杂度为 $O(\log_2 n)$ 的快速排序方法，最后才选空间复杂度为 $O(n)$ 的二路归并排序方法。

3. 一般选择规则

（1）当待排序元素的个数 n 较大，排序码分布随机，而对稳定性不做要求时，则采用快速排序为宜。

（2）当待排序元素的个数 n 大，内存空间允许，且要求排序稳定时，则采用二路归并排序为宜。

（3）当待排序元素的个数 n 大，排序码分布可能会出现正序或逆序的情形，且对稳定性不做要求时，则采用堆排序或二路归并排序为宜。

（4）当待排序元素的个数 n 小，元素基本有序或分布较随机，且要求稳定时，则采用直接插入排序为宜。

（5）当待排序元素的个数 n 小，对稳定性不做要求时，则采用直接选择排序为宜，若排序码不接近逆序，也可以采用直接插入排序。冒泡排序一般很少采用。

本章小结

1. 直接插入排序、直接选择排序和冒泡排序是三种简单型的排序方法，其平均时间复杂度都为 $O(n^2)$，空间复杂度都为 $O(1)$。但直接插入排序又优于直接选择排序，而直接选择排序又优于冒泡排序。

2. 堆排序、快速排序和归并排序是三种改进型的排序方法，平均时间复杂度都为 $O(n\log_2 n)$，空间复杂度分别为 $O(1)$、$O(\log_2 n)$、$O(n)$。通常快速排序优于堆排序，而堆排序又优于归并排序。

3. 希尔排序也是一种改进型的排序方法，其时间复杂度大约为 $O(n^{1.3})$ 左右，空间复杂度为 O(1)。

4. 直接插入排序、冒泡排序、归并排序是稳定的排序方法，而希尔排序、直接选择排序、堆排序、快速排序是不稳定的排序方法。

5. 快速排序的最好情形是每次能划分出左右两个均匀的子区间，最坏的情形是划分出来的两个子区间中有一个为空区间。

6. 堆排序包含建初始堆和利用堆排序两个阶段。建堆时可以是小根堆，也可以是大根堆。

7. 归并排序是将两个有序子区间合并成一个有序子区间，合并后，区间的个数不断减少，区间的长度不断增加，直至剩下一个区间，才得到排序的结果，但排序中必须占用等量的辅助空间。

8. 排序有内排序和外排序之分，直接插入排序、希尔排序、冒泡排序、快速排序、直接选择排序、堆排序一般适合内排序，而归并排序既可以适合内排序，也可以适合外排序。

9. 各种不同的排序方法一般可根据不同的条件及环境分别选择，排序元素少，可以选用时间复杂度为 $O(n^2)$ 的排序方法，否则，可选时间复杂度为 $O(nlog_2n)$ 的排序方法。

习题九

9-1 给定一组排序码：（45，89，23，17，7，5，309，267），试写出直接插入排序、二分插入排序、希尔排序的每一趟排序结果。

9-2 试给出含有 7 个排序码的最坏的快速排序情形，并写出它的每一趟排序结果。

9-3 给定排序码为：（100，86，48，73，35，39，42，57，66，21），利用堆排序进行排序，写出堆排序的每一趟排序结果。

9-4 给定排序码为：（503，87，512，61，908，170，897，275，653，426），试写出基数排序的每一趟的分配和收集结果。

9-5 给定排序码为：（503，87，512，61，908，170，897，275，653，426），试写出归并排序的每一趟排序结果。

9-6 试为下列每种情形选择合适的排序方法：

（1）n=30，要求最坏情形速度最快。

（2）n=30，要求既要快，又要排序稳定。

（3）n=1000，要求平均情形速度最快。

（4）n=1000，要求最坏情形速度最快且稳定。

（5）n=1000，要求既快又节省内存。

9-7 产生 5000 个随机数，试分别上机运行，分析出快速排序、堆排序、归并排序、冒泡排序、直接选择排序等方法的执行时间。

9-8 试问：对初始状态如下（长度为 n）的各序列进行直接插入排序时，至多需要进行多少次关键字间的比较（排序后的结果从小到大）？

（1）关键字从小到大有序（$k_1<k_2<\cdots<k_n$）。

（2）关键字从大到小有序（$k_1>k_2>\cdots>k_n$）。

（3）序号为奇数的关键字顺序有序，序号为偶数的关键字顺序有序（$k_1<k_3<k_5<\cdots$，$k_2<k_4<k_6<\cdots$）。

（4）前半部分关键字从小到大,后半部分关键字从大到小（$k_1<k_2<\cdots<k_{\lfloor n/2\rfloor}$, $k_{\lfloor n/2\rfloor+1}>\cdots>k_n$）。

9-9 对长度为 n 的关键字序列进行快速排序时，所需进行的比较次数依赖于这 n 个关键字的初始序列。

（1）n=7 时，在最好情形下需进行多少趟比较？说明理由。

（2）n=7 时，在最坏情形下需进行多少趟比较？说明理由。

（3）n=7 时，给出一个最好情形的初始序列实例。

（4）n=7 时，给出一个最坏情形的初始序列实例。

9-10 试问：按锦标赛排序的思想，决出八名运动员之间的名次排列，至少需编排多少场次的比赛（应考虑最坏的情形）？

9-11 判断以下序列是否为堆（小根堆或大根堆）。如果不是，则把它们调整为堆。

（1）（100，86，48，73，35，39，42，57，66，21）。

（2）（12，70，33，65，24，56，48，92，86，33）。

（3）（103，97，56，38，66，23，42，12，30，52，06，20）。

（4）（5，56，20，23，40，38，29，61，35，76，28，100）。

9-12 对于每一种不稳定的排序方法，试举出一个反例来说明它的不稳定性。

第 10 章　外排序

本章学习目标

本章主要介绍数据处理中外排序方法的思想及算法实现。通过本章的学习，读者应掌握如下内容：

- 外排序方法的思想
- 二路平衡归并的实现
- 多路平衡归并的实现
- 败者树的基本概念及建立

10.1　外排序的基本概念

内排序是直接在计算机内存中进行的。若要排序的数据一次可以装入计算机内存，则对这批数据的排序可以直接在内存中完成，因而，利用第 9 章的内排序就可以了。若要排序的数据量很大，内存中一次装不下，要将数据放入外存（磁带、磁盘），这时，用内排序达不到我们的要求，必须用到本章介绍的外排序。外排序是利用内存、外存来共同完成的。

外排序可以看成由两个独立的阶段组成。首先，按可用内存的大小，将外存上含 n 个记录的文件分成若干长度为 m 的子文件或段，依次读入内存并用第 9 章的内排序方法（一般用堆排序实现）完成每段的排序，再保存到外存；然后，对这些段进行归并，使归并段逐渐由小到大，直到得到整个文件有序为止。第一阶段就是第 9 章介绍的内排序方法，因此，本章主要讨论第二阶段的归并实现。

第二阶段的归并有二路平衡归并和多路平衡归并。下面先给出例子来说明，具体实现方法见 10.2 节。

假设有一个含 10000 个记录的文件，内存一次只能装入 1000 个记录，则可以将文件分成 10 段，每段含 1000 个记录。首先通过 10 次内排序得到 10 个初始归并段 R1～R10，其中每一段都含有 1000 个记录（已经有序），再保存到外存中，然后可以利用二路平衡归并使整个文件有序。二路平衡归并见图 10-1。

若对刚才的文件，首先通过 10 次内排序得到 10 个初始归并段 R1～R10，其中每一段都含有 1000 个记录，再保存到外存中，然后也可以利用五路平衡归并使整个文件有序，五路平衡归并见图 10-2。

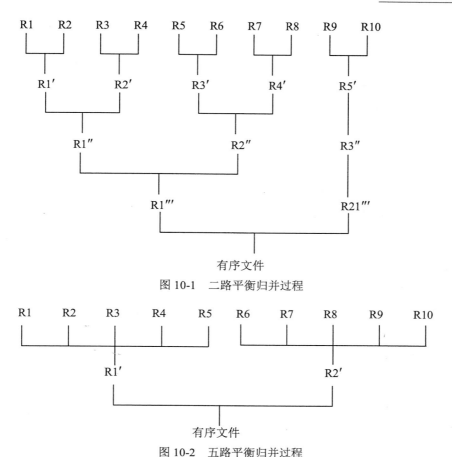

图 10-1 二路平衡归并过程

图 10-2 五路平衡归并过程

一般情况下，外排序所需的总时间=内排序所需时间（生成初始归并段）$m*t_{IS}$+外存信息读写的时间 $d*t_{IO}$+平衡归并所需的时间 $s*ut_{mg}$。

m 为初始归并段的个数，t_{IS} 是得到一个初始归并段进行内排序所需的时间均值；d 为总的读写次数，t_{IO} 是进行一次外存读写时间的均值；s 为归并的趟数，ut_{mg} 是对 u 个记录进行内部归并所需的时间。

对同一文件而言，假设有 m 个初始归并段，进行 k 路平衡归并，归并的趟数可以表示为 $s=\lfloor \log_k m \rfloor$。若增加 k 或减少 m 则可以减少 s，外排序所需的总时间就可以减少。

10.2 多路平衡归并的实现

10.2.1 初始归并段的生成

假设初始待排文件为输入文件 FI，初始归并段文件为输出文件 FO，内存工作区为 WA，FO 和 WA 的初始状态为空，并假设内存工作区 WA 的容量为 W 个记录，则生成初始归并段的操作过程为：

（1）从 FI 输入 W 个记录到工作区 WA。

（2）从 WA 中选关键字最小的记录，记为 MINKEY。

（3）将 MINKEY 记录输出到 FO 中。

（4）若 FI 不空，则从 FI 输入下一个记录到 WA 中。

（5）从 WA 中比 MINKEY 大的所有关键字中选最小的关键字，作为新的 MINKEY。

（6）重复（3）～（5），直到 WA 中选不出新的 MINKEY 为止，由此得到一个初始归并段。

（7）重复（2）～（6）直到 WA 为空，则得到全部初始归并段。

例如，给定初始文件含有 24 个记录，对应的关键字分别为：51，49，39，46，38，29，14，61，15，30，1，48，52，3，63，27，4，13，89，24，46，58，33，76。利用上面的方法生成初始归并段的过程如表 10-1 所示（假设内存工作区 WA 的容量为 6 个记录）。

从表 10-1 可知，上面的 24 个记录可以生成三个初始归并段，其分别为：

第一归并段 R0：29,38,39,46,49,51,61。

第二归并段 R1：1,3,14,15,27,30,48,52,63,89。

第三归并段 R2：4,13,24,33,46,58,76。

上面的三个初始归并段都是有序序列，故可以用二路平衡归并进行排序或用三路平衡归并进行排序。

若用二路平衡归并，可以得到如下结果：

[29,38,39,46,49,51,61]　　[1,3,14,15,27,30,48,52,63,89]　　[4,13,24,33,46,58,76]

[1,3,14,15,27,29,30,38,39,46,48,49,51,52,61,63,89]　　[4,13,24,33,46,58,76]

[1,3,4,13,14,15,24,27,29,30,33,38,39,46,46,48,49,51,52,58,61,63,76,89]

若用三路平衡归并，可以得到如下结果：

[29,38,39,46,49,51,61]　　[1,3,14,15,27,30,48,52,63,89]　　[4,13,24,33,46,58,76]

[1,3,4,13,14,15,24,27,29,30,33,38,39,46,46,48,49,51,52,58,61,63,76,89]

下面将介绍多路平衡归并的思想和实现方法。

表 10-1　生成初始归并段

FO	WA	FI
		51,49,39,46,38,29,14,61,15,30,1,48,52,3,63,27,4,13,89,24,46,58,33,76
第一归并段	51,49,39,46,38,29	14,61,15,30,1,48,52,3,63,27,4,13,89,24,46,58,33,76
29	51,49,39,46,38,14	61,15,30,1,48,52,3,63,27,4,13,89,24,46,58,33,76
29,38	51,49,39,46,61,14	15,30,1,48,52,3,63,27,4,13,89,24,46,58,33,76
29,38,39	51,49,15,46,61,14	30,1,48,52,3,63,27,4,13,89,24,46,58,33,76
29,38,39,46	51,49,15,30,61,14	1,48,52,3,63,27,4,13,89,24,46,58,33,76
29,38,39,46,49	51,1,15,30,61,14	48,52,3,63,27,4,13,89,24,46,58,33,76
29,38,39,46,49,51	48,1,15,30,61,14	52,3,63,27,4,13,89,24,46,58,33,76
29,38,39,46,49,51,61	48,1,15,30,52,14	3,63,27,4,13,89,24,46,58,33,76

FO	WA	FI
第二归并段		
1	48,3,15,30,52,14	63,27,4,13,89,24,46,58,33,76
1,3	48,63,15,30,52,14	27,4,13,89,24,46,58,33,76
1,3,14	48,63,15,30,52,27	4,13,89,24,46,58,33,76
1,3,14,15	48,63,4,30,52,27	13,89,24,46,58,33,76
1,3,14,15,27	48,63,4,30,52,13	89,24,46,58,33,76
1,3,14,15,27,30	48,63,4,89,52,13	24,46,58,33,76
1,3,14,15,27,30,48	24,63,4,89,52,13	46,58,33,76
1,3,14,15,27,30,48,52	24,63,4,89,46,13	58,33,76
1,3,14,15,27,30,48,52,63	24,58,4,89,46,13	33,76
1,3,14,15,27,30,48,52,63,89	24,58,4,33,46,13	76
第三归并段		
4	24,58,76,33,46,13	
4,13	24,58,76,33,46	
4,13,24	58,76,33,46	
4,13,24,33	58,76,46	
4,13,24,33,46	58,76	
4,13,24,33,46,58	76	
4,13,24,33,46,58,76		

10.2.2　多路平衡归并的实现

1. 多路平衡归并的败者树

9.4.2 节中树形选择排序得到的树称为胜者树（每次选最小的关键字），因为每个非终端结点均表示其左、右孩子结点中的"胜者"。反之，若在双亲结点中记下刚进行比赛的"败者"，而让胜者去参加更高一层的比赛，则可以得到一棵"败者树"。

现以五路平衡归并为例来建立"败者树"，假设已经用前面的方法得到如下五个初始归并段（其中∞表示该段的结束）：

第一归并段 B0：[17，21，∞]。
第二归并段 B1：[05，44，∞]。
第三归并段 B2：[10，12，∞]。
第四归并段 B3：[29，32，∞]。
第五归并段 B4：[15，56，∞]。

在建立"败者树"时，按完全二叉树形式，从每个初始归并段取一个关键字（第一个），作为"败者树"的叶子结点，用 B[0]～B[4]表示，而非叶子结点用 Ls[1]～Ls[4]表示，表示两者比较的败者，Ls[0]表示整个比较的胜者。B[3]和 B[4]比较，B[3]为败者，将它的段号存入 Ls[4]中，B[3]和 B[4]的胜者再与 B[0]比较，败者为 B[0]，将它的段号存入 Ls[2]中，B[1]与 B[2]比较，败者的段号存入 Ls[3]中，B[0]、B[1]、B[2]、B[3]、B[4]比较的败者段号存入 Ls[1]中，胜者的段号存入 Ls[0]中，得到的败者树见图 10-3。

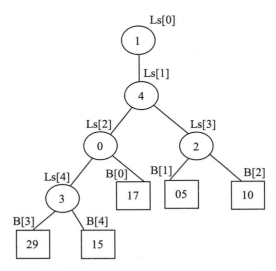

图 10-3　五路平衡归并建立的初始败者树

2. 多路平衡归并的实现

多路平衡归并的实现，是反复调整败者树，并输出 Ls[0]的值，直到树中叶子结点都表示为∞。

现以五路平衡归并举例说明。

【例 10-1】假设有五个初始归并段为（其中∞表示该段的结束）：

第一归并段 B0：[17，21，∞]。

第二归并段 B1：[05，44，∞]。

第三归并段 B2：[10，12，∞]。

第四归并段 B3：[29，32，∞]。

第五归并段 B4：[15，56，∞]。

试用"败者树"实现五路平衡归并，并给出归并的结果。

解析：先建立初始败者树，然后不断调整败者树，并输出 Ls[0]所对应段的值，直到树中叶子结点都表示为∞。

具体实现过程见图 10-4。

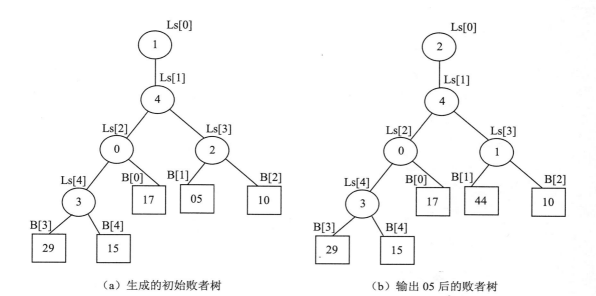

（a）生成的初始败者树　　　　　　　　　（b）输出 05 后的败者树

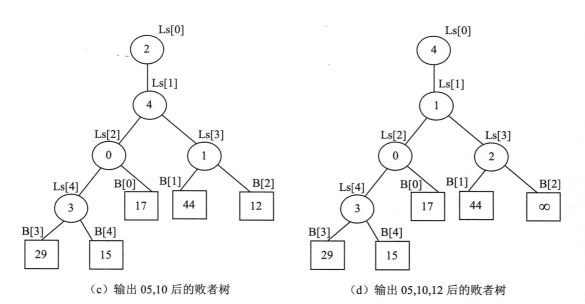

（c）输出 05,10 后的败者树　　　　　　　（d）输出 05,10,12 后的败者树

图 10-4　利用败者树实现五路平衡归并

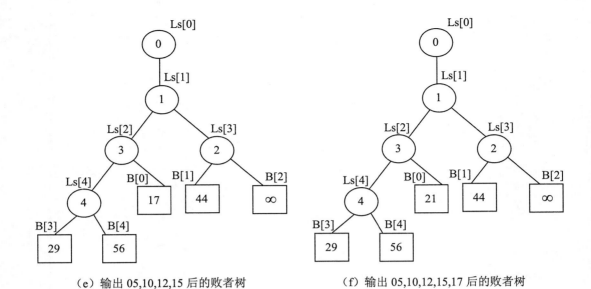

（e）输出 05,10,12,15 后的败者树 　　　　（f）输出 05,10,12,15,17 后的败者树

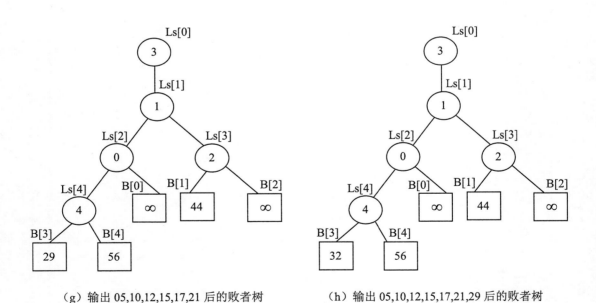

（g）输出 05,10,12,15,17,21 后的败者树 　　　　（h）输出 05,10,12,15,17,21,29 后的败者树

图 10-4　利用败者树实现五路平衡归并（续图）

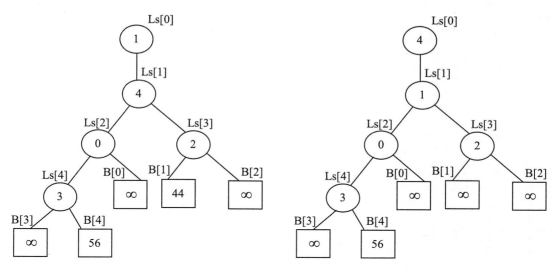

（i）输出 05,10,12,15,17,21,29,32 后的败者树　　（j）输出 05,10,12,15,17,21,29,32,44 后的败者树

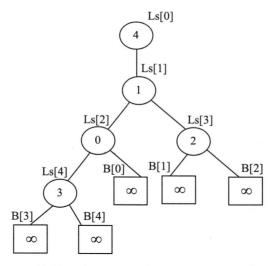

（k）输出 05,10,12,15,17,21,29,32,44,56 后的败者树

图 10-4　利用败者树实现五路平衡归并（续图）

3. 多路平衡归并的算法实现

```c
#include<stdio.h>
#define MAXKEY 32767        //定义最大值
#define min 0               //定义最小值
#define k 5                 //k 路平衡归并
int ls[k];                  //败者树中非叶子结点的存储空间
int b[k+1];                 //败者树中叶子结点的存储空间
void adjust(int ls[k],int s)
{int t=(s+k)/2;
```

```
        int temp;
        while(t>0)
        { if(b[s]>b[ls[t]])
          { temp=s;s=ls[t];ls[t]=temp;}
          t=t/2;
        }
        ls[0]=s;}

    void createlosttree(int ls[k])          //建立败者树
    {   for(int i=0;i<k;++i) ls[i]=k;ls[k]=min;
        for( i=k-1;i>=0;--i)
        adjust(ls,i);
    }
    void k_merge(int ls[k],int b[k])        //k 路平衡归并
    { for(int i=0;i<k;i++) scanf("%d",&b[i]);  //输入叶子结点的值
      createlosttree(ls);
      while(b[ls[0]]!=MAXKEY){
          int q=ls[0];
          printf("%d   ",b[q]);             //输出最小值
          scanf("%d",&b[q]);                //输入最小值所属段的下一个值
          adjust(ls,q);                     //重新调整败者树
      }
      printf("%d   ",b[ls[0]]);             //输出最小值
    }

    void main()
    { k_merge(ls,b);}
```

对例 10-1 的五个初始归并段，可按如下输入执行：

17 05 10 29 15✓（回车键）

44✓

12✓

32767✓

56✓

21✓

32767

32✓

32767

32767

32767✓

最后输出的结果为：

5　10　12　15　17　21　29　32　44　56

本章小结

1. 外排序适用于数据量较大，一次不能在内存中完成的数据排序。

2. 外排序的排序步骤可以分为两步：首先生成初始归并段（段内有序），然后利用二路平衡归并或多路平衡归并得到排序结果。

3. 多路平衡归并要利用败者树来实现。

习题十

10-1　给定初始归并段：（10，15，16，23，31，39）、（9，18，20，25，36，48）、（21，22，40，50，67，79）、（6，17，26，34，42，46）、（12，37，49，57，84，95），试建立初始败者树并给出多路平衡归并排序中败者树的变化情形。

10-2　设内存有大小为 6 个记录的区域供内排序使用，文件的关键字序列为：51，49，39，46，38，29，14，61，15，31，1，50，52，3，64，28，5，16，88，25，47，59，32，77。试写出初始归并段和归并排序的初始败者树。

第 11 章　文件

本章学习目标

本章主要介绍文件中的基本概念以及顺序文件、索引文件、ISAM 文件、VSAM 文件、散列文件、多关键字文件等。通过本章的学习，读者应掌握如下内容：
- 顺序文件的基本概念及存储和访问
- 索引文件的基本概念及存储和访问
- ISAM 文件的基本概念及存储和访问
- VSAM 文件的基本概念及存储和访问
- 散列文件的基本概念及存储和访问
- 多关键字文件的基本概念及存储和访问

11.1　文件的基本概念

文件是由大量性质相同的记录所构成的集合。

文件有不同的分类方式：

按记录类型分：操作系统文件和数据库文件。

按记录是否定长分：定长记录文件和不定长记录文件。

按查找关键字多少分：单关键字文件和多关键字文件。

记录有逻辑结构和存储结构之分。记录的逻辑结构是指记录在用户或应用程序员面前呈现的方式，是用户对数据的表示和存取方式。记录的存储结构是指数据在物理存储器中的存储形式，是数据的物理表示和组织。

文件和数据元素一样，也有逻辑结构和存储结构。文件的逻辑结构可以表现为记录的逻辑结构。文件的存储结构是指文件在物理存储器（磁盘或磁带）中的组织方式。文件可以有各种各样的组织方式，其基本方式有三种：顺序组织、随机组织和链组织。

对文件所施加的运算（操作）有两类：查找（检索）和更新（修改）。

文件的查找（检索）有三种方式：顺序查找、按记录号直接随机查找、按关键字直接随机查找。

文件的更新有三种方式：插入、删除、更新一条记录。

11.2　顺序文件

顺序文件是指记录按其在文件中的逻辑顺序依次存放到外部介质上的文件。也就是说，顺序文件的物理记录顺序和逻辑记录顺序一致。若次序相继的两个物理记录在存储器中位置是相邻的，则称该文件为连续文件；若物理记录之间的次序由指针相链表示，则称该文件为串链文件。

顺序文件是根据记录的序号或记录的相对位置进行存取的文件组织方式。它的特点是：

（1）存取第 K 个记录必须先搜索在它之前的 K-1 个记录。

（2）插入新的记录时只能在文件末尾插入。

（3）若要更新文件中的某个记录，则必须将该文件复制。

由于顺序文件的优点是连续存取、速度快，因此其主要用于顺序存取、批量修改的情况。

磁带是一种典型的顺序存取设备，存储在磁带上的文件就是顺序文件。但磁带目前很少使用，使用的顺序文件多为磁盘顺序文件。对顺序文件可以像顺序表一样，进行顺序查找、分块查找或折半查找（文件有序）。

11.3　索引文件

除了文件（主文件）本身外，可另外建立一张指示逻辑记录与物理记录之间一一对应关系的表（索引表）。这种包含主文件数据和索引表两大部分的文件称为索引文件。

索引表中的每一项称为索引项，索引项由记录的关键字与记录的存放地址构成。索引文件是按关键字有序排列的，若主文件也按关键字有序排列，这样的索引文件称为索引顺序文件；若主文件是无序的，这样的索引文件为索引非顺序文件。

索引表是由系统程序自动生成的。在输入记录的同时建立一个索引表，表中的索引项按记录输入的先后次序排列，待全部记录输入完毕再对索引表进行排序。

索引文件的查找方式为直接查找或按关键字查找，和 8.2.4 节介绍的分块查找类似，但必须分两步走：首先在索引表中查找，若找到则再到主文件中查找；否则主文件中不存在该记录，也就不需访问外存了。

索引表是有序表，可以用快速的折半查找来实现，而主文件为索引顺序文件时，也可以用折半查找实现，主文件为索引非顺序文件时，只能用顺序查找来实现。

当一个文件很大时，索引表也很大，这时可以对索引表再建立一个索引，称为二级索引。更大的索引表可以建立多级索引。

在图 11-1 中，（a）为主表，（b）为一级索引表，（c）为二级索引表。

物理记录号	学号	姓名	其他
10	01	张三	…
20	02	李四	…
30	03	王五	…
40	04	赵六	…
50	05	刘七	…
60	06	朱八	…
70	07	陈二	…
80	08	欧阳十	…
90	09	何九	…

（a）主表

	关键字	物理记录号
1	01	10
	02	20
	03	30
2	04	40
	05	50
	06	60
3	07	70
	08	80
	09	90

（b）一级索引表

最大关键字	物理块号
03	1
06	2
09	3

（c）二级索引表

图 11-1　索引表文件示例

图 11-1 中的多级索引是一种静态索引，为顺序表结构。虽然结构简单，但修改很不方便，所以当主文件在使用过程中变化比较大时，应采用树表结构的动态索引，如二叉排序树、B 树、键树等，以便于插入、删除。

11.4　ISAM 文件和 VSAM 文件

11.4.1　ISAM 文件

ISAM（Indexed Sequential Access Method）是索引顺序存取方法的缩写，它是一种专为磁盘存取设计的文件组织方式。由于磁盘是以盘组、柱面和磁道三级地址存取的设备，则可对磁盘上的数据文件建立盘组、柱面、磁道三级索引。

文件的记录在同一盘组上存放时，应先集中放在一个柱面上，然后再顺序存放在相邻的柱面上，对同一柱面，则应按盘面的次序顺序存放。例如图 11-2 所示为存放在一个磁盘组上的 ISAM 文件，每个柱面建立一个磁道索引，每个磁道索引项由两部分组成：基本索引项和溢出索引项。每一部分都包含关键字和指针两项，前者表示该磁道中最末一个记录的关键字（最大关键字），后者指示该磁道中第一个记录的位置，柱面索引的每一个索引项也由关键字和指针两项组成，前者表示该柱面中最末一个记录的关键字（最大关键字），后者指示该柱面上的磁道索引位置。

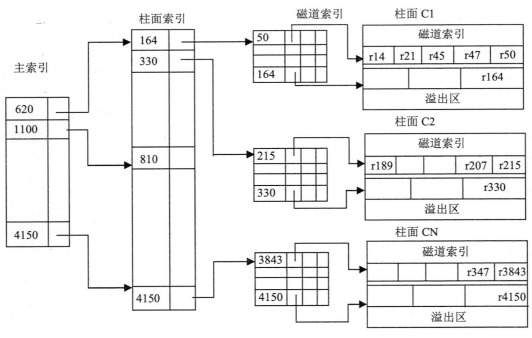

图 11-2　ISAM 文件结构

在 ISAM 文件上检索记录时，先从主索引出发找到相应的柱面索引，再从柱面索引找到记录所在柱面的磁道索引，最后从磁道索引找到记录所在磁道的第一个记录的位置，由此出发在该磁道上进行顺序查找直到找到为止；反之，若找遍该磁道而不存在此记录，则表明该文件中无此记录。

例如，在图 11-2 中，查找关键字 21 时，先找到主索引中 620，再找到柱面索引 164，然后找到磁道索引 50，最后顺序查找到 r21，查找成功。若查找关键字 48，先找到主索引中 620，再找到柱面索引 164，然后找到磁道索引 50，最后顺序查找到 r50，无 r48，查找不成功。

从图 11-2 可以看到，每个柱面上还开辟有一个溢出区，这是为插入记录所设置的。由于 ISAM 文件中记录是按关键字顺序存放的，则在插入记录时需移动记录并将同一磁道上最末一个记录移到溢出区，同时修改磁道索引项。通常在文件中可集中设置一个溢出区，或在每个柱面分别设置一个溢出区，或在柱面溢出区满后再使用公共溢出区。

ISAM 文件中删除记录比插入记录简单，只需找到待删除的记录，在存储位置上作删除标记而无需移动记录或改变指针。但在经过多次的增删后，文件的结构可能变得很不合理，这时应将记录读入内存重排，进行 ISAM 文件的整理。

11.4.2 VSAM 文件

VSAM（Virtual Storage Access Method）是虚拟存储存取方法的缩写。这种存取方法利用了操作系统的虚拟存储器的功能，用户无需了解文件的具体单位，给用户使用文件提供了方便。

VSAM 文件由三部分组成：数据集、顺序集和索引集。数据集存放文件的所有记录，顺序集和索引集一起构成一棵 B^+ 树，为文件的索引部分。数据集中的一个结点称为控制区间，它由一组连续的存储单元组成，是一个 I/O 操作的基本单位。一个文件上每个控制区的大小相同，含有一个或多个按关键字递增有序排列的记录并带有一定的控制信息（如记录长度、区间中的记录数等）。顺序集中的一个结点用于存放若干相邻控制区间的索引项（含有控制区间中的最大关键字和指向控制区间的指针），该结点连同其对应的下层所有控制区间形成一个整体，称为控制区域。顺序集中的结点相互之间用指针相链，在它们上一层的结点又以它们为基础形成索引，并逐级向上建立索引，形成 B^+ 树的非终端结点。

对于 VSAM 文件中记录的检索，既可以从最高层的索引逐层往下按关键字进行查找，又可以在顺序集中沿着指针链顺序查找。

VSAM 文件没有专门的溢出区，但可以利用控制区间中的空隙或控制区域中的空控制区域来插入记录（B^+ 树上插入）。在控制区间中插入记录时，为保证区间内记录关键字的有序，需移动记录。而当区间中记录已满，再要插入记录时，区间将分裂。而在 VSAM 文件中删除记录时，也需要移动记录。

VSAM 文件占有较多的存储空间，存储空间的利用率也只能保持在 75%左右，但它的优点是动态分配和释放存储空间，无需像 ISAM 文件那样定期重组文件，并能较快地对插入的记录进行查找和插入。

11.5 散列文件

散列文件是指利用哈希（Hash）函数进行组织的文件。它实际上是一个根据某个哈希函数和一定的处理冲突方法而得到的，存放在外存上的散列表。

与哈希表不同的是，对于文件而言，磁盘上的文件记录通常是成组存放的。若干个记录组成一个存储单位，在散列文件中这个存储单位叫做桶。一个桶能存放的逻辑记录的总数称为桶的容量。假设一个桶能存放 m 个记录，即 m 个同义词的记录可以保存到同一地址的桶中，第 m+1 个同义词出现时则发生"溢出"。处理溢出也采用哈希表中处理冲突的各种方法；但对于散列文件，主要采用链地址法。

当发生"溢出"时，需要将第 m+1 个同义词存放到另一个桶中，通常称此桶为"溢出桶"；相对地，称前 m 个同义词存放的桶为"基桶"。溢出桶可以有多个，它们和基桶大小相同，相互之间用指针链接。

若要在散列文件中进行查找，先根据散列函数的地址找到对应的基桶，在基桶中查找：若找到，则查找成功；若找不到，则进入溢出桶中进行查找，若找到，查找成功，否则查找失败。

若要在散列文件中插入记录，先根据散列函数的地址找到对应的基桶，有空间则直接插入，否则在它所对应的溢出桶中插入。

例如，给定记录关键字为 19，13，23，1，68，20，84，28，55，14，10，89，93，69，16，11，33，35。用除留余数法给定哈希函数 H(key)=key%7。桶的容量 m=3，基桶数=7，由此得到的散列文件见图 11-3。

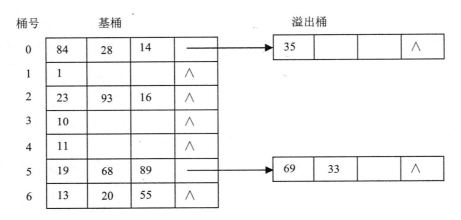

图 11-3　散列文件示例

散列文件的优点：插入、删除记录方便，存取速度比索引文件快，不需要索引区，节省存储空间。

散列文件的缺点：不能进行顺序存取，只能按关键字随机存取，且询问方式只有简单询问；并且在经过多次插入、删除之后，也可能造成文件结构不合理，即溢出桶满而基桶内多数为被删除的记录，此时亦需重组文件。

11.6　多关键字文件

多关键字文件的特点是，在对文件进行检索操作时，不仅要对主关键字进行简单询问，还要对次关键字进行其他类型的询问检索。因此，对于多关键字文件，还要建立一系列的次关键字索引。次关键字索引和主关键字索引所不同的是，每个索引项应包含次关键字、具有同一次关键字的多个记录的主关键字或物理记录号。下面讨论多关键字文件的两种组织方法。

11.6.1　多重表文件

多重表文件的特点是：记录按主关键字的顺序构成一个串联文件，并建立主关键字的索引（主索引）；对每一个次关键字建立次关键字索引（次索引），所有具有同一次关键字的记录构成一个链表。主索引为非稠密索引（一组记录建立一个索引项），次索引为稠密索引（一个记录建立一个索引项）。每个索引项包含次关键字、头指针和链表长度。

例如，图 11-4 所示就是一个多重表文件。其中，编号为主关键字，记录按编号顺序链接。对编号进行稠密索引，分成 3 个链表，其索引如图 11-4（b）所示，索引项中的主关键字为各组中的最大值。部门、职称为两个次关键字，它们的索引如图 11-4（c）、11-4（d）所示。具有相同次关键字的记录链接在同一链表中。

记录号	编号		姓名	部门		职称	
1	101	2	罗一	计算机系	3	讲师	4
2	102	3	陈二	数学系	5	教授	6
3	103	∧	张三	计算机系	6	助教	7
4	104	5	李四	物理系	7	讲师	5
5	105	6	王五	数学系	9	讲师	9
6	106	∧	赵六	计算机系	8	教授	∧
7	107	8	刘七	物理系	∧	助教	8
8	108	9	朱八	计算机系	∧	助教	∧
9	109	∧	何九	数学系	∧	讲师	∧

（a）数据文件

主关键字	头指针
103	1
106	4
109	7

（b）主关键字索引

次关键字	头指针	长度
计算机系	1	4
数学系	2	3
物理系	4	2

（c）部门索引

次关键字	头指针	长度
讲师	1	4
教授	2	2
助教	3	3

（d）职称索引

图 11-4　多重表文件示例

在多重表中进行查找很方便，根据关键字值找到链表的头指针，然后从头指针出发可以找出链表中所有记录。例如，要查找计算机系的教授，可以从部门索引表找到计算机系的头指针和链表长度，分别为 1 和 4，从第 1 个记录开始，按链表找到第 3 个记录，再找到第 6 个即可。若找遍整个链表都没有符合要求的记录，则查找失败。

在多重表文件中插入一条记录很容易，只需修改指针，将记录插在链表的头指针之后。但是，要删除一条记录却很繁琐，需在每个次关键字的链表中删去该记录。

11.6.2　倒排文件

倒排文件和多重表文件的区别在于次关键字索引的结构不同。通常称倒排文件中的次关键字索引为倒排表，具有相同次关键字的记录之间不设指针相链，而在倒排表中该次关键字的一项中存放这些记录的物理记录号。例如，图 11-4（a）所示的数据文件的倒排表如图 11-5 所示。

计算机系	1,3,6,8
数学系	2,5,9
物理系	4,7

讲师	1,4,5,9
教授	2,6
助教	3,7,8

（a）部门倒排表　　　　　　　　　　（b）职称倒排表

图 11-5　倒排表文件示例

在倒排表文件中，检索记录速度快，特别是处理多个次关键字检索。在处理各种次关键字的询问时，只要在次关键字索引中找出有关指针的集合，再对这些指针进行交、并、差等集合运算，就可以求出符合查询条件的记录指针，然后按指针到主文件去存取记录。例如，要查找数学系的教授，在部门倒排表找到数学系，指针集合 A={2，5，9}，再在职称倒排表找到教授，指针集合 B={2，6}，求出 A 与 B 的交集{2}，则在主文件找记录号为 2 的记录即可。

若主文件非串联文件，而是索引顺序文件，则倒排表中应存放记录的主关键字而不是物理记录号。

在插入和删除记录时，倒排表也要作相应修改，同时需移动索引项中的记录号以保持其有序排列。

倒排文件的缺点是：各倒排表的长度不同，同一倒排表的各项长度也不同，维护比较困难，并且需额外的存储空间。

本章小结

1. 文件是存储在外部介质上的大量性质相同的记录组成的集合。

2. 文件可以按记录类型分为操作系统文件和数据库文件。操作系统文件是一维连续的字符序列，无结构、无解释。数据库文件是带有结构的记录集合。

3. 文件可以按记录长度分为定长记录文件和不定长记录文件。

4. 文件可以进行检索、修改等运算。

5. 物理记录顺序和逻辑记录顺序一致的文件是顺序文件。若顺序文件中次序相继的两个物理记录在存储介质上的存储位置是相邻的，则称该文件为连续文件；若物理记录之间的次序由指针相链表示，称该文件为串联文件。

6. 除了文件本身外，可另外建立一张指示逻辑记录和物理记录之间一一对应关系的索引表，包含这两种信息的文件称为索引文件。数据区中的记录按关键字顺序排列，则该文件称为索引顺序文件，反之，称为索引非顺序文件。

7. ISAM 称为索引顺序存取方法，是一种专为磁盘存取设计的文件组织方式。

8. VSAM 称为虚拟存储存取方法，是利用操作系统的虚拟存储器功能，能给用户提供方便的文件组织方式。

9. 利用哈希函数可以建立散列文件，方便文件的插入和删除。

10. 若检索的文件包含多个关键字信息，则可以建立多关键字文件，其具体有多重表文件和倒排表文件两种组织形式。

习题十一

11-1 文件的检索方式有哪几种？试说明之。

11-2 试叙述各种文件的组织特点。

11-3 假设有一个职工文件，如表 11-1 所示，其中职工号为关键字。

（1）若该文件为顺序文件，试写出文件的存储结构。

（2）若该文件为索引文件，试写出索引表。

（3）若该文件为倒排文件，试写出关于性别的倒排表和关于职务的倒排表。

表 11-1 职工数据文件

地址	职工号	姓名	性别	职务	年龄	工资
A	40	张三	男	高工	38	4000
B	51	李四	女	工程师	30	3000
C	12	王五	男	高工	40	3900
D	78	赵六	女	助工	20	2480
E	26	欧阳八	男	工程师	29	2680

参考文献

[1] 严蔚敏，吴伟民．数据结构：C 语言版[M]．北京：清华大学出版社，2001．

[2] SHAFFER C A．数据结构与算法分析：C++版[M]．2 版．北京：电子工业出版社，2002．

[3] 唐策善，黄刘生．数据结构[M]．合肥：中国科学技术大学出版社，1992．

[4] 殷人昆，陶永雷，谢若阳，等．数据结构：用面向对象方法与 C++描述[M]．北京：清华大学出版社，1999．

[5] 李根强，谢月娥，吴蓉晖，等．数据结构（C++版）[M]．北京：中国水利水电出版社，2005．

[6] 李根强，谢月娥，吴蓉晖．数据结构（C++版）：习题解答及实习指导[M]．北京：中国水利水电出版社，2005．

[7] 吕凤翥．C++语言基础教程[M]．北京：清华大学出版社，1999．

[8] 钱能．C++程序设计教程[M]．北京：清华大学出版社，1999．

[9] 徐孝凯．数据结构实用教程：C/C++描述[M]．北京：清华大学出版社，1999．

[10] BLAHA S．最新 C++应用编程技术[M]．北京：国防工业出版社，1997．

[11] LIBERTY J．C++自学通[M]．北京：机械工业出版社，1997．

[12] FORD W，TOPP W．数据结构：C++语言描述[M]．北京：清华大学出版社，1998．

[13] DEITEL H M，DEITEL P J．C/C++程序设计大全[M]．北京：机械工业出版社，1997．

[14] 沈纪新．Visual C++使用速成[M]．北京：清华大学出版社，1997．

[15] 李春葆．数据结构习题与解析：C 语言篇[M]．北京：清华大学出版社，2000．